工信学术出版基金
Industry and Information Technology
Academic Publishing Fund

国家级一流本科课程主讲教材

新工科建设之路 · 计算机类专业系列教材

U0290829

数字逻辑设计

张彦航　刘宏伟　李东　王伟　编著

电子工业出版社

Publishing House of Electronics Industry

北京·BEIJING

内 容 简 介

本书是首批国家级一流本科课程"数字逻辑设计"的主讲教材，主要介绍数字逻辑设计的相关知识与思维方法。全书共 11 章，内容包括初识数字逻辑、逻辑代数基础、卡诺图化简、组合逻辑电路、触发器、时序逻辑电路分析、时序逻辑电路设计、可编程逻辑器件。

本书可作为高等院校工科类专业数字逻辑设计课程的教材，也可供对数字逻辑设计感兴趣的人员参考。

图书在版编目（CIP）数据

数字逻辑设计 / 张彦航等编著. —北京：电子工业出版社，2022.8

ISBN 978-7-121-44124-0

Ⅰ．①数⋯　Ⅱ．①张⋯　Ⅲ．①数字电路－逻辑设计－高等学校－教材　Ⅳ．①TN79

中国版本图书馆 CIP 数据核字（2022）第 144242 号

责任编辑：张　鑫

印　　刷：北京盛通数码印刷有限公司

装　　订：北京盛通数码印刷有限公司

出版发行：电子工业出版社

　　　　　北京市海淀区万寿路 173 信箱　　邮编：100036

开　　本：787×1 092　1/16　印张：18.25　字数：444 千字

版　　次：2022 年 8 月第 1 版

印　　次：2024 年 8 月第 3 次印刷

定　　价：59.00 元

凡所购买电子工业出版社图书有缺损问题，请向购买书店调换。若书店售缺，请与本社发行部联系，联系及邮购电话：(010) 88254888，88258888。

质量投诉请发邮件至 zlts@phei.com.cn，盗版侵权举报请发邮件至 dbqq@phei.com.cn。

本书咨询联系方式：zhangx@phei.com.cn。

前　言

当前，以"人工智能""大数据""云计算""5G"等为主导的信息技术的飞速发展正深刻地影响全球科技变革和社会变革。根据我国"制造强国""网络强国"的战略布署，国家各部门推行了一系列信息化引领的重大行动计划，包括《新一代人工智能发展规划》《"十四五"国家信息化规划》《国务院关于积极推进"互联网＋"行动的指导意见》《促进大数据发展行动纲要》等。2017 年，教育部推动各大学实施新工科研究与发展战略，推动各学科的理论和技术与自动化、网络化、智能化相融合。面向技术发展前沿，在不断推进"数字中国"的进程中，如何培养具有创新思维和创新能力、符合技术进步和社会发展、兼具专业使命和家国情怀的新时期人才具有重要的意义。

数字逻辑设计的核心知识是计算机硬件系统设计的重要基础，与国产集成电路及芯片设计等技术息息相关。打造数字逻辑设计精品教材，培养硬件技术基础人才符合国家战略发展需求。新时期的"数字逻辑设计"课程应由知识型课程转型为逻辑思维养成，逻辑设计能力提升和综合素质培养型课程。目前，国内高校的"数字逻辑设计"课程普遍在大学二年级开设，也有一些高校在大学一年级开设。在学生基础参差不齐、授课学时不增反降的双重困难下，如何在有限的时间内使学生掌握知识精髓，具备解决复杂问题的系统能力，对教师和教材都提出了挑战。因此，一本优秀的教材不仅应让"教师易教""学生易学"，而且还能满足不同基础、不同层次的学习者。

与传统教材的编写思路不同，本书聚焦于逻辑分析和逻辑设计思维的建立，注重从环环相扣和层层深入的问题中揭示逻辑设计的精髓，深刻剖析隐藏在问题背后的本质，在逻辑设计思维养成、逻辑设计能力提升及系统能力及综合素质培养等方面做了大胆尝试，具体如下。

（1）建立了"概念抽取→概念符号化→原理实例化→知识贯通化→应用系统化"的全新知识组织体系。采取由点及面、从局部入宏观的循序渐进编写手法，递进式培养和提高学习者的数字逻辑分析及设计能力。

（2）采取"内容趣味化、概念实例化、知识案例化、过程图形化、理解形象化"的新颖表现手法，聚焦数字逻辑设计的核心知识和重点问题，采用一例多解、对比关联、剖析总结、拓展发散等多种形式，逐渐步入挑战性、探究性的深层学习。

（3）融入专业使命和家国情怀，使知识传授与"价值引领"同步进行。每章末尾都有一个精选的"情怀故事"，为全书注入了更多的"正能量"，起到了提升读者使命担当意识的重要作用。

（4）架构清晰、脉络清楚，每章既有内容导读和重点案例引领，又有研讨探究和深入思考。

本书内容编排独具匠心，为读者呈现出一个精彩纷呈的数字世界。本书共 11 章，覆盖了"数字逻辑设计"的核心内容。全书立足于逻辑代数基础，围绕逻辑分析和逻辑设计两条主脉络来组织章节内容。全书整体架构及章节安排科学合理，各章节内容之间关系清晰明确、逻辑顺畅：由逻辑代数引出逻辑函数的表示及化简方法，由典型逻辑部件的构造过渡到复杂逻辑电路的分析及设计，由中规模芯片的使用递进到 FPGA 等可编程逻辑器件的应用，再进阶至最新一代智能芯片的介绍，引领学习者逐步迈向深层次的学习，具体如下图所示。

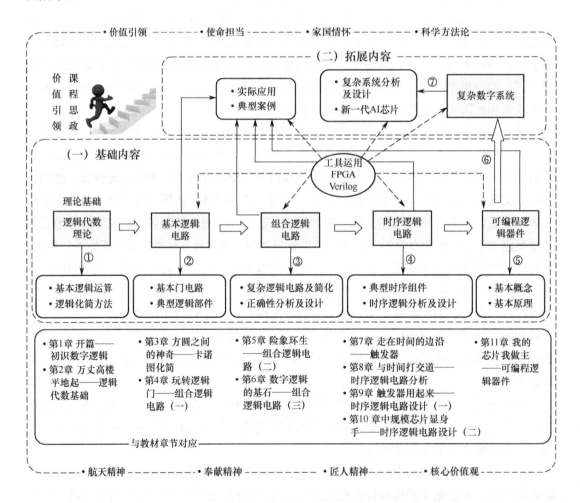

本书是"爱课程中国大学 MOOC"平台上开设的首批国家级一流本科课程"数字逻辑设

计"的主讲教材，书中内容不仅涵盖"数字逻辑设计"MOOC 课程的全部 12 周教学视频内容，而且在章节设计上与之完全对应。与本书配套的教学资源如下。

（1）扫描书中二维码，可查阅电子教案与观看相关视频。

（2）教学课件、课后习题答案等资料：登录华信教育资源网（https://www.hxedu.com.cn），可下载配套资料。

（3）爱课程中国大学 MOOC 平台：登录该网站，搜索"数字逻辑设计（哈尔滨工业大学）"课程，可以观看课程的视频，浏览课件，进行在线习题测试，与老师和同学在线讨论。

（4）Vivado 安装程序可在 Xinlinx 官网注册下载。

张彦航对本书的课程教学内容进行统一规划与设计，并负责第 1 章至第 10 章的编写工作，第 11 章由王伟执笔，刘宏伟和李东负责情怀故事、各章课后习题及答案的编写工作。张英涛、李琼两位老师参与了本书部分内容的讨论。国家级教学名师、哈尔滨工业大学教授战德臣在百忙之中仔细审阅了全部书稿，并提出了许多宝贵的意见和建议。感谢哈尔滨工业大学本科生院、计算学部及电子工业出版社对本书出版工作所给予的大力支持。在此对他们的辛勤付出表示衷心的感谢。

尽管作者已经很努力，但内容难免有不完善之处，敬请广大读者谅解，并诚挚地欢迎读者提出宝贵建议，我们会在重印时及时更正。感谢所有为本书提供帮助的人！

作者于哈尔滨工业大学

2022 年 6 月 18 日

目　录

第1章 开篇——初识数字逻辑

📖 **内容导读**

本章围绕以下问题展开：

✍ 数字系统设计的三个层次、几个基本概念及数字系统中的开关器件

✍ 几种典型的编码，包括BCD码、余3码、格雷码和奇偶校验码

📖 **本章案例**

❋ 码制转换问题

1.1 本书知识脉络

本书知识单元主要包括逻辑代数基础、基本逻辑门电路、组合逻辑电路、时序逻辑电路、可编程逻辑器件，如图 1-1 所示。其中，逻辑代数是全书的基础，主要包括各种逻辑运算、逻辑代数的定理及规则、逻辑函数的化简方法。利用逻辑代数及逻辑门电路可以构造各种组合逻辑部件，如编码器、译码器、全加器、比较器、数据选择器等。利用基本逻辑门电路还可以构造锁存器、触发器等基本时序逻辑单元，并可以进一步结合组合逻辑电路构造各种时序逻辑部件，如寄存器、计数器、节拍发生器等。可编程逻辑器件的底层也

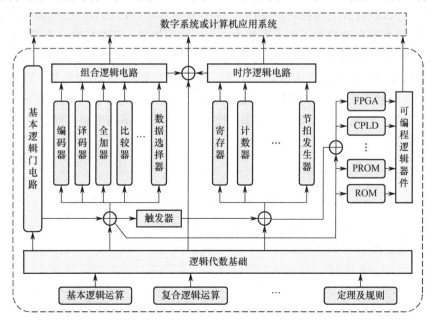

图 1-1 本书的知识脉络

是由各种逻辑门、数据选择器及触发器等基本部件构成的。运用组合逻辑电路、时序逻辑电路及可编程逻辑器件可以进一步构造更加复杂的数字系统或计算机应用系统。

1.2　初识数字逻辑

何为逻辑？可以简单理解为作用于某个对象身上的"条件"与"结果"之间的关系。具体到一个硬件模块，就是以电路的输入来反映"条件"，以电路的输出来反映"结果"，整个模块的输入和输出可以代表一定的关联性即逻辑关系。数字逻辑主要研究数字电路输入和输出之间的逻辑关系，是分析和设计计算机应用系统及数字系统的基础。那么，数字电路都包括哪些内容呢？

以电机转速测量为例进行介绍，如图 1-2 所示。假设某电机同轴的位置上有一个圆盘，圆盘上有一个小孔，距离小孔不远处有一光源。当电机转动起来时，我们看到的现象是，每当小孔经过光源，就会有一束光从小孔射出。如果在此处安装一个光电转换装置，就可以把一束一束的光信号转换为电信号，即①号波形。可以看出，光电转换的输出信号比较微弱，而且输出波形不规则。不能直接使用这样的信号，所以要对其整形放大。整形放大后的输出是一些矩形窄脉冲，即②号波形。再使用一个秒脉冲发生器，产生 1s 的开门信号，即③号波形（高电平信号的维持时间为 1s）。接下来看一看这 1s 的高电平能"套住"几个②号波形里的窄脉冲。为此，利用一个逻辑门（这里使用的是与门），两输入端与门的特点是只要它的一个输入为 1，与门的输出就会直接"复制"另一个输入的波形；如果与门的一个输入为 0，与门的输出就是 0，不管另一个输入是 0 还是 1。因此，将②号和③号波形送入一个两输入端与门，会得到④号波形。④号波形显示，1s 的开门信号总共"套住"了 4 个窄脉冲，当然这个查数的工作不可能由人用肉眼来判断，可以交给一个专门的器件——计数器来完成。计数器的输出为 0100，这是一个二进制数，还需要把它转换为我们熟悉的十进制数，这个翻译的工作将由译码器完成。要想知道译码器的输出结果，需把它显示在显示器上，这样就完成了电机的转速测量，测量结果是电机每秒转 4 圈。完成这个过程，既需要数字电路，也需要模拟电路。其中，数字电路的研究范畴主要包括逻辑门、计数器、译码器、比较器、寄存器等。

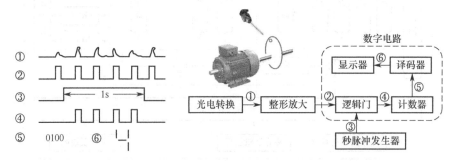

图 1-2　电机转速测量示意图

模拟电路和数字电路的底层都是由晶体管构成的。二者的不同之处如下所述。

（1）晶体管工作状态不同

在模拟电路中，晶体管工作在放大状态；在数字电路中，晶体管工作在饱和区和截止区，即开关状态。

（2）关注点不同

模拟电路关注的是电路中输入与输出之间的电压、电流大小的关系，数字电路关注的是输入与输出之间的逻辑关系。

1.2.1 数字系统设计的三个层次

数字系统设计可以分为三个层次，分别是系统设计、逻辑设计和电路设计，如图 1-3（a）所示。系统设计的任务是将整个系统划分为若干子系统，并确定每个子系统的特性。以计算机的系统设计为例，一个完整的计算机硬件系统至少包括各种存储器、运算器和控制器及输入/输出设备，如图 1-3（b）所示。逻辑设计的任务是如何用逻辑门、触发器等部件设计实现各子系统的逻辑功能，并将各个功能模块互连。在计算机的系统设计中，已经得到了图 1-3（b）中所示的 5 个子系统。以存储器设计为例，如果要实现一个能对 4 位二进制数进行处理的寄存器，在逻辑设计层面就是如何利用 D 触发器和逻辑门（这里使用的是异或门）完成相关设计，如图 1-3（c）所示。可以看出，逻辑设计相对于系统设计更为底层，逻辑设计中的相关模块是系统设计层面的基本部件。电路设计处于三者中的底层，电路设计的主要任务是确定特定逻辑器件的实现和连接。在图 1-3（c）中，利用 4 个 D 触发器和 1 个异或门完成了 4 位寄存器的设计。那么，触发器和逻辑门又是如何实现的呢？这就涉及电路设计，图 1-3（d）所示为利用晶体管设计实现的异或门。因此，电路设计关心的是如何利用二极管、三极管等更加底层的器件来设计实现逻辑门等基本部件。

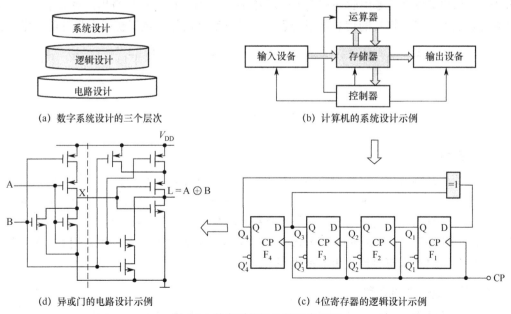

(a) 数字系统设计的三个层次　　(b) 计算机的系统设计示例

(d) 异或门的电路设计示例　　(c) 4位寄存器的逻辑设计示例

图 1-3　数字系统设计的三个层次

对计算机相关专业而言，更多关注的是第二层次和第三层次。其中，数字逻辑设计更加关注的是第二层次，它是系统设计的重要基础，也是计算机组成原理、计算机体系结构等以系统设计为主的相关课程的先修知识。电路设计的相关知识是电子相关专业的研究重点，本书对这部分内容不做过多关注。

1.2.2 几个基本概念

1. 模拟信号

自然界中大多数的物理量都是模拟信号，如语音信号（如图1-4所示）。模拟信号的特点是，数值的变化在时间上是连续的，或者说在一定时间范围内可以有无限多个不同的取值；信号通常由幅值、频率或相位等携带，对模拟信号的处理需要保持其波形精确不变，所以容易失真。

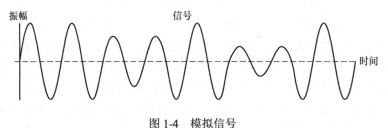

图1-4 模拟信号

2. 数字信号

数字信号在数值和时间上都是不连续的，数字信号有电位型（图1-5（a）所示）和脉冲型（图1-5（b）所示）两种表示形式。电位型数字信号用信号的电位高低表示数字"1"和"0"；脉冲型数字信号用脉冲的有无表示数字"1"和"0"。可以看出，对数字信号，只要幅值高低不混淆，携带的信息就不会丢失，所以数字信号的抗干扰能力强且可靠稳定。

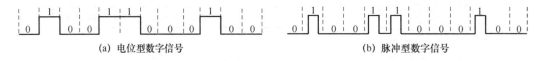

(a) 电位型数字信号　　　　　　　　　　(b) 脉冲型数字信号

图1-5 数字信号

3. 逻辑电平

为了使用数学或逻辑方法对逻辑电路进行分析和操作，需要将实际电路中的物理量离散成高电平（用 H 表示）和低电平（用 L 表示）两种形式，高和低指相对于参考地的电压值。这里所说的高电平或低电平并不是一个精确的数值，而代表着一定的电压范围。通常，用 5V 表示高电平 H，但是 4.9V、4.8V 也可以用来表示高电平 H；同理，用 0V 表示低电平 L，0.2V、0.1V 也可以用来表示低电平 L。

4. 数字逻辑中的 0 和 1

在数字系统中，"0"和"1"用来表示两种不同的状态（称为逻辑状态），如门的开与关、信号的有与无、事件的真与假等。如果要表示多种状态，就需要利用多个"0"和"1"的组合。例如，00、01、10 和 11，可以表示 4 种不同的状态。此处，"0"和"1"不表示数的大小，而是表示状态的一种符号。

1.2.3　数字系统中的开关器件

数字系统使用的是具有两种状态的开关器件，通常为二极管或三极管。二极管由 PN 结组成，具有单向导电性，可以处于导通状态或非导通状态，如图 1-6 所示；三极管可以处于截止状态或饱和状态，集电极输出为高电平或低电平，如图 1-7 所示。由于大多数开关器件的输出只能取两个不同的值，因此数字系统内部使用二进制也就很自然了。

图 1-6　二极管　　　　　　　　　　　图 1-7　三级管

1.3　编　　码

在数字系统中，任何数值、文字、音频及图形图像等信息都是用二进制数表示的。指定某一数码组合去代表某个给定信息的过程称为编码。编码是赋予二进制代码特定含义的过程，其实质是将二进制数"0"和"1"按照不同的规律（即编码特点）进行组合，进而表示不同的含义。因此，学习编码的根本是掌握编码规则。数字系统中常用的编码有两类：二进制编码、二-十进制编码。

1.3.1　BCD 码

BCD（Binary-Coded-Decimal）码也称二-十进制编码，编码规则如下：
- 用 4 位二进制数表示 1 位十进制数；
- 每位二进制数都带有权值。

根据权值不同，BCD 码可分为 8421BCD 码、2421BCD 码、4221BCD 码、5421BCD 码等多种形式，如表 1-1 所示。对每种 BCD 码，只要将每位二进制数按照权值展开，就可得到对应的十进制数。

BCD 码的种类有很多，8421BCD 码是最常用的一种编码，它的取值范围是 0000～1001。

观察表 1-1 可以发现，2421BCD 码和 4221BCD 码都有 A 码和 B 码两种编码形式，更重要的是这两种编码都是对 9 的自补码。也就是，0 和 9、1 和 8、……、4 和 5 的编码互为反码，这种特性在运算电路中使用比较方便。

表 1-1　常用的 BCD 码

十进制数	8421BCD 码	2421BCD 码		4221BCD 码		5421BCD 码	
		A 码	B 码	A 码	B 码	A 码	B 码
0	0000	0000	0000	0000	0000	0000	0000
1	0001	0001	0001	0001	0001	0001	0001
2	0010	0010	1000	0010	0100	0010	0010
3	0011	0011	1001	0011	0101	0011	0011
4	0100	0100	1010	0110	1000	0100	0100
5	0101	1011	0101	1001	0111	1000	0101
6	0110	1100	0110	1100	1010	1001	0110
7	0111	1101	0111	1101	1011	1010	0111
8	1000	1110	1110	1110	1110	1011	1011
9	1001	1111	1111	1111	1111	1100	1100

【例 1-1】 将十进制数 215 转换为 8421BCD 码。

解： 转换过程的步骤如下。

（1）将给定的十进制数 215 拆分为 3 个十进制数 2，1，5。

（2）把每个十进制数 2，1，5 分别用 8421BCD 码表示为 0010，0001，0101。

（3）得到的转换结果为 $(215)_{十进制} = (001000010101)_{8421BCD}$。

📚 知识点

> BCD 码是用二进制编码十进制数的，它总是用 4 位二进制编码表示 1 位十进制数。

1.3.2　余 3 码

余 3 码是在 8421BCD 码的基础上加 3 得到的，即余 3 码 = 8421BCD 码 + 0011。也就是说，8421BCD 码中对十进制数 3 的编码是余 3 码中对十进制数 0 的编码，如表 1-2 所示。

表 1-2　余 3 码

十进制数	8421BCD 码	余 3 码
0	0000	0011
1	0001	0100
2	0010	0101
3	0011	0110
4	0100	0111
5	0101	1000
6	0110	1001
7	0111	1010
8	1000	1011
9	1001	1100

可以看出，余 3 码也具有对 9 自补的特点。余 3 码的取值范围是 0011～1100。在用余 3 码进行十进制数加法运算时，若两数之和原为 10，则余 3 码正好等于十进制数的 16，于是从高位自动产生进位信号。

1.3.3　格雷码

格雷码（Gray Code）有很多种，各种格雷码的共同特点是任意两位相邻编码之间只有 1 位码元不同。下面主要介绍典型格雷码，以 4 位典型格雷码为例，如表 1-3 所示，可以看出，不仅任意两个相邻编码符合格雷码的编码特点，而且表中首尾两个编码 0000 和 1000 仍然符合只有一个码元不同的特点，所以格雷码又称循环码。

表 1-3　典型格雷码

十进制数	二进制数	典型格雷码
0	0000	0000
1	0001	0001
2	0010	0011
3	0011	0010
4	0100	0110
5	0101	0111
6	0110	0101
7	0111	0100
8	1000	1100
9	1001	1101
10	1010	1111
11	1011	1110
12	1100	1010
13	1101	1011
14	1110	1001
15	1111	1000

书写典型格雷码有以下三种方法。

1. 计算法

对任意给定的二进制数，它所对应的典型格雷码可以采用计算法书写，如图 1-8 所示，具体步骤如下。

（1）复制最高位。

（2）从最高位开始，两两比较相邻位：二者相同取 0；二者不同取 1。

（3）转换前后数据的位宽不变。

2. 反射法

反射法是由 n 位典型格雷码推写 $n+1$ 位典型格雷码的方法，如图 1-9 所示。以 2 位典型格雷码书写为例：由 1 位典型格雷码推写 2 位典型格雷码，首先列写 1 位典型格雷码 0 和 1，使其排成一个列。想象在 1 位典型格雷码的下方放置了一面镜子，那么镜子里的影像就是对称出现的一个列 1 和 0。这样就获得了一个排有 4 个 1 位数码的列，自上而下顺序为 0、1、1、0。镜子上方的数码每个前面都添加一个 0，镜子里面的数码每个前面都添加一个 1，这样就获得了 2 位典型格雷码的 4 种取值，分别是 00、01、11、10。

同理，由 2 位典型格雷码可以推写 3 位典型格雷码，由 3 位典型格雷码可以推写 4 位典型格雷码。

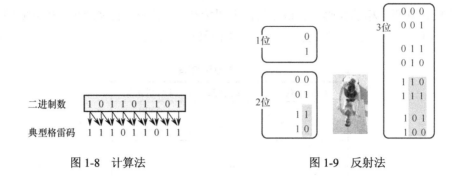

二进制数 1 0 1 1 0 1 1 0 1

典型格雷码 1 1 1 0 1 1 0 1 1

图 1-8 计算法

图 1-9 反射法

3. 图形法

图形法利用的是格雷码的相邻性特点，如图 1-10 所示。对 2 位典型格雷码，需要画一个田字格图形，在田字格的左侧和上方分别填写 1 位典型格雷码，然后从左上角的单元格开始，按照图 1-10（a）所示的顺时针方向，每次读取单元格左侧和上方的典型格雷码，组合成 2 位编码，左上角单元格读取的典型格雷码是 00，右上角单元格读取的是 01，右下角单元格读取的是 11，左下角单元格读取的是 10。

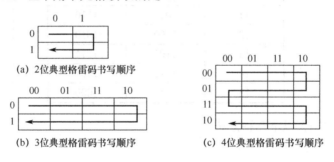

(a) 2位典型格雷码书写顺序

(b) 3位典型格雷码书写顺序

(c) 4位典型格雷码书写顺序

图 1-10 图形法

同理，3 位典型格雷码需要画一个包含 8 个单元格的图形，在图形的左侧和上方分别填写 1 位典型格雷码和 2 位典型格雷码，如图 1-10（b）所示，按照图中箭头方向从左上角的单元格以顺时针方向读取单元格左侧和上方的格雷码，组合成 3 位编码，依次可以得到 000、001、011、010、110、111、101、100。同理，利用图形法可以得到 4 位典型格雷码的全部编码，如图 1-10（c）所示。

【例 1-2】 将余 3 码 100010101001 转换为典型格雷码。

解：转换过程的步骤如下。

（1）将给定的余 3 码 100010101001 每 4 位分成一组，即 1000，1010，1001。

（2）将每一组余 3 码分别转换为 8421BCD 码，即 0101，0111，0110。每组 8421BCD 码都对应着一个十进制数，即 5，7，6，把这些十进制数组合在一起就得到一个十进制整数 576。

（3）把这个十进制整数 576 转换为二进制数，即 1001000000。

（4）采用计算法将二进制数 1001000000 转换为典型格雷码，结果是 1101100000。

> **知识点**
>
> 余 3 码本质上是从 8421BCD 码的基础上演变过来的，因此对余 3 码要始终保持 4 位二进制数表示 1 位十进制数的清醒认识。

【例 1-3】 假设现在需要传递两个 1 位十进制数，当前传递十进制数 3，下一时刻需要传递十进制数 4，分别采用 8421BCD 码和典型格雷码对数据进行编码，并比较二者有何不同？

分析：分别采用 8421BCD 码和典型格雷码对传输数据进行编码，如图 1-11 所示。可以发现，采用 8421BCD 码，前后两个数据的编码分别是 0011 和 0100，共有 3 位码元发生改变；而采用典型格雷码，则前后两个数据的编码分别是 0010 和 0110，只有 1 位码元发生改变。根据经验，码元改变得越多，发生错误的可能性就越大。因此，两者相比，采用典型格雷码相对可靠。

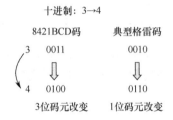

图 1-11 8421BCD 码和典型格雷码对数据进行编码的对比

> **知识点**
>
> 格雷码是一种无权码，其优点是在数码连续变化的过程中不会产生瞬时错误，这一优点使其较适用于将模拟信号转变为数字信号的场合。当模拟信号产生连续性的变化时，反映到数字信号上的变化往往是只有 1 位二进制数的变化。相比于其他二进制编码而言，格雷码是一种可靠性编码。

1.3.4 奇偶校验码

二进制信息在传输过程中可能会发生错误，即 1 错成 0，或者 0 错成 1，奇偶校验码就是一种具有校验这种差错能力的编码，所以也是一种可靠性编码。

奇偶校验码由两部分构成：n 位原始数据 + 1 位校验位，所以校验码有 $n+1$ 位，如图 1-12 所示。

其中，原始数据是位数不限的任意一种二进制信息。校验位仅有 1 位，它可以放在信息位的前面，也可以放在信息位的后面。校验方式分为奇校验和偶校验两种。若采用奇校验，则校验位的取值应该使整个 $n+1$ 位校验码中"1"的总数为奇数；若采用偶校验，则校验位的取值应该使整个 $n+1$ 位校验码中"1"的总数为偶数。以 8421BCD 码为例，校验码为 5 位，奇校验如表 1-4 所示，偶校验如表 1-5 所示。

图 1-12 奇偶校验码的构成

表1-4 奇校验

| 8421 码 | | | | 校验位 |
A3	A2	A1	A0	Fqi
0	0	0	0	1
0	0	0	1	0
0	0	1	0	0
0	0	1	1	1
0	1	0	0	0
0	1	0	1	1
0	1	1	0	1
0	1	1	1	0
1	0	0	0	0
1	0	0	1	1

表1-5 偶校验

| 8421 码 | | | | 校验位 |
A3	A2	A1	A0	Fou
0	0	0	0	0
0	0	0	1	1
0	0	1	0	1
0	0	1	1	0
0	1	0	0	1
0	1	0	1	0
0	1	1	0	0
0	1	1	1	1
1	0	0	0	1
1	0	0	1	0

检验原理：在发送端对 n 位原始数据编码，产生 1 位校验位，形成 $n+1$ 位校验码发往接收端。在接收端检测 $n+1$ 位校验码中包含"1"的总数，如果与事先约定的奇偶相符则判定为正确，否则判定为错误。

📚 知识点

> 使用奇偶校验码只能发现单错，不能发现双错。此外，发现错误后，不能确定错误位置，所以在接收端不能纠错。但是，由于奇偶校验码编码简单，相应的编码电路和检测电路容易实现，并且两位出错的概率远小于一位出错的概率，因此奇偶校验码具有实际应用意义。

1.4 研讨探究

❓ 问：两个用余 3 码表示的数相加，其和是否为正确结果的余 3 码？例如，$1+2$，$2+9$。

💡 答：不是。每个码都"余 3"，其和就"余 6"。如果这两个余 3 码表示的数相加后没有进位，就需要对计算结果减 3，才能得到正确结果。例如，$1+2=3$，利用余 3 码，则执行 $0100+0101=1001$，很显然 1001 是 6 的余 3 码，所以还需要对 1001 执行减 3 的操作，即 $1001-0011=0110$，这样就正确了。

但如果这两个余 3 码表示的数相加后有进位，例如，$9+2=11$，即 $1100+0101=\boxed{1}0001$。进到高位的"$\boxed{1}$"代表十进制中的 10，而不是 16，无形中少了"余 6"，所以需要对计算结果中后面的 0001 执行加 3 的操作，即 $0001+0011=0100$，这样就正确了。

1.5　深入思考

思考 1：本章介绍的是典型格雷码，你是否还了解其他格雷码？

思考 2：除了 8421BCD 码，你知道还有哪些权值的 BCD 码？

1.6　小故事大情怀

笔尖上的精彩

2016 年以前，我国约有 3000 家制笔企业，他们生产的三四百亿支圆珠笔笔尖上的球座体全部依赖进口。"制笔大国为何制造不出自己的笔尖？""笔尖之问"一度拷问着中国制造的水平。

一支普通圆珠笔的球座体，开口厚度不到 0.1mm，球座体既要和球珠完美贴合，又要保证书写流畅且不漏墨。笔尖内的 5 条墨水引导槽，加工精度需千分之一毫米，细过一根头发丝。太原钢铁（集团）有限公司历时五年于 2016 年 9 月成功研发出笔尖钢材料，给圆珠笔安上了"中国笔尖"，国外笔尖钢价格为此下降了近三分之一。

随着技术不断发展，小小一支笔写出了更多精彩的中国故事：笔中加入前置缓冲弹簧结构，开发出有效减轻书写疲劳、防中指磨茧的"悦写缓冲"中性笔；让学生写字告别"小黑手"、纸面更干净的"速干"系列笔；融入动漫潮流元素，在笔上添加成语、姓名，集文化、趣味、情怀、实用于一身的私人订制笔、个性化笔。笔已不再是简简单单的存在。伴随技术融合，感温、识字、拍照等越来越多的新功能开始在小小一支笔上汇集。在这些万千创意的背后，是一条条由计算机精准控制、能满足个性化生产需求的智能生产线，其中数字电子技术功不可没。

习　题　1

1.1　写出典型格雷码 111000 对应的二进制数。

1.2　将二进制数 1100110 转换为典型格雷码是什么？转换为 8421BCD 码是什么？

1.3　给定一个 5421BCD 码为 10011011，将其转换为二进制数。

1.4　给定一个余 3 码为 10010101，将其转换为典型格雷码。

1.5　给定一个 6311BCD 码为 01010011，将其转换为典型格雷码。

1.6　将十进制数 28 表示为余 3 码。

1.7　给定一个 2421BCD 码为 11001110，将其转换为二进制数。

1.8　给定一个 4221BCD 码为 01100101，将其转换为 8421BCD 码。

第 2 章 万丈高楼平地起——逻辑代数基础

📖 **内容导读**

逻辑代数是分析和设计逻辑电路的数学基础。逻辑代数是由英国科学家乔治·布尔（George Boole）创立的，故逻辑代数也称"布尔代数"。本章围绕以下问题展开：

    ☑ 基本逻辑运算、复合逻辑运算

    ☑ 逻辑代数的定理及规则

    ☑ 逻辑函数的代数化简法

    ☑ 最小项与最大项

    ☑ 非完全给定函数

📖 **本章案例**

    ❀ 小材大用——旅客身高检测

2.1 几个基本概念

1. 逻辑数

数字逻辑电路就其名称而言与"数字"和"逻辑"有着密切的关系，常用的计算机就是由数字逻辑电路组成的设备。这里的"数字"不仅是指表述数量大小的"数"，还有其"逻辑"意义，称为"逻辑数"。二进制数码"0"和"1"，可以表示为具体的数，也可以表示为两个不同的状态，如灯的"亮"和"灭"、一天中的"白天"和"夜晚"。

1 位二进制数表示两个不同的状态，n 位二进制数可以表示 2^n 个不同的状态，每个状态可以人为赋予它唯一的含义。

2. 逻辑常数

描述某一事物的逻辑数保持不变，该逻辑数称为逻辑常数。逻辑常数只能保持为"1"或"0"。

3. 逻辑变量

描述事物状态的逻辑数因事物状态变化而变化，称为逻辑变量，具有以下特点：

- 逻辑变量用字母表示；
- 逻辑变量的取值不是"1"就是"0"；
- 逻辑变量的值必须经过"定义"才有意义；
- 逻辑变量有原变量和反变量。

图 2-1 所示的单开关电路，开关有"接通"和"断开"两个不同的状态，灯有"亮"

和"灭"两个不同的状态，各用一位逻辑数表示，这里用 S 表示开关，用 H 表示灯。

规定：S = 0 表示开关处于"断开"状态，S = 1 表示开关处于"接通"状态；H = 0 表示灯处于"灭"状态，H = 1 表示灯处于"亮"状态。

4．逻辑函数

与普通代数中的函数相似，如果用自变量和因变量分别表示某一事件发生的条件和结果，该事件的因果关系就可以用逻辑函数来描述，也称之为逻辑电路，如图 2-2 所示。若逻辑变量 F 的取值由输入变量 A_1，A_2，$\cdots$，A_n 唯一确定，则 F 是 A_1，A_2，$\cdots$，A_n 的逻辑函数，记为 $F = f(A_1, A_2, \cdots, A_n)$。逻辑代数是对逻辑函数进行运算和化简的基本工具。

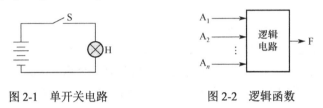

图 2-1　单开关电路　　　　图 2-2　逻辑函数

2.2　基本逻辑运算

基本逻辑运算是"与""或""非"，在基本逻辑运算的基础上又可以产生复合逻辑运算。

2.2.1　与运算（逻辑乘）

与运算逻辑表达式：$F = A \cdot B$。

通常，运算符"·"可以省略不写。能够实现逻辑与的电路称为"与门"，与运算的逻辑符号如图 2-3 所示。由与真值表 2-1 可知，与运算的特点是，一个 n 输入端的与门，只要有一个输入端的输入为"0"，无论其余 $n - 1$ 个输入端的输入是什么，与门的输出一定都是"0"。也就是说，与门对输入低电平敏感。反之，若与门的输出为"1"，则所有 n 个输入端必须都送高电平"1"。典型芯片 74LS08 如图 2-4 所示。

表 2-1　与真值表

A B	F
0 0	0
0 1	0
1 0	0
1 1	1

图 2-3　与运算的逻辑符号

生活中串联双开关电路具有逻辑与的功能，如图 2-5 所示。两个开关（S_1、S_2）控制一个灯（H），两个开关"通"和"断"有 4 种状态的组合，开关用两位逻辑数表示，灯用一位逻辑数表示。规定：S_1、S_2 为"0"表示开关处于"断"状态，S_1、S_2 为"1"表示开关处于"通"状态；H = 0 表示灯处于"灭"状态，H = 1 表示灯处于"亮"状态。由上述规定可知，当 $S_1 S_2 = 00$、01、10 中任意一个状态时，H = 0，灯灭；只有当 $S_1 S_2 = 11$ 时，H = 1，灯才亮。

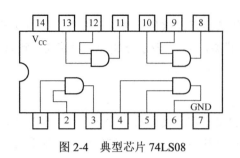

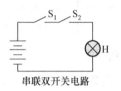

图 2-4　典型芯片 74LS08　　　　图 2-5　逻辑与功能电路

2.2.2　或运算（逻辑加）

或运算逻辑表达式：F = A + B。

能够实现逻辑或的电路称为"或门"，或运算的逻辑符号如图 2-6 所示。由或真值表 2-2 可知，或运算的特点是，一个 n 输入端的或门，只要有一个输入端为"1"，无论其余 $n-1$ 个输入端输入什么，或门的输出一定是"1"。也就是说，或门对输入高电平敏感。反之，若或门的输出为"0"，则所有 n 个输入端必须都送低电平"0"。典型芯片 74LS32 如图 2-7 所示。

表 2-2　或真值表

A	B	F
0	0	0
0	1	1
1	0	1
1	1	1

图 2-6　或运算的逻辑符号

生活中并联双开关电路具有逻辑或的功能，如图 2-8 所示。当 S_1、S_2 中有一个为"1"或同时为"1"时，H = 1，灯亮；只有当 S_1S_2 = 00 时，H = 0，灯才灭。

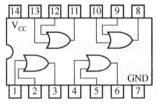

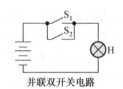

图 2-7　典型芯片 74LS32　　　　图 2-8　逻辑或功能电路

2.2.3　非运算（逻辑反）

非运算逻辑表达式：F = A′[注]，或者 F = $\overline{A}$。

能够实现逻辑非的电路称为"非门"或者"反相器"，非运算的逻辑符号如图 2-9 所示。由非真值表 2-3 可知，非运算的特点是，非"1"即"0"，非"0"即"1"。典型芯片 74LS04 如图 2-10 所示。

表 2-3　非真值表

A	F
0	1
1	0

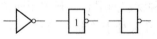

图 2-9　非运算的逻辑符号

注：本书均采用撇的方式表示逻辑非。

生活中具有逻辑非功能的电路如图 2-11 所示。当开关 S 为"1"时，H = 0，灯灭；只有当 S = 0 时，H = 1，灯才亮。

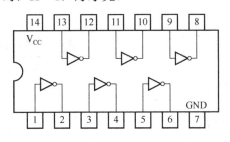

图 2-10　典型芯片 74LS04

图 2-11　逻辑非功能电路

2.3　复合逻辑运算

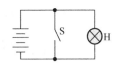

在实际应用中遇到的逻辑问题往往要比基本逻辑运算"与""或""非"复杂得多，但都可以通过基本逻辑运算的各种组合来实现。常见的复合逻辑运算包括"与非""或非""与或非""异或""同或"等。

2.3.1　与非运算

与非运算逻辑表达式：$F = (AB)'$，或者 $F = \overline{AB}$。

能够实现与非运算的电路称为"与非门"，与非运算的逻辑符号如图 2-12 所示，跟与运算逻辑符号不同的地方是，与非门的输出端有一个小圆圈，这个小圆圈代表对输出取反。与非真值表如表 2-4 所示，典型芯片 74LS00 如图 2-13 所示。

图 2-12　与非运算的逻辑符号

表 2-4　与非真值表

A	B	F
0	0	1
0	1	1
1	0	1
1	1	0

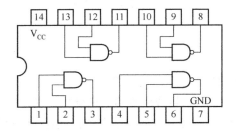

图 2-13　典型芯片 74LS00

2.3.2　或非运算

或非运算逻辑表达式：$F = (A + B)'$，或者 $F = \overline{A + B}$。

能够实现或非运算的电路称为"或非门"，或非运算的逻辑符号如图 2-14 所示，同样，或非门的输出端也有一个小圆圈。或非真值表如表 2-5 所示，典型芯片 74LS02 如图 2-15 所示。

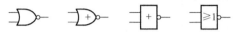

图 2-14　或非运算的逻辑符号

表 2-5　或非真值表

A	B	F
0	0	1
0	1	0
1	0	0
1	1	0

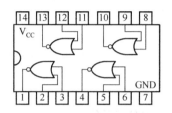

图 2-15　典型芯片 74LS02

2.3.3　与或非运算

与或非运算逻辑表达式：$F = (AB + CD)'$，或者 $F = \overline{AB + CD}$。

能够实现与或非运算的电路称为"与或非门"，与或非运算的逻辑符号如图 2-16 所示，典型芯片 74LS55 如图 2-17 所示。与或非门的逻辑功能也可以使用"与门"、"或门"及"非门"搭建，或者使用"与门"和"或非门"等复合逻辑门搭建。

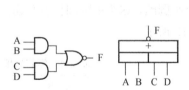

图 2-16　与或非运算的逻辑符号

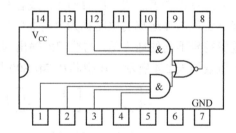

图 2-17　典型芯片 74LS55

2.3.4　异或运算

异或运算逻辑表达式：$F = A'B + AB'$，或者 $F = A \oplus B$。

能够实现异或运算的电路称为"异或门"，异或运算的逻辑符号如图 2-18 所示，典型芯片 74LS86 如图 2-19 所示。从异或真值表 2-6 可知，异或运算的特点是，若两个变量 A 和 B 的取值不同，则输出"1"；否则，输出"0"。或者说，若输入序列中"1"的总数为奇数，则输出"1"；若输入序列中"1"的总数为偶数，则输出"0"，这一特点可用于奇偶校验。

【典型应用 2-1】 半加器、全加器。设计一个逻辑电路，能执行 1 位二进制数加法运算。

分析： 两个 1 位二进制数 a 和 b 相加，将会产生"和"及"进位"（分别用 S 和 C 表示），考虑到所有可能，列真值表如表 2-7 所示。由真值表可知，相加产生的"和"S 与输入 a、b 之间的逻辑关系是"异或","进位"C 与输入 a、b 之间的逻辑关系是"与",即 S = a⊕b，C = ab。由此得到如图 2-20 所示的设计结果，即半加器。

表 2-6　异或真值表

A B	F
0 0	0
0 1	1
1 0	1
1 1	0

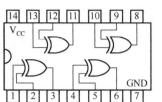

图 2-18　异或运算的逻辑符号　　图 2-19　典型芯片 74LS86

表 2-7　半加器真值表

a b	S C
0 0	0 0
0 1	1 0
1 0	1 0
1 1	0 1

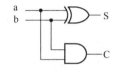

图 2-20　异或门典型应用——半加器

半加器没有考虑低位来的进位，如果考虑低位来的进位，则需要使用全加器，具体将在后面详细介绍。由此可以看出，异或运算是加法运算的一个重要组成部分。

知识点

异或运算本质上是检验两个操作数是否相同，将其扩展开，可以引申到一个 n 位二进制数 A，即对 A 中的 n 位二进制数位 A_{n-1}，A_{n-2}，…，A_1，A_0 两两求异或 $A_{n-1}\oplus A_{n-2}\oplus\cdots\oplus A_1\oplus A_0$。其结果为"1"表明：①$n$ 位二进制数 A 中包含奇数个"1"；②n 位二进制数 A 中各数位之和 $A_{n-1}+A_{n-2}+\cdots+A_1+A_0=1$。其结果为"0"表明：①$n$ 位二进制数 A 中包含偶数个"1"；②n 位二进制数 A 中各数位之和 $A_{n-1}+A_{n-2}+\cdots+A_1+A_0=0$。

2.3.5　同或运算

同或运算逻辑表达式：$F = AB + A'B' = (A'B + AB')'$，或者 $F = A\odot B$。

能够实现同或运算的电路称为"同或门"，同或运算的逻辑符号如图 2-21 所示，典型芯片 74LS266 如图 2-22 所示。从同或真值表 2-8 可知，同或运算是异或运算的非。

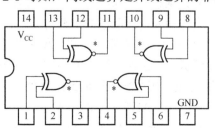

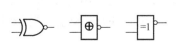

图 2-21　同或运算的逻辑符号　　图 2-22　典型芯片 74LS266

【典型应用 2-2】 等值比较器。设计一个逻辑电路，能对两个 4 位二进制数 A 和 B 进行等值比较。

分析： 如果 4 位二进制数 A 和 B 相等，则必须 $A_i = B_i$，即所有对应位完全相同。采用 4 个同或门及 1 个与门可以完成上述功能，逻辑图如图 2-23 所示。

表 2-8 同或真值表

A B	F
0 0	1
0 1	0
1 0	0
1 1	1

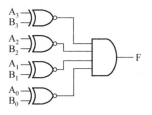

图 2-23 同或门典型应用——等值比较器

【性质】 异或运算及同或运算有一些特殊的性质，如表 2-9 所示。应用这些性质可以设计输出原、反变量可编程逻辑，如图 2-24 所示。当 M = 1，电路输出 A′、B′、C′；当 M = 0，电路输出 A、B、C。

表 2-9 异或运算及同或运算的性质

$A \oplus 1 = A'$	$A \oplus 0 = A$
$A \odot 1 = A$	$A \odot 0 = A'$
$A \oplus A = 0$	$A \oplus A' = 1$
$A \odot A = 1$	$A \odot A' = 0$

图 2-24 性质应用——输出原、反变量可编程逻辑

2.4 逻辑函数的表示方法

逻辑函数有 4 种描述方法，分别是逻辑表达式、真值表、逻辑图及卡诺图。这 4 种方法可以相互转换，如图 2-25 所示。

2.4.1 由真值表写出标准逻辑表达式

标准逻辑表达式包括"标准与或式"（乘积之和）、"标准或与式"（和之乘积）。"标准与或式"关注的是使函数输出值为"1"的所有输入变量取值的组合有哪些。为此，在给定逻辑函数的真值表中，只需要关注那些使函数输出 F 为"1"的所有输入变量取值的组合即可。

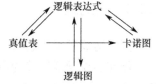

图 2-25 逻辑函数的表示方法

如表 2-10 所示，在输入变量 ABC 的取值分别为 011、101、110、111 时，函数的输出变量 F 为"1"。这里，每个输入取值的组合就是一个"与项"，如 011、101、110、111，分别对应一个与项 A′BC、AB′C、ABC′、ABC。将所有"与项"相加，即可得到该逻辑函数的"标准与或式"：$F = A'BC + AB'C + ABC' + ABC$。

同理，"标准或与式"关注的是使函数输出值为"0"的所有输入变量取值的组合有哪些。

因此，在给定逻辑函数的真值表中，只需要关注那些使函数输出 F 为"0"的所有输入变量取值的组合即可。如表 2-11 所示，在输入变量 ABC 的取值分别为 000、001、010、100 时，函数的输出变量 F 为"0"。这里，每个输入取值的组合就是一个"和项"，如 000、001、010、100，分别对应一个"和项" $A+B+C$、$A+B+C'$、$A+B'+C$、$A'+B+C$。将所有"和项"相乘，即可得到该逻辑函数的"标准或与式"：$F=(A+B+C)(A+B+C')(A+B'+C)(A'+B+C)$。

表 2-10 逻辑函数的真值表（标准与或式）

A B C	F
0 0 0	0
0 0 1	0
0 1 0	0
0 1 1	1 √
1 0 0	0
1 0 1	1 √
1 1 0	1 √
1 1 1	1 √

表 2-11 逻辑函数的真值表（标准或与式）

A B C	F
0 0 0	0 √
0 0 1	0 √
0 1 0	0 √
0 1 1	1
1 0 0	0 √
1 0 1	1
1 1 0	1
1 1 1	1

2.4.2 由逻辑表达式画出真值表

如果给定一个逻辑表达式，根据逻辑表达式就可以计算出该逻辑函数在所有输入取值情况下的输出值，形成真值表。例如，给定逻辑表达式：$F=AB+AC+BC$，该逻辑函数有三个输入变量 A、B、C，一共有 $2^3=8$ 种取值组合，即 000、001、…、111，将每种取值代入表达式中计算，得出对应的 F 值，即可得到真值表，如表 2-10 所示。

逻辑函数的真值表具有唯一性，根据真值表可以判断两个逻辑函数是否等价，如表 2-12 所示。这种方法适用的前提如下：

（1）逻辑函数输入变量的数量较少；

（2）逻辑表达式不复杂。

表 2-12 由真值表判断两个逻辑函数是否等价

A B C	$F_1=AB'+C$	$F_2=(A+C)(B'+C)$
0 0 0	0	0
0 0 1	1	1
0 1 0	0	0
0 1 1	1	1
1 0 0	1	1
1 0 1	1	1
1 1 0	0	0
1 1 1	1	1

知识点

逻辑函数的真值表具有唯一性，如果两个逻辑表达式的真值表相等，则这两个逻辑函数是等价的。

2.4.3 由逻辑图得出逻辑表达式

如果给定逻辑图（如图 2-26 所示），那么由图中的输入端向输出端逐级推导，每经过一个逻辑部件（如逻辑门），都得出对应的输出，直至到达整个逻辑图的输出端，可得对应的逻辑表达式，即 F = [(AB)' + (CD)' + E]'。通常，这样得到的逻辑表达式比较复杂，不利于后续分析，因此，还需要对表达式做进一步的化简处理，得到最简表达式 F = ABCDE'。化简方法将在后面介绍。

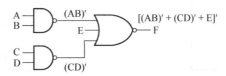

图 2-26 由逻辑图得出逻辑表达式

2.4.4 由逻辑表达式画出逻辑图

如果给定逻辑表达式，如 F = [(AB)' + (CD)' + E]'，那么根据逻辑表达式中各项及其对应的逻辑符号，可以画出逻辑图，如图 2-26 所示。

逻辑表达式、真值表及卡诺图之间的转换将在后面介绍。

2.5 逻辑代数定理及规则

2.5.1 公理

表 2-13 给出了两组逻辑代数的公理，为方便起见，后面给出的定理及公式将按顺序编号。

表 2-13 逻辑代数的公理

序 号	第一组	第二组
（1）	0 · 0 = 0	0 + 0 = 0
（2）	0 · 1 = 1 · 0 = 0	0 + 1 = 1 + 0 = 1
（3）	1 · 1 = 1	1 + 1 = 1
（4）	0' = 1	1' = 0
（5）	if A ≠ 0 then A = 1	if A ≠ 1 then A = 0

2.5.2　基本定理

表 2-14 给出了两组逻辑代数中只含单个逻辑变量的定理。

表 2-14　只含单个逻辑变量的定理

序　号	第一组	第二组	备　注
（6）	$A \cdot 0 = 0$	$A + 0 = A$	0-1 律
（7）	$A \cdot 1 = A$	$A + 1 = 1$	
（8）	$A \cdot A' = 0$	$A + A' = 1$	互补律
（9）	$A \cdot A = A$	$A + A = A$	重叠律

【典型应用 2-3】　芯片多余引脚的处理。在实际电路设计中，经常遇到芯片未被使用的多余引脚的问题。

在 TTL 电路中，多余引脚如果被悬空，该引脚相当于被输入高电平，但是悬空容易引入干扰。因此，可以利用上述定理中的 0-1 律，将多余引脚连接高电平"1"（如与门）或者连接低电平"0"（如或门）；也可以利用重叠律，将多余引脚直接相连当成一个引脚使用，如图 2-27 所示。

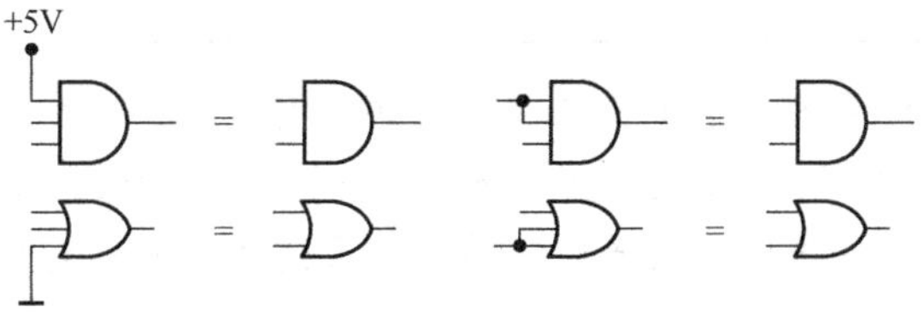

图 2-27　多余引脚的处理

表 2-15 给出了两组与普通代数相似的定理，可以看出，序号（12）的第一组公式：$A + B \cdot C = (A+B) \cdot (A+C)$，在普通代数中并不成立，但是这个公式在逻辑函数化简时使用非常多。

表 2-15　与普通代数相似的定理

序　号	第一组	第二组	备　注
（10）	$A \cdot B = B \cdot A$	$A + B = B + A$	交换律
（11）	$(A \cdot B) \cdot C = A \cdot (B \cdot C)$	$(A + B) + C = A + (B + C)$	结合律
（12）	$A + B \cdot C = (A + B) \cdot (A + C)$	$A \cdot (B + C) = AB + AC$	分配律

2.5.3　特殊定理

表 2-16 给出了几个特殊定理，分别是摩根定理、蕴含定理及对偶规则，它们在逻辑函数化简时使用非常普遍。

蕴含定理本质上是去除逻辑表达式中冗余项的定理，表达式中冗余项的判断方法如下。

与或式（即积之和）：逻辑表达式中若存在某两个"与项"（如 AB、A′C），这两个

"与项"中分别拥有某个变量的原变量和反变量（如 AB 中拥有 A，A′C 中拥有 A′），则去掉这两个原变量、反变量后剩余变量组成的"与项"就是冗余项（如 AB、A′C，可以生成冗余项 BC）。

或与式（即和之积）：判断方法类似与或式，只不过"与项"换成"和项"。

摩根定理除用来变换逻辑表达式外，还用来求逻辑函数 $f(\bullet)$ 的反函数 $f'(\bullet)$。

表 2-16　特殊定理

序　　号	公式及规则	备　　注
（13）	$(X_1X_2 \cdots X_n)' = X_1' + X_2' + \cdots + X_n'$	摩根定理
（14）	$(X_1 + X_2 + \cdots + X_n)' = X_1'X_2' \cdots X_n'$	
（15）	$AB + A'C + BC = AB + A'C$	蕴含定理
（16）	$AB + A'C + BCD = AB + A'C$	
（17）	$(A + B)(B + C)(A' + C) = (A + B)(A' + C)$	
（18）	求逻辑函数 $f(X_1, X_2, \cdots, X_n)$ 的对偶函数，遵循的原则是变量不变，但运算符需要改变，即 $\bullet \to +$；$+ \to \bullet$；$\oplus \to \odot$；$\odot \to \oplus$，并且不能改变变量原来的优先级	对偶规则

知识点

蕴含定理是代数化简的一个重要手段。对偶规则可以把"和之积"经过对偶之后转换成"积之和"，反之亦可，同样也是代数化简的一个重要手段。但需要注意的是，对偶前后两个逻辑表达式并不等价，需要对化简后的表达式重新取对偶。摩根定理的本质是完成一个"乘积项"与一个"加和项"之间的转换，只不过这里还有"取非"运算，因此转换后的变量将以原逻辑函数中变量的"非"的形式存在。

【例 2-1】 证明 $(AB' + A'B)' = AB + A'B'$。

证明： 利用摩根定理可得

$$
\begin{aligned}
(AB' + A'B)' &= (AB')' \bullet (A'B)' \\
&= (A' + B) \bullet (A + B') \\
&= A'A + A'B' + AB + BB' \\
&= A'B' + AB
\end{aligned}
$$

【例 2-2】 求下列给定逻辑函数的对偶函数：

（1）$F_1 = AB' + AC$；

（2）$F_2 = \{A'[(BC')]'\}'$。

解：（1）设 F_1 的对偶函数为 G_1，则 $G_1 = (A + B')(A + C)$；

（2）设 F_2 的对偶函数为 G_2，则 $G_2 = \{A' + [(B + C')]'\}'$。

【例 2-3】 证明蕴含定理：

（1）$AB + A'C + BC = AB + A'C$；

（2）$AB + A'C + BCD = AB + A'C$；

（3）$(A + B)(B + C)(A' + C) = (A + B)(A' + C)$。

证明：（1）在左侧表达式中添加恒为 1 的项 $A + A'$，有

$$AB + A'C + (A + A')BC = \underline{AB} + \underline{A'C} + ABC + A'CB$$
$$= AB(1 + C) + A'C(1 + B)$$
$$= AB + A'C$$

（2）在左侧表达式中添加冗余项 BC，有

$$AB + A'C + BCD + BC = AB + A'C + BC(1 + D) = AB + A'C + BC$$
$$= AB + A'C$$

（3）对左侧表达式两次取对偶，有

$$(A + B)(B + C)(A' + C) \text{的对偶} = AB + \cancel{BC} + A'C = AB + A'C$$

对上述结果再取对偶，有

$$AB + A'C \text{ 的对偶} = (A + B)(A' + C)$$

2.6　代数化简法

一个逻辑函数可以有多种不同的表达式，如表 2-17 所示。经过摩根定理的多次变换，逻辑函数的表达式有多种形式。即便是同一类型的表达式也不是唯一的，例如：

$$F = AB + A'C \qquad ①$$
$$= AB + A'C + BC \qquad ②$$
$$= ABC + ABC' + A'BC + A'B'C \qquad ③$$

表 2-17　一个逻辑函数的多种不同逻辑表达式

第一组		第二组	
$F = AB + AC'$	与或式	$F = (A + B)(A + C')$	或与式
$F = [(AB + AC')']'$	两次取反	$F = \{[(A + B)(A + C')]'\}'$	两次取反
$F = [(AB)' \cdot (AC')']'$	与非-与非	$F = [(A + B)' + (A + C')']'$	或非-或非
$F = [(A' + B') \cdot (A' + C)]'$	或-与非	$F = (A'B' + A'C)'$	与-或非
$F = (A' + B')' + (A' + C)'$	或非-或	$F = (A'B')' \cdot (A'C)'$	与非-与

上面三个表达式都是"与或式"类型的，对应的逻辑图如图 2-28 所示。其中，表达式①对应的逻辑图最简单，表达式③对应的逻辑图最复杂。显然，在实现相同逻辑功能的前提下，逻辑电路越简单越好。

2.6.1　何为最简

一个最简表达式通常要满足以下两个条件：

（1）表达式中"与项"（或"和项"）的个数最少（意味着逻辑门的数量最少）；

（2）每个"与项"（或"和项"）中变量的个数最少（意味着逻辑门需要的输入变量数量最少）。

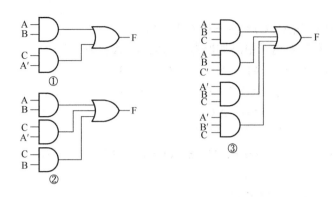

图 2-28　同一类型表达式对应的逻辑图

对逻辑表达式进行化简，不仅可以降低电路成本，而且有利于提高电路的可靠性。

2.6.2　代数化简法实例

代数化简法通常采用的手段包括提取公因子，添加一个恒为"0"的项（如 XX′），添加一个恒为"1"的项（如 X + X′），添加冗余项，删除冗余项，利用摩根定理、分配律、对偶规则等进行表达式变换。

【例 2-4】 采用代数化简法对表达式 F = A + AB′C′ + A′CD + C′E + D′E 进行化简。

解： F = A + AB′C′ + A′CD + C′E + D′E　　　　　　提取公因子

$\quad$ = A (1 + B′C′) + A′CD + C′E + D′E

$\quad$ = A + A′CD + C′E + D′E　　　　　　　　　分配律

$\quad$ = (A + A′)(A + CD) + C′E + D′E

$\quad$ = A + CD + C′E + D′E　　　　　　　　　提取公因子

$\quad$ = A + CD + (C′ + D′)E　　　　　　　　　摩根定理

$\quad$ = A + CD + (CD)′E　　　　　　　　　　分配律

$\quad$ = A + CD + E

【例 2-5】 采用代数化简法对表达式 F = AB + AC′ + B′C + BC′ + B′D + BD′ + ADE (F + G) 进行化简。

解： F = AB + AC′ + B′C + BC′ + B′D + BD′ + ADE (F + G)　　　提取公因子

$\quad$ = A (B + C′) + B′C + BC′ + B′D + BD′ + ADE (F + G)　　　摩根定理

$\quad$ = A (B′C)′ + B′C + BC′ + B′D + BD′ + ADE (F + G)　　　分配律

$\quad$ = A + B′C + BC′ + B′D + BD′ + ADE (F + G)　　　　　提取公因子

$\quad$ = A + B′C + BC′ + B′D + BD′ + CD′　　　　　　　　添加冗余项

$\quad$ = A + B′C + BC′ + B′D + B̶D̶′ + CD′　　　　　　　　删除冗余项

$\quad$ = A + B̶′̶C̶ + BC′ + B′D + CD′　　　　　　　　　　删除冗余项

$\quad$ = A + BC′ + B′D + CD′

【例 2-6】 采用代数化简法对表达式 F = (B′ + D)(B′ + D + A + G)(C + E)(C′ + G)(A + E + G) 进行化简。

解： 对表达式取对偶，假设对偶后的逻辑函数用 F^D 表示，有

$$F^D = \underline{B'D} + \underline{B'D}AG + CE + C'G + AEG \qquad 提取公因子$$
$$= B'D + \underline{CE} + \underline{C'G} + \cancel{AEG} \qquad 删除冗余项$$
$$= B'D + CE + C'G$$

对 F^D 再次取对偶，有 $F = (B' + D)(C + E)(C' + G)$。

 总结

代数化简法的优点是不受变量数量的约束。如果对定理和规则十分熟悉，使用代数化简法比较方便。其缺点是代数化简法技巧性强，有时难以判断化简结果是否最简。

2.7　最小项与最大项

2.7.1　最小项与最大项的定义

n 个变量组成的最小项是一个包含 n 个变量的"与项"，n 个变量组成的最大项是一个包含 n 个变量的"或项"。其中，每个变量在最小项（或最大项）中或者以原变量的形式出现，或者以反变量的形式出现，并且只能出现一次。n 个变量能组成的最小（大）项的个数是 2^n。

最小项一般用 m_i 表示，最大项用 M_i 表示。如表 2-18 所示，最小项 m_i（最大项 M_i）的序号 i 的值，是将输入变量的二进制数转换为十进制数的结果。例如，输入变量 ABC 的取值为 101，则对应的最小项是 AB'C 即 m_5，对应的最大项是 A'+B+C' 即 M_5。

表 2-18　最小项与最大项

序号	输入变量			最小项	最大项
i	A	B	C	m_i	M_i
0	0	0	0	A'B'C' = m_0	A + B + C = M_0
1	0	0	1	A'B'C = m_1	A + B + C' = M_1
2	0	1	0	A'B C' = m_2	A + B' + C = M_2
3	0	1	1	A'B C = m_3	A + B' + C' = M_3
4	1	0	0	A B'C' = m_4	A' + B + C = M_4
5	1	0	1	A B'C = m_5	A '+ B + C' = M_5
6	1	1	0	A B C' = m_6	A' + B' + C = M_6
7	1	1	1	A B C = m_7	A' + B' + C' = M_7

2.7.2　最小项与最大项的性质

对 n 个变量组成的所有 2^n 个最小项（最大项），任意输入一组变量取值，只有唯一的

一个最小项（最大项）的值为"1"（"0"），如表 2-19 所示。

表 2-19　最小项与最大项在不同输入时的取值

	A'B'C'	A'B'C	A'BC'	A'BC	AB'C'	AB'C	ABC'	ABC	A'+B'+C'	A'+B'+C	A'+B+C'	A'+B+C	A+B'+C'	A+B'+C	A+B+C'	A+B+C
000	1	0	0	0	0	0	0	0	1	1	1	1	1	1	1	0
001	0	1	0	0	0	0	0	0	1	1	1	1	1	1	0	1
010	0	0	1	0	0	0	0	0	1	1	1	1	1	0	1	1
011	0	0	0	1	0	0	0	0	1	1	1	1	0	1	1	1
100	0	0	0	0	1	0	0	0	1	1	1	0	1	1	1	1
101	0	0	0	0	0	1	0	0	1	1	0	1	1	1	1	1
110	0	0	0	0	0	0	1	0	1	0	1	1	1	1	1	1
111	0	0	0	0	0	0	0	1	0	1	1	1	1	1	1	1

所有 2^n 个最小项（最大项）之和（之积）恒为"1"（"0"），任意两个最小项（最大项）之积（之和）恒为"0"（"1"），m_i 和 M_i 互为反函数，如表 2-20 所示。

表 2-20　最小项与最大项的性质

最　小　项	最　大　项
$\displaystyle\sum_{i=0}^{2^{n-1}} m_i = 1$	$\displaystyle\prod_{i=0}^{2^{n-1}} M_i = 0$
$m_i \cdot m_j = 0 \ (i \neq j)$	$M_i + M_j = 1 \ (i \neq j)$
在输入变量的所有取值组合中，只有唯一的一个最小项的值为 1	在输入变量的所有取值组合中，只有唯一的一个最大项的值为 0
$m_i = M_i'$	$M_i = m_i'$

2.7.3　最小项与最大项表达式

一个逻辑函数，既可以用最小项之和表示，也可以用最大项之积表示。

【例 2-7】某逻辑函数的真值表如表 2-10 所示，写出该逻辑函数的最小项之和、最大项之积表达式。

解：最小项之和表达式为

$$F = A'BC + AB'C + ABC' + ABC$$
$$= m_3 + m_5 + m_6 + m_7$$
$$= \sum m(3,\ 5,\ 6,\ 7)$$

最大项之积表达式为

$$F = (A + B + C)(A + B + C')(A + B' + C)(A' + B + C)$$
$$= M_0 \cdot M_1 \cdot M_2 \cdot M_4$$
$$= \prod M(0,\ 1,\ 2,\ 4)$$

如何理解最小项和最大项表达式呢？对一个逻辑电路而言，假设它有 3 个输入变量，可用 A、B、C 来表示；有 1 个输出变量，用 F 表示，如表 2-10 所示。输出变量 F 的值是"1"还是"0"，取决于输入变量 A、B、C 是什么值。对 3 个输入变量，穷尽所有输入取值组合，共有 8 种，即 000，001，…，110，111。这里的每个输入取值的组合，都对应着一个最小项，即 A′B′C′，A′B′C，…，ABC′，ABC。

下面关注的问题是，对这个逻辑函数而言，输入取值是哪几种组合时，函数的输出值是"1"，这就是最小项表达式要描述的含义。同理，对最大项表达式而言，关注的问题是，输入取值是哪几种组合时，函数的输出值是"0"。

📚 **知识点**

　　逻辑函数的最小项之和就是"标准与或式"，它关注的是哪些最小项的存在能使函数的输出值为"1"；最大项之积就是"标准或与式"，它关注的是哪些最大项的存在能使函数的输出值为"0"。一个逻辑函数，最小项之和表达式包含的一定是部分最小项，不可能包含所有最小项，因为所有最小项之和恒为"1"。同理，最大项之积表达式包含的一定是部分最大项，因为所有最大项之积恒为"0"。

【扩展】对一个逻辑函数 F(•)，既可以用最小项之和描述，也可以用最大项之积描述。同样，该逻辑函数的反函数和对偶函数也可以用最小项之和或最大项之积描述，示例如图 2-29 所示。

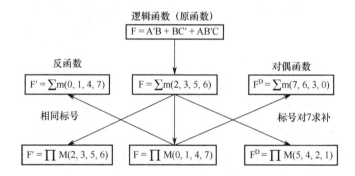

图 2-29　逻辑函数的原函数及其反函数、对偶函数的最大项和最小项表达式

可以看出：

（1）对同一个函数，最小项之和表达式 $\sum m_i$ 中的标号与最大项之积表达式 $\prod M_i$ 中的标号是互斥的，它们加在一起构成完整的 2^n 个标号；

（2）原函数的最小项之和表达式 $\sum m_i$ 中的标号，与反函数的最大项之积表达式 $\prod M_i$ 中的标号相同；同理，原函数的最大项之积表达式 $\prod M_i$ 中的标号，与反函数的最小项之和表达式 $\sum m_i$ 中的标号相同，这也是摩根定理的体现；

（3）对偶函数的最小项之和表达式 $\sum m_i$ 中的标号，是原函数的最大项之积表达式 $\prod M_i$ 中的标号对 2^n-1 求补。因为对偶规则只针对"与""或"运算符进行了转换，对表达式中所有逻辑非（′）不进行处理。

2.8 非完全给定函数

2.8.1 无关项

对一个逻辑函数，存在以下两种情况之一的那些输入取值组合，称为无关项（或任意项、约束项）：

（1）不可能出现的（或根本不存在的）输入取值组合；

（2）无意义的输入取值组合（所有输入取值组合都有效存在，但是对某些输入取值，我们并不关心它们导致的函数输出结果是"0"还是"1"，因为没有意义）。

在真值表或卡诺图中，无关项对应的函数输出值一般用×或Φ表示。

【例 2-8】 大型数字电路通常包含多个子模块。如图 2-30 所示，该电路有两个子模块 N_1 和 N_2，N_1 的输出 A、B、C 是 N_2 的输入。如果前级模块 N_1 的输出 A、B、C 根本就没有 001 和 110 两种情况，对后级模块 N_2 来说，001 和 110 就是根本不可能出现的两个输入取值组合，即 $A'B'C$ 和 ABC' 就是两个无关项，如表 2-21 所示，无关项对应的输出是没有意义的，在此真值表中用×表示。

表 2-21 具有无关项的真值表

A B C	F
0 0 0	1
0 0 1	×
0 1 0	0
0 1 1	1
1 0 0	0
1 0 1	0
1 1 0	×
1 1 1	1

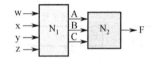

图 2-30 包含两个子模块的数字电路

同理，如图 2-31 所示，该电路的功能是将 8421BCD 码转换为余 3 码，真值表如表 2-22 所示。8421BCD 码的取值范围是 0000～1001，只要输入在此区间里，转换结果就是正确的余 3 码。1010～1111 区间的数据当然也能从该电路的输入端送入，但此时送入的已然不是 8421BCD 码，那么经电路转换后的结果自然失去了意义。因此，在表 2-22 中有 6 个无关项。

表 2-22 将 8421BCD 码转换为余 3 码的真值表

$X_3X_2X_1X_0$	A B C D	$X_3X_2X_1X_0$	A B C D
0 0 0 0	0 0 1 1	1 0 0 0	1 0 1 1
0 0 0 1	0 1 0 0	1 0 0 1	1 1 0 0
0 0 1 0	0 1 0 1	1 0 1 0	× × × ×
0 0 1 1	0 1 1 0	1 0 1 1	× × × ×
0 1 0 0	0 1 1 1	1 1 0 0	× × × ×
0 1 0 1	1 0 0 0	1 1 0 1	× × × ×
0 1 1 0	1 0 0 1	1 1 1 0	× × × ×
0 1 1 1	1 0 1 0	1 1 1 1	× × × ×

图 2-31 将 8421BCD 码转换为余 3 码

2.8.2　非完全给定函数的定义

如果某逻辑函数包含无关项，真值表如表 2-21 所示，则该逻辑函数称为非完全给定函数。表 2-21 对应的最小项之和及最大项之积表达式分别为

$$F = \sum m(0, 3, 7) + \sum d(1, 6)$$
$$F = \prod M(2, 4, 5) \cdot \prod D(1, 6)$$

2.9　小材大用——应用异或门设计旅客身高检测器

【电路功能】　自动检测进站旅客的身高情况，以确认旅客应购买全票、半票还是免票。

【电路构成】　如图 2-32 所示，主要由光电检测器和身高判别电路构成。其中，光电检测器由红外发光管 LED_1、LED_2 和光电三极管 VT_1、VT_2 组成。身高判别电路由发光二极管及芯片 CD4070 组成。芯片 CD4070 中集成了 4 个异或门。

【电路原理】　红外发光管 LED_1 和 LED_2 分别与光电三极管 VT_1 和 VT_2 组成两对检测器，按照全票身高、半票身高数据安装在进站口。检测器的工作原理是，如果没有物体遮挡红外发光管 LED_1 和 LED_2，则光电三极管 VT_1 和 VT_2 的输出端 A 和 B 输出低电平"0"。反之，如果红外发光管 LED_1 和 LED_2 被物体遮挡，则光电三极管 VT_1 和 VT_2 的输出端 A 和 B 分别输出高电平"1"。

假设某旅客的身高不足以遮挡任何一个红外发光管，则光电三极管 VT_1 和 VT_2 的输出端 A 和 B 都输出低电平"0"，即芯片 CD4070 的 1、5、8、9、12、13 号引脚都连接低电平"0"。2 号和 6 号引脚固定接地，即接低电平，因此芯片中所有异或门的输出都是低电平"0"，连接在芯片输出端的所有发光二极管都处于熄灭状态。

假设某旅客的身高只遮挡了红外发光管 LED_2，则光电三极管 VT_2 的输出端 B 输出高电平"1"，光电三极管 VT_1 的输出端 A 输出低电平"0"。芯片 CD4070 的 9 号和 13 号引脚都将连接高电平。此时，芯片 CD4070 的 10 号和 11 号引脚输出高电平"1"，3 号和 4 号引脚输出低电平"0"。因此，绿色的发光二极管 G_1 和 G_2 将被点亮，红色的发光二极管 H_1 和 H_2 都处于熄灭状态。

同理，假设某旅客的身高遮挡了所有红外发光管，则光电三极管的输出端 A 和 B 都输出高电平"1"，即芯片 CD4070 的 1、5、8、9、12、13 号引脚都连接高电平。此时，芯片 CD4070 的 3 号和 4 号引脚输出高电平"1"，10 号和 11 号引脚输出低电平"0"。因此，红色的发光二极管 H_1 和 H_2 将被点亮，绿色的发光二极管 G_1 和 G_2 都处于熄灭状态。

综上，红色发光管亮，应该购买全票；绿色发光管亮，应该购买半票；没有任何发光管亮，免票。

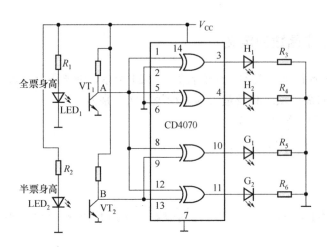

图 2-32 旅客身高检测器电路

2.10 研讨探究

问：使用代数化简法得到的逻辑函数的最简表达式是唯一的吗？

答：不一定。有些逻辑函数化简后的结果不唯一，但电路实现的代价是一样的。也就是说，不管是哪种结果，电路中最终使用的逻辑门的数量及每个逻辑门的输入变量的个数都是一样的。

例如，化简逻辑函数 $F = A'B'C' + A'B'C + AB'C + ABC + A'BC' + ABC'$。

化简结果 1：

$F = \underline{A'B'C'} + \underline{A'B'C} + \underline{AB'C} + \underline{ABC} + \underline{A'BC'} + \underline{ABC'}$ 　　　提取公因子

$= \underline{A'B'}(\underline{C'} + \underline{C}) + \underline{AC}(\underline{B'} + \underline{B}) + \underline{BC'}(\underline{A'} + \underline{A})$

$= A'B' + AC + BC'$

化简结果 2：

$F = \underline{A'B'C'} + \underline{A'B'C} + AB'C + ABC + \underline{A'BC'} + \underline{ABC'}$ 　　　提取公因子

$= \underline{A'C'}(\underline{B'} + \underline{B}) + \underline{B'C}(\underline{A'} + \underline{A}) + \underline{AB}(C + C')$

$= A'C' + B'C + AB$

上述逻辑函数的化简结果并不唯一，但两种最简实现方案都需要 3 个两输入端的与门、1 个三输入端的或门，电路实现代价相同。

2.11 深入思考

思考：利用同或门可以设计等值比较器，如图 2-23 所示，如果换成异或门应怎么设计？

2.12　小故事大情怀

别样长征

20 世纪 60 年代天文学的"四大发现"：脉冲星、类星体、宇宙微波背景辐射、星际有机分子，其重要性甚至大于登月，而这些都与射电望远镜有关。

20 世纪 90 年代，大射电望远镜是我国天文学家梦寐以求的尖端设备，但只有欧美少数国家拥有。我国的科学研究需要天文数据，当时要么引用国外数据，要么租用国外设备。曾有科学家回忆，当年去德国租用 100 米口径射电望远镜，千申万请，久排长队，终于求到一个观测机会，对方却说："只能给你们 1 小时。"

痛定思痛，中国天文学家南仁东带领老中青三代科技工作者，开启了一场现代天文科研装备长征路，从 1994 年预研到 2016 年 "500 米口径球冠状主动反射球面射电望远镜"（FAST）建成，整整走过了 22 载岁月共 8000 多个日夜，克服了无数难以想象的困难。自此，中国可以用自己研制的全球最大单口径、灵敏度最高、综合性能最强的射电望远镜，接收 137 亿光年以外的电磁信号，监听太空有机分子发出的独特电磁波，窥探星际之间互动的细节，观测暗物质，测定黑洞质量，搜寻星外文明。

"深空猎手"FAST 能把覆盖 30 个足球场的信号聚集在药片大小的空间里，截至 2022 年 7 月，它已发现 660 余颗新脉冲星。2020 年，中国科学院大学发出了首封本科生录取通知书，一起送达的还有一份来自宇宙深处的声音。这些声音是 FAST 捕获的 15 颗脉冲星信号。FAST 的背后意味着一个国家在通信、雷达、电子、深空探测、地空联络、数据处理、精密仪器、大型机械、激光制导等方面的升级换代，这是中国硬核实力的完美展现。

习　题　2

2.1　使用代数化简法化简下列逻辑函数为最简与或式。

（1）$F = A'B'C'D' + A'BC'D' + A'BD + A'BC'D + ABCD + ACD' + B'CD'$

（2）$F = AC' + AB'D + A'B'C + A'CD' + B'C'D'$

（3）$F = (A + B)(B + C)(B + D')(ACD' + E)$

（4）$F = ABC + A(BC)' + BC + B'C + A$

（5）$F = ((A' + B')D)' + (A'B' + BD)C' + A'BC'D + D'$

2.2　证明下列等式。

（1）$A'BC'D + (A' + BC)(A + C'D') + BC'D + A'BC' = ABCD + A'C'D' + ABD + ABCD' + BC'D$

（2）$AC' + ABC + ACD' + CD = A + CD$

2.3 某逻辑函数 F 的反函数表达式为$(A+C'+B')'+(C'D+AC)'$，求逻辑函数 F 的对偶函数的最简与或式（即积之和）。

2.4 简化题图 2-1 所示的电路，要求化简后用到的逻辑门的数量最少，并且不改变器件结构（不能改变原题中的逻辑门特征，即只有与门、或门、非门三种逻辑门，并且每个逻辑门的输入端不能超过 2 个）。

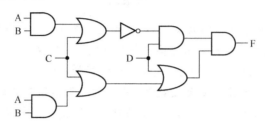

题图 2-1

2.5 给出题图 2-2 所示电路的最简表达式。

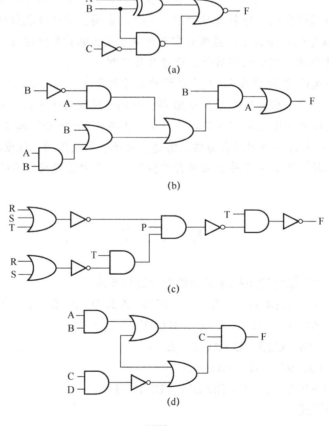

题图 2-2

第3章 | 方圆之间的神奇——卡诺图化简

📖 **内容导读**

卡诺图是一种采用画图的方式化简逻辑函数的有效方法。利用卡诺图可以获得多种形式的逻辑函数最简表达式。本章围绕以下问题展开：

   ☑ 卡诺图含义及填写

   ☑ 卡诺图化简法

   ☑ 带无关项的卡诺图化简

📖 **本章案例**

   ✹ 多变量卡诺图化简

3.1 卡诺图的含义

以两个输入变量的逻辑函数 $f(A,B)$ 为例，输入变量最多构成 4 个最小项，即 $A'B'$、$A'B$、AB'、AB。如果把这 4 个最小项按照格雷码的规律摆放在一个田字格中，如图 3-1（a）和图 3-1（b）所示。4 个单元格对应的二进制数编号分别是 00、01、10、11，与输入变量最小项 m_0、m_1、m_2、m_3 的编号一致。因此，两个输入变量的逻辑函数的卡诺图是一个田字格，每个单元格的编号与输入函数最小项的编号相同，如图 3-1（c）所示。

  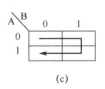

图 3-1　两变量卡诺图

同理，3 输入变量、4 输入变量乃至更多输入变量的逻辑函数的卡诺图如图 3-2 所示。其中，卡诺图单元格里的数字代表单元格的编号，卡诺图左侧和上方位于单元格外面的编码是典型格雷码，同时也代表输入变量的取值组合。例如，4 变量卡诺图中左上角的 0 号单元格，对应的输入取值为 $A'B'C'D'$；右上角的 2 号单元格，对应的输入取值为 $A'B'CD'$。

在卡诺图中，为什么要把最小项按照格雷码的规律摆放呢？因为格雷码的特点是任何两个相邻编码只有一位码元不同，对应到卡诺图中，就是卡诺图里任何两个相邻单元格对应的最小项只有一个变量的取值不同（如 $A'B'C$ 和 $AB'C$），这个特点为逻辑函数的化简提供了便利。

A\BC	00	01	11	10
0	0	1	3	2
1	4	5	7	6

AB\CD	00	01	11	10
00	0	1	3	2
01	4	5	7	6
11	12	13	15	14
10	8	9	11	10

AB\CDE	000	001	011	010	110	111	101	100
00	0	1	3	2	6	7	5	4
01	8	9	11	10	14	15	13	12
11	24	25	27	26	30	31	29	28
10	16	17	19	18	22	23	21	20

图 3-2　更多输入变量的逻辑函数的卡诺图

3.2　填写卡诺图

3.2.1　由真值表填写卡诺图

卡诺图的每个单元格对应逻辑函数输入变量的一个最小项，因此，给定真值表可以直接填写卡诺图。如图 3-3 所示，根据真值表中输入变量 A、B、C 的每个取值组合，在卡诺图对应单元格里填写输出变量 F 的值。

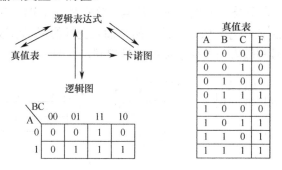

图 3-3　由真值表填写卡诺图

3.2.2　由标准与或式、标准或与式填写卡诺图

若给定逻辑函数的"标准与或式"，如 $F = \sum m(3,5,6,7)$，则相当于指明真值表中使函数输出值为"1"的所有最小项，即卡诺图中先确定了 3、5、6、7 号单元格里应填写 1，如图 3-4 所示，剩余单元格里全部填写 0。

同理，若给定逻辑函数的"标准或与式"，如 $F = \prod M(0,1,2,4)$，则相当于指明真值表中使函数输出值为"0"的所有最小项，即卡诺图中先确定了 0、1、2、4 号单元格里应该填写 0，如图 3-5 所示，剩余单元格里全部填写 1。

BC A	00	01	11	10
0			1	
1		1	1	1

BC A	00	01	11	10
0	0	0		0
1	0			

图 3-4　标准与或式确定卡诺图中填写 1 的单元格　　图 3-5　标准或与式确定卡诺图中填写 0 的单元格

3.2.3　由一般表达式填写卡诺图

若给定逻辑函数的一般表达式，通常不能直接得到逻辑函数的卡诺图，而需要先对表达式进行化简，得到最简表达式后，再画出卡诺图。

【例 3-1】　画出逻辑函数 F = { A⊕C · [B′(A C′D′ + A′ CD′)]′}′的卡诺图。

解：首先，化简逻辑函数，得到最简表达式

$$F = \{A \oplus C \cdot [B'(A C'D' + A' CD')]'\}'$$
$$= (A \oplus C)' + [B'(A C'D' + A' CD')] \qquad 摩根定理$$
$$= \underset{①}{AC} + \underset{②}{A'C'} + \underset{③}{AB'C'D'} + \underset{④}{A'B'CD'}$$

然后，根据最简表达式画出卡诺图。由①项可知，要求输入变量 A = 1，C = 1，B 和 D 任意。满足这个条件，要在卡诺图下面两行与右侧两列交叉点的 4 个单元格里填写 1。

同理，由②项可知，要求输入变量 A = 0，C = 0，B 和 D 任意。满足这个条件，要在卡诺图上面两行与左侧两列交叉点的 4 个单元格里填写 1。③项和④项就是最小项，可以直接填写在卡诺图中，如图 3-6 所示。

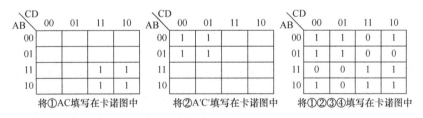

将①AC填写在卡诺图中　　将②A′C′填写在卡诺图中　　将①②③④填写在卡诺图中

图 3-6　一般表达式的卡诺图填写

3.3　基于卡诺图的逻辑运算

两个逻辑函数的运算可以转化为对两张卡诺图对应单元格进行逻辑运算。

【例 3-2】　有两个逻辑函数 $F_1(A, B, C) = \sum m(0, 4)$，$F_2(A, B, C) = \sum m(3, 4, 6)$，给出下列运算结果：

（1）$F_1 + F_2$；（2）$F_1 \cdot F_2$；（3）$F_1 \oplus F_2$。

解：先由给定逻辑函数 F_1 和 F_2 的"标准与或式"，填写与之对应的两张卡诺图，再将两张卡诺图对应单元格里的数值进行相应的逻辑运算，得到一张新卡诺图。

如图 3-7 所示，将等号"="左侧的两张卡诺图对应单元格里的数值分别进行"与"、"或"

及"异或"运算,可以得到等号右侧的三张新卡诺图,即逻辑函数 $F_1 + F_2$、$F_1 \cdot F_2$ 和 $F_1 \oplus F_2$ 的运算结果。

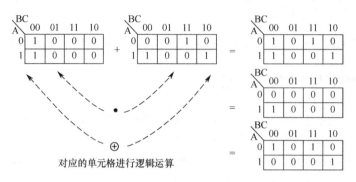

图 3-7 基于卡诺图的逻辑运算

📚 **知识点**

一个逻辑函数既可以用最小项之和 $\sum m_i$ 描述,也可以用最大项之积 $\prod M_i$ 描述。两个逻辑函数之间的运算,总能方便地先转化为以上两种形式之一,其体现在卡诺图中就是对应的那些单元格,所以两个逻辑函数的运算可以直接转化为对两张卡诺图对应单元格进行逻辑运算。

3.4 卡诺图化简法

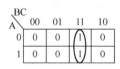

图 3-8 逻辑函数 F 的卡诺图

卡诺图的一个重要应用是对逻辑函数进行化简。卡诺图化简法是通过在卡诺图中寻找具有"相邻性"的单元格完成对逻辑函数化简的一种方法。例如,对逻辑函数 $F = A'BC + ABC$ 而言,采用代数化简法有 $F = A'BC + ABC = (A' + A)BC = BC$。观察逻辑函数 F 对应的卡诺图,如图 3-8 所示,代数化简法中提取出公因子的两个最小项在卡诺图中正好是"邻居",它们符合格雷码的特点,即只有变量 A 的取值不同。卡诺图化简法巧妙利用了这一特点。

📚 **知识点**

何为相邻性?从位置上看,在卡诺图中那些紧挨着的或者位于行列首尾的单元格就是相邻的。从本质上讲,满足格雷码特点的最小项对应的单元格具有相邻性。

【例 3-3】 找出图 3-9 所示的卡诺图中所有取值为 1 的相邻单元格。

分析:在图 3-9(a)中,共有 4 个取值为 1 的相邻单元格,它们分别位于列首尾且两两紧挨着。在图 3-9(b)中,一共有 3 个取值为 1 的相邻单元格,其中,左上角的 0 号单元格（0000）与右上角的 2 号单元格（0010）是相邻关系，左上角的 0 号单元格（0000）与左下角的 8 号单元格（1000）是相邻关系。在图 3-9（c）中，取值为 1 的相邻单元格为 0 个，原因是左下角的 8 号单元格（1000）与右上角的 2 号单元格（0010）不符合格雷码特点，不具有相邻性。

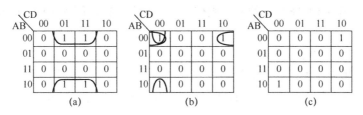

图 3-9　卡诺图中相邻的单元格

利用卡诺图化简法，从一个逻辑函数的卡诺图中可以得到该逻辑函数的三种最简表达式，即最简与或式、最简或与式、最简与或非式。

3.4.1　利用卡诺图读取最简与或式

第 1 步：在卡诺图中画圈。

（1）将卡诺图中相邻为 1 的单元格圈在一起，一个圈里单元格的个数必须满足 2 的幂次方，即 2^m（$m = 0, 1, 2, \cdots$）；

（2）圈里面 1 的个数越多越好；

（3）单元格可以重复使用。

如图 3-10 所示，图 3-10（a）中共有 3 个圈，其中 7 号单元格（111）被重复使用 3 次；图 3-10（b）中共有 1 个圈，包含位于卡诺图 4 个角上的所有单元格；图 3-10（c）中共有 1 个圈；图 3-10（d）中共有 3 个圈。

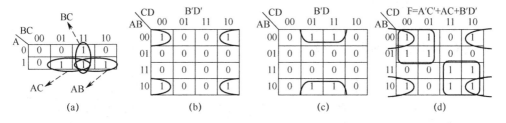

图 3-10　利用卡诺图读取最简与或式

第 2 步：每个圈代表一个"与项"。

以图 3-10（a）为例，该卡诺图中共有 3 个卡诺圈，即逻辑函数的"最简与或式"包含 3 个"与项"。"与项"的读取方法是，观察每个卡诺圈包含的所有最小项对应的输入变量取值，取值不同的变量被消去，取值相同的变量被保留，其中，1 代表原变量，0 代表反变量。

例如，图 3-10（a）中水平方向左侧的卡诺圈对应一个"与项"AC，在该卡诺圈中，两个最小项中变量 A 的取值相同，都是 1，需要保留；变量 C 的取值也相同，都是 1，需要保留；变量 B 的取值不同（一个是 0，一个是 1，即 B′ 和 B），被消去，所以该卡诺圈对应的"与项"就是 AC。同理，图 3-10（a）中水平方向右侧的卡诺圈对应的"与项"是 AB，垂直方向的卡诺圈对应的"与项"是 BC。

依次类推，图 3-10（b）中的卡诺圈代表"与项" B′D′，图 3-10（c）中的卡诺圈代表"与项" B′D。

第 3 步：将所有"与项"相加。

将所有"与项"相加即得"最简与或式"，以图 3-10（d）为例，该图包含 3 个卡诺圈，分别对应 3 个"与项"：A′C′、AC 及 B′D′，所以逻辑函数的"最简与或式"为 F = A′C′ + AC + B′D′。

3.4.2　利用卡诺图读取最简或与式

利用卡诺图读取"最简与或式"关注的是卡诺图中取值为 1 的单元格。由此不难想到，利用卡诺图读取"最简或与式"关注的是卡诺图中取值为 0 的单元格，其余操作与读取"最简与或式"类似。

第 1 步：在卡诺图中画圈。

（1）将卡诺图中相邻为 0 的单元格圈在一起，一个圈里单元格的个数必须满足 2 的幂次方，即 2^m（$m = 0, 1, 2, \cdots$）；

（2）圈里面 0 的个数越多越好；

（3）单元格可以重复使用。

第 2 步：每个圈代表一个"和项"。

"和项"的读取方法是，观察每个卡诺圈中包含的所有最大项对应的输入变量取值，取值不同的变量被消去，取值相同的变量被保留，其中，0 代表原变量，1 代表反变量。如图 3-11（a）和图 3-11（b）所示。

第 3 步：将所有"和项"相乘。

将所有"和项"相乘即得"最简或与式"，如图 3-11（c）所示。

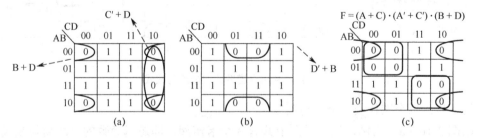

图 3-11　利用卡诺图读取最简或与式

3.4.3　利用卡诺图读取最简与或非式

第 1 步：读取 F′ 的"最简与或式"。

方法是先在 F 的卡诺图中圈 0（或者在 F′的卡诺图中圈 1），再按照"最简与或式"的读取方法得到 F′的"最简与或式"，如图 3-12 所示。

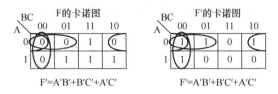

图 3-12　利用卡诺图读取 F′的最简与或式

第 2 步：对 F′求反，得到 F 的"最简与或非式"。

最终读取的"最简与或非式"为 F = (A′B′ + B′C′ + A′C′)′。

总结

与最小项（最大项）表达式不同，最简表达式不一定是唯一的，但它们的实现代价是相同的（即逻辑门的数量相同，输入变量的个数相同）。

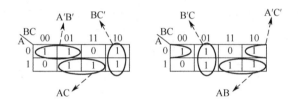

图 3-13　最简表达式不唯一

3.5　带无关项的卡诺图化简

若卡诺图包含无关项，化简时对无关项的处理原则如下：

（1）根据需要，无关项可"1"可"0"；

（2）保证卡诺圈中"1"（或"0"）的数量最多的前提下，尽量利用无关项。

【例 3-4】　设计一个能将 4 位二进制数 WXYZ 转换为余 3 码的电路，输出的余 3 码用 ABCD 表示。

分析：本例中，4 位输入信号 WXYZ 的取值有 16 种可能，即 0000～1111。由于要求输出的必须是余 3 码，因此输入信号 WXYZ 的合法取值是 0000～1001。至于 1010～1111 这六种取值，对实际电路而言尽管可以从输入端送入，但是转换后的输出结果已经不是余 3 码，所以此种情况下对应的输入取值组合是无意义的，即无关项。化简过程及化简结果如图 3-14 所示。

【例 3-5】　输入信号 X 为 8421BCD 码，设计组合逻辑电路，当 $X \geqslant 5$ 时，输出 F = 1。X 用 ABCD 表示。

分析：本例中，4 位输入信号 ABCD 的取值有 16 种可能，即 0000～1111。由于要求输入的必须是 8421BCD 码，因此输入信号 ABCD 的合法取值是 0000～1001。1010～1111 这六种取值都是无关项。化简过程及化简结果如图 3-15 所示。

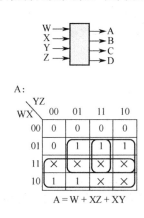

真值表

二进制数 W X Y Z	余三码 A B C D	二进制数 W X Y Z	余三码 A B C D
0 0 0 0	0 0 1 1	1 0 0 0	1 0 1 1
0 0 0 1	0 1 0 0	1 0 0 1	1 1 0 0
0 0 1 0	0 1 0 1	1 0 1 0	×
0 0 1 1	0 1 1 0	1 0 1 1	×
0 1 0 0	0 1 1 1	1 1 0 0	×
0 1 0 1	1 0 0 0	1 1 0 1	×
0 1 1 0	1 0 0 1	1 1 1 0	×
0 1 1 1	1 0 1 0	1 1 1 1	×

$A = W + XZ + XY$

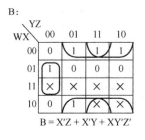

$B = X'Z + X'Y + XY'Z'$

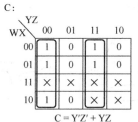

$C = Y'Z' + YZ$

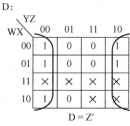

$D = Z'$

图 3-14 例 3-4 的卡诺图化简

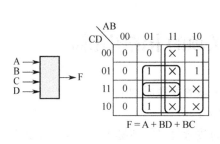

$F = A + BD + BC$

真值表

A B C D	F	A B C D	F
0 0 0 0	0	1 0 0 0	1
0 0 0 1	0	1 0 0 1	1
0 0 1 0	0	1 0 1 0	×
0 0 1 1	0	1 0 1 1	×
0 1 0 0	0	1 1 0 0	×
0 1 0 1	1	1 1 0 1	×
0 1 1 0	1	1 1 1 0	×
0 1 1 1	1	1 1 1 1	×

图 3-15 例 3-5 的卡诺图化简

【例 3-6】 某单位在三八妇女节包场看电影，规定电影票只发给本单位的女职工，写出满足上述条件的逻辑表达式。

分析：用三个变量 A、B、C 分别表示是否为本单位职工、性别及是否有电影票。其中，A＝1 代表本单位，B＝1 代表女职工，C＝1 代表有电影票。输出用 F 表示，即能否入场看电影。真值表及卡诺图化简如图 3-16 所示，由最简表达式 F＝C 可知，能否进场看电影，只需看是否有电影票即可。当然，这样做的前提是，电影票必须发给本单位的女职工，也就是必须遵守的约束条件。

真值表

A	B	C	F
0	0	0	0
0	0	1	×
0	1	0	0
0	1	1	×
1	0	0	0
1	0	1	×
1	1	0	0
1	1	1	1

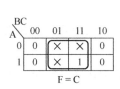

图 3-16　例 3-6 的卡诺图化简

3.6　卡诺图化简的进一步讨论

3.6.1　香农展开定理

香农展开定理是逻辑代数中的一个定理，包括下面的两个公式，即一个 n 变量的逻辑函数可以对输入变量 X_i 展开为两个 $n-1$ 变量的逻辑函数之和或者两个 $n-1$ 变量的逻辑函数之积的形式。

（1）$f(X_1,X_2,\cdots,X_i,\cdots,X_n) = X_i \cdot f(X_1,X_2,\cdots,1,\cdots,X_n) + X_i' \cdot f(X_1,X_2,\cdots,0,\cdots,X_n)$，对 X_i 展开为"与或式"。

（2）$f(X_1,X_2,\cdots,X_i,\cdots,X_n) = [X_i + f(X_1,X_2,\cdots,0,\cdots,X_n)] \cdot [X_i' + f(X_1,X_2,\cdots,1,\cdots,X_n)]$，对 X_i 展开为"或与式"。

随着逻辑函数输入变量个数的增加，它的卡诺图会变得越来越复杂，相邻单元格的判断不再容易，利用卡诺图化简也将变得越来越困难。为此，可以根据香农展开定理，将一个 n 变量的卡诺图针对某一个输入变量 X_i 拆分成两部分。如图 3-17 所示，逻辑函数 $F = f(X_1,X_2,X_3,X_4,X_5)$ 的卡诺图共应包含 32 个单元格，现在针对输入变量 X_1 将其画成两个 4 变量的卡诺图。这两部分卡诺图分别针对 $X_1 = 0$ 及 $X_1 = 1$ 时的两种情况。两部分卡诺图中单元格的编号分别为 0~15 及 16~31。

X_2X_3\\X_4X_5	00	01	11	10
00	0	1	3	2
01	4	5	7	6
11	12	13	15	14
10	8	9	11	10

$X_1 = 0$

X_2X_3\\X_4X_5	00	01	11	10
00	16	17	19	18
01	20	21	23	22
11	28	29	31	30
10	24	25	27	26

$X_1 = 1$

图 3-17　利用香农展开定理将函数 $F = f(X_1,X_2,X_3,X_4,X_5)$ 的卡诺图拆分成两部分

3.6.2　卡诺图拆分后相邻单元格的判断

将卡诺图拆分成两部分后，以下几种情况均符合"相邻"的判断：

（1）将两张子卡诺图在三维空间里沿 Z 轴上下重叠摆放，沿 Z 轴方向能够重叠覆盖的单元格就是相邻的；

（2）在每张子卡诺图中，相邻单元格的判定原则不变，即那些紧挨着的或者位于行列首尾的单元格就是相邻的；

（3）从本质上讲，无论是位于三维空间的卡诺图，还是位于二维平面的卡诺图，满足格雷码特点的最小项对应的单元格都具有相邻性。

【例 3-7】 利用卡诺图化简逻辑函数 $F = f(A, B, C, D, E) = \sum m (0, 1, 4, 5, 6, 11, 12, 14, 16, 20, 22, 28, 30, 31)$。

分析： 将 5 变量逻辑函数 $F = f(A, B, C, D, E)$ 针对变量 A 拆分成两张卡诺图，如图 3-18 所示。

（1）两张子卡诺图在三维空间的相邻卡诺圈有 2 个：第一个卡诺圈里包含 8 个单元格，分别位于两张子卡诺图里中间两行行列首位，对应的"与项"是 BE'；第二个卡诺圈里包含 4 个单元格，分别是两张子卡诺图里第一列左上角的两个单元格，对应的"与项"是 $B'D'E'$。

（2）单独查找每个子卡诺图中剩余的相邻单元格：左侧子卡诺图中可以再画出 2 个卡诺圈，其中一个包含左上角的 4 个单元格；另一个位于底行，只包含 1 个单元格，这两个卡诺圈读出的"与项"分别是 $A'B'D'$ 和 $A'BC'DE$；同理，右侧子卡诺图中可以再画出 1 个卡诺圈，对应的"与项"是 $ABCD$。

（3）将所有"与项"相加，得到最简表达式为 $F = BE' + B'D'E' + A'B'D' + A'BC'DE + ABCD$。

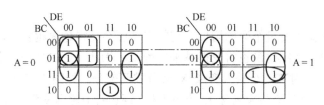

图 3-18　例 3-7 的卡诺图化简

【例 3-8】 利用卡诺图化简 6 变量逻辑函数 $f(A, B, C, D, E, F) = \sum m (0, 2, 4, 6, 9, 11, 16, 18, 20, 22, 26, 28, 32, 34, 38, 36, 41, 43, 48, 50, 52, 53, 54, 57, 59)$。

分析： 将 6 变量逻辑函数 $f(A, B, C, D, E, F)$ 的卡诺图针对某变量进行拆分，例如，可以针对变量 A 和 B 拆分成 4 张卡诺图，也可以将整张图画在一个二维平面里，如图 3-19 所示，此时寻找相邻单元格需要非常细心。

图中共有 4 个卡诺圈，其中最大的卡诺圈里总共有 16 个单元格，分别位于 4 张子卡诺图的四个角，读出的"与项"是 $C'F'$；卡诺图左半侧两个水平椭圆里的单元格都是相邻的，读出的"与项"是 $B'CDF$；矩形卡诺圈里读出的"与项"是 $ACD'F$；同理，剩余 3 个椭圆形卡诺圈分别读出 3 个"与项"，即 $A'BD'EF'$、$A'BDEF'$ 和 $ABC'DE'$。

因此，最简表达式为

$f(A, B, C, D, E, F) = C'F' + B'CDF + ACD'F + A'BD'EF' + A'BDEF' + ABC'DE'$

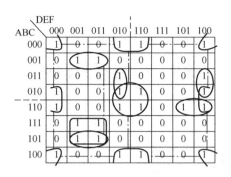

图 3-19　例 3-8 的卡诺图化简

✳ **总结**

卡诺图化简法的优点是可以简单方便地从卡诺图中获得逻辑函数多种形式的最简表达式；缺点是适用于输入变量数量比较少的情况。随着输入变量数量的增多，卡诺图迅速变得复杂化，这种化简方法不再简便。

3.7　研讨探究

❓ **问**：卡诺图对上方和左侧的编码如 00,01,11,10 有顺序要求吗？如果把它写成

　　　上方　00,01,10,11

　　　左侧　00,01,10,11

或者其他顺序，可以吗？

▷ **答**：不可以。因为格雷码的编码规律要求是，任何两个相邻编码只有一个码元不同。卡诺图应用的就是它的这个特点。如果写成 00,01,10,11，那么，图中相邻的两个单元格就不满足格雷码的编码规律了。例如，卡诺图中第一行单元格，对应的编码如果是 0000,0001,0010,0011，很显然，第二个和第三个单元格尽管在位置上是相邻的，但是并不满足只有一个码元不同的性质，这样就不能使用卡诺图化简了。

3.8　深入思考

思考：逻辑函数 $F = AB' + BC' + CD' + A'D + A'C$，利用卡诺图化简为"最简与或式"，最多可以得到几种结果？

3.9 小故事大情怀

月轨快递

2020 年 12 月 6 日，嫦娥五号在 38 万千米之外的太空"打包"了一份来自月球的"快递"，并以毫米级精度在 21 秒内完成全部对接步骤：1 秒捕获、10 秒校正、10 秒锁紧，实现了人类首次月球轨道无人自动交会对接与样品转移，让一个"快递小哥"沿着太空"物流"的特殊通道，把来自月球的珍贵月壤样品安全、稳妥地捎回"他"的"家"。作为名副其实的"太空邮差"，嫦娥五号实现了多个首次：首次在月球表面自动采样，首次从月亮表面起飞，首次从地外天体返回，首次在 38 万千米之外的月球轨道上进行无人交会对接。完美的"月轨快递"背后，是航天人 661 次对接测试、518 次样品转移测试和 35 项故障预案的责任担当与艰苦付出。

习 题 3

3.1 利用卡诺图化简下列逻辑函数为最简与或式，其中 $\sum d(\cdot)$ 为无关项。

（1）$F = f(A,B,C,D) = \sum m(0,1,4,5,10,11,14,15) + \sum d(2,3,6,7)$

（2）$F = f(A,B,C,D) = \sum m(0,2,3,5,6,8,9) + \sum d(10,11,12,13,14,15)$

（3）$F = f(A,B,C,D) = \sum m(0,2,3,4,5,6,11,12) + \sum d(8,9,10,13,14,15)$

（4）$F = f(A,B,C,D) = [(A' + D' + B'C)(B + D + AC')]' + B'C'D' + A'C'D$

（5）$F = f(A,B,C,D) = \sum m(0,3,5,7,8,9,10,12,13) + \sum d(1,11,14)$

3.2 已知逻辑函数 $F_1 = AB + A'C + B'D$，$F_2 = AB'C'D + A'CD + BCD + B'C$，求 $F_1 \oplus F_2$ 的最简与或式。

3.3 利用卡诺图求逻辑函数 $F = f(A,B,C,D) = (A + C')(A + B)(A' + C)(B + D')(B + C')$ 的最简或与式（和之积）。

3.4 已知逻辑函数 $F_1 = \prod M(0,4,5,6)$，$F_2 = \prod M(0,4,7)$，求 $F_1 + F_2$ 的最简与或式。

第 **4** 章   玩转逻辑门——组合逻辑电路（一）

4.1   门电路的级数

　　电路输入与输出之间串联的逻辑门的最大数值就是门电路的级数，如图 4-1 所示。在确定门电路的级数时，可以忽略输入端原变量和反变量的差别，原因是数字电路中的逻辑门都是由触发器驱动（时序逻辑电路内容）的，触发器可以同时输出两个互补的变量 Q 和 Q'。

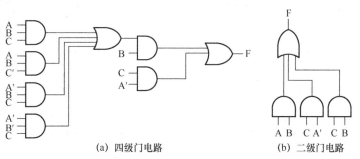

(a) 四级门电路　　　　　　　　　　(b) 二级门电路

图 4-1　门电路的级数

4.1.1   二级门电路

　　前面介绍的"与或式"（积之和）及"或与式"（和之积）都是二级门电路，如图 4-1（b）所示。

【例 4-1】 利用卡诺图化简逻辑函数 F = f(A, B, C, D) = $\sum$m (1, 5, 6, 10, 13, 14)，并将其表达为二级门电路形式。

分析：

方案 1：利用卡诺图读出逻辑函数的"最简与或式"（积之和），即

$$F = A'C'D + BC'D + BCD' + ACD'$$

对应的二级门电路有 5 个门、16 个输入端。

方案 2：利用卡诺图读出"最简或与式"（和之积），即

$$F = (C + D) (A' + B + C) (C' + D') (A + B + C')$$

对应的二级门电路有 5 个门、14 个输入端。

方案 3：进一步对"最简与或式"进行表达式变换，即

$$F = A'C'D + BC'D + BCD' + ACD' = C'D (A' + B) + CD'(A + B)$$

对应的三级门电路有 5 个门、12 个输入端。

方案 4：进一步对"最简或与式"进行表达式变换，即

$$F = (C + D) (A' + B + C) (C' + D') (A + B + C')$$
$$= [C + D(A' + B)] [C' + D'(A + B)]$$
$$= (C + A'D + BD) (C' + AD' + BD')$$

对应的三级门电路有 7 个门、16 个输入端。

从以上分析可以看出，最好的二级门电路是方案 2，最好的三级门电路是方案 3，如图 4-2 所示。

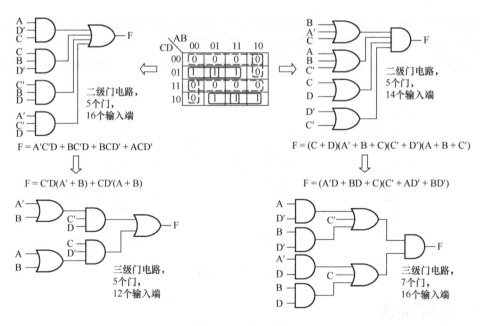

图 4-2　多级门电路

✳ 总结

对逻辑函数的表达式进行因式分解后，门电路的级数会增加，但可能会减少所需的门数及门输入的数量，从而降低电路制造成本。但有时，增加电路级数反而会增加制造成本，并且随着门级联数量的增加，数字电路运行的速度会降低。受门延迟的影响，门级联的数量不能任意增加。

4.1.2　二级门电路的 8 种基本形式

二级门电路的 8 种基本形式如图 4-3 所示，利用这 8 种基本二级门电路可以实现所有

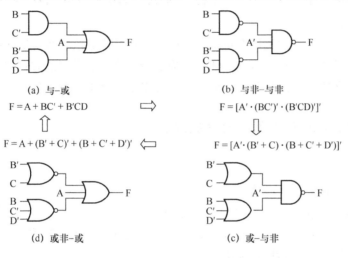

(a) 与-或
$$F = A + BC' + B'CD$$

$$F = A + (B' + C)' + (B + C' + D')'$$

(b) 与非-与非
$$F = [A' \cdot (BC')' \cdot (B'CD)']'$$

$$F = [A' \cdot (B' + C) \cdot (B + C' + D')]'$$

(d) 或非-或
(c) 或-与非

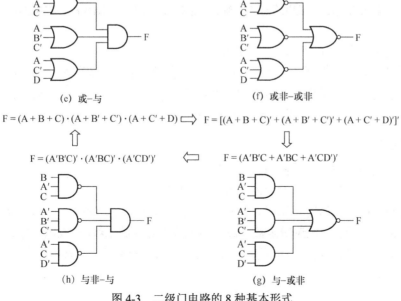

(e) 或-与
(f) 或非-或非

$$F = (A + B + C) \cdot (A + B' + C') \cdot (A + C' + D)$$

$$F = [(A + B + C)' + (A + B' + C')' + (A + C' + D)']'$$

$$F = (A'B'C')' \cdot (A'BC)' \cdot (A'CD')'$$

$$F = (A'B'C + A'BC + A'CD')'$$

(h) 与非-与
(g) 与-或非

图 4-3　二级门电路的 8 种基本形式

开关函数。其中，图 4-3（a）是逻辑函数的"最简与或式"（积之和）对应的二级门电路，图 4-3（b）～图 4-3（d）是利用摩根定理进行表达式变换后得到的 3 种二级门电路；同理，图 4-3（e）是逻辑函数的"最简或与式"（和之积）对应的二级门电路，图 4-3（f）～图 4-3（h）是利用摩根定理进行表达式变换后得到的 3 种二级门电路。

由于集成电路的与非门、或非门易于得到，因此使用与非门、或非门设计电路，相比使用与门、或门，具有速度快、性价比高、使用器件种类少的优点。因此，利用单一逻辑门与非门、或非门设计逻辑电路，是较为常见的方式，如图 4-3（b）和图 4-3（f）所示。

4.2　利用单一逻辑门设计二级组合逻辑电路

利用单一逻辑门设计二级组合逻辑电路的方法包括代数法和替换法两种。代数法通过变换逻辑表达式的方式实现，替换法通过替换逻辑电路中逻辑门的方式实现。下面分别介绍如何利用单一逻辑门中的与非门、或非门、与或非门设计二级组合逻辑电路。

4.2.1　利用与非门设计二级组合逻辑电路

1. 代数法

（1）获得逻辑函数的"最简与或式"F；

（2）对"最简与或式"F 两次取反，即$(F')'$。

【例 4-2】设计组合逻辑电路，对输入的 2 个二进制数 $X = X_1X_2$ 和 $Y = Y_1Y_2$ 进行比较，当 $X > Y$ 时，输出 F = 1；否则，输出 F = 0。

分析：

（1）确定输入与输出。该电路有 4 个输入 $X_1X_2Y_1Y_2$ 和 1 个输出 F，逻辑框图如图 4-4（a）所示。

（2）写出真值表，如图 4-4（b）所示。

（3）获得最简二级与或式：$F = X_1Y_1' + X_2Y_1'Y_2' + X_1X_2Y_2'$，如图 4-4（c）所示。

（4）表达式变换，采用单一逻辑门与非门完成设计，如图 4-4（d）所示，即
$$F = [(X_1Y_1' + X_2Y_1'Y_2' + X_1X_2Y_2')']' = [(X_1Y_1')' \cdot (X_2Y_1'Y_2')' \cdot (X_1X_2Y_2')']'$$

2. 替换法

（1）获得逻辑函数的"最简与或式"；

（2）画出"最简与或式"对应的二级与-或电路；

（3）用与非门替代所有逻辑门，将输出门所有单个输入变量取反，其余保持不变。

如图 4-5（a）所示，在逻辑函数"最简与或式"对应的二级与-或电路中，先将输出门所有单个输入变量 P_1，P_2，…取反，即 P_1'，P_2'，…，再将所有逻辑门用与非门替换，如图 4-5（b）所示。

（a）逻辑框图

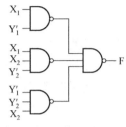

（c）卡诺图化简获得最简与或式

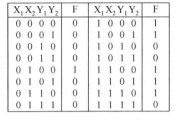

（b）真值表

（d）与非门设计实现

图 4-4　利用与非门设计二级组合逻辑电路（代数法）

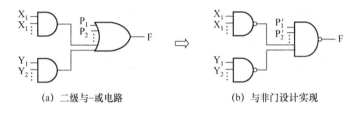

（a）二级与-或电路　　　　　　　（b）与非门设计实现

图 4-5　利用与非门设计二级组合逻辑电路（替换法）

4.2.2 利用或非门设计二级组合逻辑电路

1. 代数法

（1）获得逻辑函数的"最简与或式"；

（2）对"最简与或式"两次取对偶。

【例 4-3】 利用或非门设计组合逻辑电路 $F = f(A,B,C,D) = \sum m (1, 2, 3, 4, 5, 6)$。

分析：

（1）获得逻辑函数的"最简与或式" $F = A'C + BC' + AB'$。

（2）对"最简与或式"一次取对偶，结果为

$$(A' + C) \cdot (B + C') \cdot (A + B') = A'B'C' + ABC = [(A'B'C')' \cdot (ABC)']'$$

再次取对偶，结果为

$$[(A' + B' + C')' + (A + B + C)']'$$

（3）画出逻辑图，采用或非门完成设计，如图 4-6 所示。

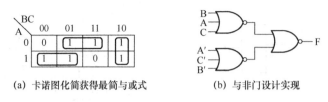

| | (a) 卡诺图化简获得最简与或式 | (b) 与非门设计实现 |

图 4-6　利用或非门设计二级组合逻辑电路（代数法）

2. 替换法

（1）获得逻辑函数的"最简或与式"；

（2）画出"最简或与式"对应的二级或-与电路；

（3）用或非门替代所有逻辑门，将输出门所有单个输入变量取反，其余保持不变。

在上例中，如图 4-6（a）所示，在逻辑函数的卡诺图中圈 0，得到逻辑函数 F 的"最简或与式"，即 $F = (A' + B' + C') \cdot (A + B + C)$，并画出与之对应的二级或-与电路。先将输出门所有单个输入变量 $P_1, P_2 \cdots$ 取反，即 $P_1', P_2' \cdots$，再将所有逻辑门用或非门替换，如图 4-7 所示。

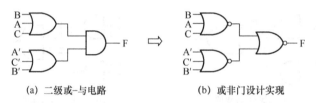

(a) 二级或-与电路　　　　　　　(b) 或非门设计实现

图 4-7　利用或非门设计二级组合逻辑电路（替换法）

4.2.3　利用与或非门设计二级组合逻辑电路

使用代数法的具体步骤如下。

（1）获得逻辑函数的"最简与或式" F；

（2）对"最简与或式" F 两次取反，即 $(F')'$。

【例 4-4】　利用与或非门设计组合逻辑电路 $F(A, B, C) = \sum m(1, 2, 3, 4, 5, 6)$。

分析：

（1）获得逻辑函数的"最简与或式" $F = A'C + BC' + AB'$。

（2）对"最简与或式"一次取反，结果为

$$F' = (A'C + BC' + AB')' = (A'C)' \cdot (BC')' \cdot (AB')'$$
$$= (A + C') \cdot (B' + C) \cdot (A' + B) = A'B'C' + ABC$$

（3）对 F' 再次取反，结果为 $(F')' = (A'B'C' + ABC)'$，画出逻辑图，如图 4-8 所示。

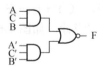

图 4-8　利用与或非门设计二级组合逻辑电路

4.3　利用单一逻辑门设计多级组合逻辑电路

4.3.1　利用与非门设计多级组合逻辑电路

使用替换法的具体步骤如下。

（1）化简逻辑函数。

（2）多级组合逻辑电路中只包括与门、或门，并且电路的输出端必须为或门。其中，与门的输出不能作为其他与门的输入，或门的输出也不能作为其他或门的输入。

（3）将电路的最终输出门视为第 1 级，向输入端逆向计数依次为第 2 级、第 3 级等。用与非门替代所有逻辑门，将奇数级即第 1 级、第 3 级、第 5 级等逻辑门的所有单个输入变量取反，其余变量保持不变，如图 4-9 所示。

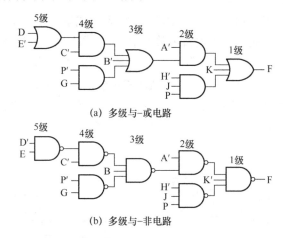

(a) 多级与–或电路

(b) 多级与–非电路

图 4-9　利用单一逻辑门设计多级组合逻辑电路

事实上，将多级组合逻辑电路分解为多个二级组合逻辑子电路，并对每个二级组合逻辑子电路按照前面介绍的替换法进行转换，可得到同样结果。

4.3.2　利用或非门设计多级组合逻辑电路

利用或非门设计多级组合逻辑电路的过程类似利用与非门，具体步骤如下。

（1）化简逻辑函数。

（2）多级组合逻辑电路中只包括与门、或门，并且电路的输出端必须为与门。其中，与门的输出不能作为其他与门的输入，或门的输出也不能作为其他或门的输入。

（3）将电路的最终输出门视为第 1 级，向输入端逆向计数依次为第 2 级、第 3 级等。用或非门替代所有逻辑门，将奇数级即第 1 级、第 3 级、第 5 级等逻辑门的所有单个输入变量取反，其余变量保持不变。

4.4 多输出电路的设计

在实际应用中，通常要设计可以同时实现多个具有相同输入变量的逻辑函数，即多输出函数。对于多输出函数的设计，不能只看单个逻辑函数是否达到最简，而应该通过寻找共享项获得整体最简，进而得到更加经济的结果。

【例 4-5】 利用与非门设计二级组合逻辑电路：$F_1 = C + AB'$，$F_2 = BC + AB'C'$。

分析：观察给定的两个多输出函数，可以看出 F_1 和 F_2 均已达到最简，按照设计与非门二级组合逻辑电路的方法，可以画出对应的逻辑图，如图 4-10（a）所示。设计共需要 5 个与非门、11 个输入端。

对多输出函数，可以考虑追求整体最简，有以下两种方法。

（1）代数法：寻找共享项。

观察两个逻辑函数 F_1 和 F_2，在逻辑函数 F_2 的表达式里存在一个最小项 $AB'C'$，它是独立存在、无法被进一步简化的。在逻辑函数 F_1 的表达式里存在与项 AB'，比 F_2 里的最小项 $AB'C'$ 仅缺少一个 C'，为此对逻辑函数 F_1 的表达式做试探性变化：

$$F_1 = C + AB' = C + AB'(C + C') = C + AB'C'$$

此时，尽管逻辑函数 F_1 的表达式单独来看不是最简的，但是它跟逻辑函数 F_2 的表达式具有共享项 $AB'C'$，可使最终的电路设计达到整体最简，如图 4-10（b）所示。设计共需要4 个与非门、9 个输入端。

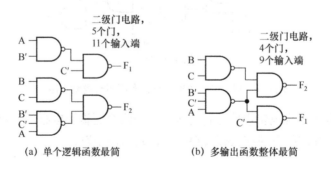

（a）单个逻辑函数最简　　　　　　（b）多输出函数整体最简

图 4-10　多输出电路的设计

（2）卡诺图法：寻找共享的卡诺圈。

分别画出逻辑函数 F_1 和 F_2 的卡诺图并进行化简，如图 4-11 所示。在 F_2 的卡诺图中，右下角的单元格只能独立成圈，无法与其他单元格圈在一起，因此，在 F_1 的卡诺图中，同样位置上的单元格也令其独立成圈，不与旁边的单元格圈在一起。这样，两张卡诺图就有了一个共享卡诺圈，它对应着最小项 $AB'C'$。可以看到，最终获得的表达式与使用代数法的相同。

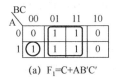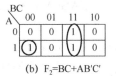

(a) $F_1 = C + AB'C'$　　　　　　　(b) $F_2 = BC + AB'C'$

图 4-11　寻找共享卡诺圈

4.5　组合逻辑电路的分析

已知逻辑图可以逐步推导出逻辑表达式，从而确定逻辑函数的功能，这个过程就是逻辑电路的分析。组合逻辑电路的分析主要包括以下几个步骤：

（1）根据逻辑图写出逻辑表达式并化简；

（2）根据最简表达式画出真值表；

（3）根据真值表说明逻辑功能；

（4）对电路进行评价和改进。

【例 4-6】　分析图 4-12（a）所示的组合逻辑电路的功能。

分析：

（1）根据逻辑图写出逻辑表达式并化简：

$$F_1 = AB', \quad F_2 = (A + B')' = A'B$$

（2）根据最简表达式画出真值表，如图 4-12（b）所示。

（3）根据真值表可知：

当 $A = B$ 时，$F_2 F_1 = 00$；

当 $A < B$ 时，$F_2 F_1 = 01$；

当 $A > B$ 时，$F_2 F_1 = 10$。

因此，该组合逻辑电路的功能是对两位二进制数 A 和 B 进行大小比较，比较的结果有三种情况，可用两位二进制数 $F_2 F_1$ 表示：$F_2 F_1 = 00$ 表示 $A = B$；$F_2 F_1 = 01$ 表示 $A < B$；$F_2 F_1 = 10$ 表示 $A > B$。

（4）该电路不是最简设计，可以做进一步改进，如图 4-12（c）所示。

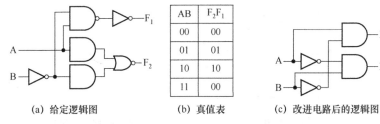

(a) 给定逻辑图　　　　　(b) 真值表　　　　(c) 改进电路后的逻辑图

图 4-12　例 4-6 组合逻辑电路的分析

【例 4-7】　分析图 4-13（a）所示的组合逻辑电路的功能。

分析：（1）根据逻辑图写出逻辑表达式并化简：

$$F = [A(ABC)' + B(ABC)' + C(ABC)']' = [(ABC)'(A + B + C)]'$$
$$= ABC + A'B'C'$$

（2）根据最简表达式画出真值表，如图 4-13（b）所示。

（3）根据真值表可知，该电路的功能是当输入完全一致时，输出为 "1"。

（4）该电路不是最简设计，可以做进一步改进，如图 4-13（c）所示。

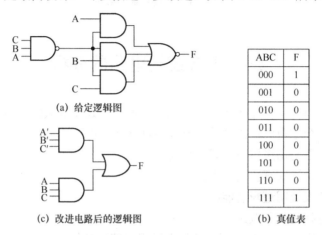

(a) 给定逻辑图

(c) 改进电路后的逻辑图

ABC	F
000	1
001	0
010	0
011	0
100	0
101	0
110	0
111	1

(b) 真值表

图 4-13　例 4-7 组合逻辑电路的分析

【例 4-8】　分析图 4-14（a）所示的组合逻辑电路的功能。

分析：（1）根据逻辑图写出逻辑表达式并化简：

$$F = [(A' + B')(A' + C)']'(C \oplus B)(B + C)$$
$$= [(A' + B')' + (A' + C)](C \oplus B)(B + C)$$
$$= (AB + A' + C)(BC' + B'C)(B + C)$$
$$= (A' + B + C)(BC' + B'C)$$
$$= A'B'C + B'C + A'BC' + BC'$$
$$= B'C + BC'$$
$$= B \oplus C$$

（2）根据最简表达式可知，该电路实现异或功能。

（3）该电路不是最简设计，可以做进一步改进，如图 4-14（b）所示。

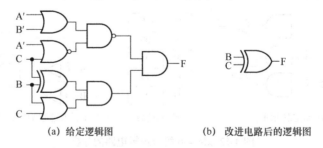

(a) 给定逻辑图　　　　　　　　(b) 改进电路后的逻辑图

图 4-14　例 4-8 组合逻辑电路的分析

4.6　应用案例——多功能函数发生器

【例 4-9】　分析图 4-15（a）所示的带有选择控制端的组合逻辑电路的功能。其中，A、B 为输入变量，S_3、S_2、S_1、S_0 为选择控制变量，F 为输出。

分析：（1）根据逻辑图写出逻辑表达式：

$$F = (ABS_3 + AB'S_2)' \oplus (A + BS_0 + S_1B')'$$

（2）根据表达式画出真值表，如图 4-15（b）所示。选择控制变量的含义是指当用户选择 S_3、S_2、S_1、S_0 为不同的取值组合时，电路能实现不同的功能。

（3）根据真值表可知，该电路实现的功能是函数发生器。当选择控制变量 S_3、S_2、S_1、S_0 为不同的取值组合时，输出变量 F 是输入变量 A 和 B 的某种特定逻辑函数。例如，当 S_3、S_2、S_1、S_0 取值为 1110 时，电路实现的是 $F = (A + B)'$。

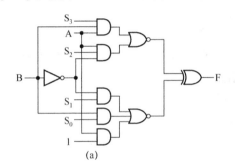

$S_3S_2S_1S_0$	F	$S_3S_2S_1S_0$	F
0000	A	1000	AB'
0001	$A + B$	1001	$A \oplus B$
0010	$A + B'$	1010	B'
0011	1	1011	$(AB)'$
0100	AB	1100	0
0101	B	1101	$A'B$
0110	$A \odot B$	1110	$(A + B)'$
0111	$A' + B$	1111	A'

(a)　　　　　　　　　　(b)　真值表

图 4-15　带有选择控制端的组合逻辑电路的分析

4.7　利用逻辑门设计组合逻辑电路

组合逻辑电路设计是指根据给定的逻辑功能及设计要求，设计出实现该逻辑功能的逻辑电路。利用逻辑门设计组合逻辑电路主要包括以下几个步骤：

（1）分析设计要求，根据文字描述抽象出输入变量、输出变量，这一步骤的实质是确定输入/输出的逻辑框图；

（2）通过分析逻辑功能画出真值表；

（3）根据真值表获得最简表达式；

（4）按设计要求，变换逻辑表达式（例如，要求用单一逻辑门与非门设计实现）；

（5）画出逻辑图。

在上述步骤中，输入/输出变量个数的确定即逻辑框图的建立很关键，是采用中小规模集成电路或大规模集成芯片进行电路设计必需的一步。而第（2）～（4）步主要针对以小规模集成电路（逻辑门）为基本器件进行电路设计。

【例4-10】 利用逻辑门设计一个三人表决器。

分析：（1）根据设计要求，三人表决器需要 3 个输入变量，分别用 A、B、C 表示；需要 1 个输出变量即表决结果，用 F 表示，电路的逻辑框图如图 4-16（a）所示。

（2）根据逻辑功能画出真值表，如图 4-16（b）所示。

（3）卡诺图化简，获得最简表达式，即 F = AB + AC + BC，如图 4-16（c）所示。

（4）画出逻辑图，如图 4-16（d）所示。

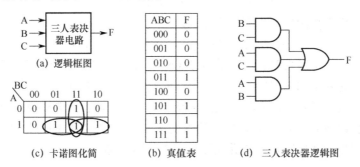

（c）卡诺图化简　　　　（b）真值表　　　　（d）三人表决器逻辑图

图 4-16　三人表决器设计

【例4-11】 利用逻辑门设计举重比赛裁判电路。比赛设置一个主裁判和两个副裁判，比赛结果用红、绿两盏灯显示。具体规则如下。

① 满足下列条件之一，红绿两盏灯都亮：

・三个裁判均按下自己的按钮；

・两个裁判（其中有一个是主裁判）按下自己的按钮；

② 满足下列条件之一，只有红灯亮：

・两个裁判（均是副裁判）按下自己的按钮；

・只有一个主裁判按下自己的按钮；

③ 其他情况，红绿两盏灯都灭。

分析：（1）根据设计要求，电路需要 3 个输入变量，分别用 A（主裁判）、B（副裁判）、C（副裁判）表示；需要 2 个输出变量即比赛结果，分别用 F_2（红灯）、F_1（绿灯）表示，电路的逻辑框图如图 4-17（a）所示。

（2）根据逻辑功能画出真值表，如图 4-17（b）所示。

（3）卡诺图化简，获得最简表达式，即 $F_1 = AB + AC$ ，$F_2 = A + BC$，如图 4-17（c）所示。

（4）画出逻辑图，如图 4-17（d）所示。

【例4-12】 利用逻辑门设计一个操作码形成器，当按下×、+、−操作键时，要求分别产生乘法、加法、减法的操作码 01、10 和 11。

分析：（1）根据设计要求，电路需要 3 个输入变量，分别用 A（×）、B（+）、C（−）表示；需要 2 个输出变量，用 F_2F_1 表示生成的操作码，电路的逻辑框图如图 4-18（a）所示。

（2）根据逻辑功能画出真值表，如图 4-18（b）所示。在这个设计中需要注意的是，3

个操作键×、+、-之间具有互斥性，即在任何时刻三者中不允许两个及以上同时输入，因此，真值表中含有任意项。

（3）卡诺图化简，获得最简表达式，即 $F_1 = A + C$，$F_2 = B + C$，如图 4-18（c）所示。

（4）画出逻辑图，如图 4-18（d）所示。

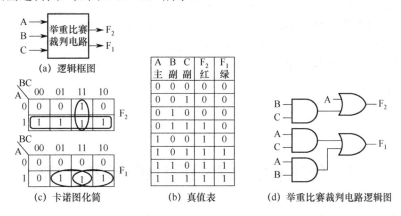

图 4-17 举重比赛裁判电路设计

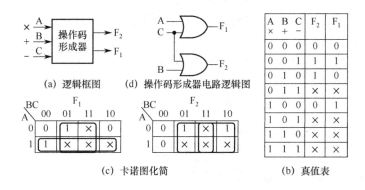

图 4-18 操作码形成器设计

【例 4-13】 利用逻辑门设计一个 2 位二进制数平方运算电路 $Y = X^2$。

分析：（1）根据设计要求，电路需要 2 个输入变量，用 $X_1 X_0$ 表示，取值范围为 00～11，对应十进制数 0～3；输出值是输入变量的平方值，对应的十进制数是 0～9，因此需要 4 个输出变量，用 $Y_3 Y_2 Y_1 Y_0$ 表示，电路的逻辑框图如图 4-19（a）所示。

（2）根据逻辑功能画出真值表，如图 4-19（b）所示。

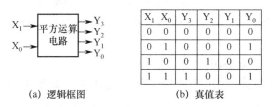

图 4-19 2 位二进制数平方运算电路设计

（3）获得最简表达式，即

$$Y_1 = X_1X_0, \quad Y_2 = X_1X_0', \quad Y_1 = 0, \quad Y_0 = X_0$$

（4）逻辑图略。

 总结

逻辑设计的首要目标是实现指定的逻辑功能，其次要满足性能指标。在此基础上，还要综合考虑各项因素，如电路规模、速度、可靠性、功耗、价格，是否易实现、易维修，电路设计是否美观等。通常，电路的设计方案不是唯一的，好的设计方案应随着新技术的不断推出而变化。

4.8 使用有限扇入门设计组合逻辑电路

扇入系数是指逻辑门电路允许的输入端的个数。在实际设计中，每个逻辑门的最大输入数（扇入）是有限的。例如，TTL 电路的扇入系数通常不超过 8。如果实现一个二级门电路需要用到的逻辑门输入数量比逻辑门的扇入系数大，就必须进行表达式变换，得到一个多级组合逻辑电路。

扇出系数是指逻辑门输出端最多能连接同类门的个数，它反映逻辑门的带负载能力。

【例 4-14】 利用与非门（扇入系数为 2）设计以下给定逻辑函数：

$$F_1(a,b,c) = \sum m(0, 2, 3, 4, 5)$$
$$F_2(a,b,c) = \sum m(0, 2, 3, 4, 7)$$
$$F_3(a,b,c) = \sum m(1, 2, 6, 7)$$

分析：（1）卡诺图化简，获得最简与或式：

$$F_1(a,b,c) = b'c' + ab' + a'b$$
$$F_2(a,b,c) = b'c' + bc + a'b$$
$$F_3(a,b,c) = a'b'c + ab + bc'$$

如果对上述最简表达式直接应用摩根定理，可以得到

$$F_1(a,b,c) = [(b'c')' \cdot (ab')' \cdot (a'b)']'$$
$$F_2(a,b,c) = [(b'c')' \cdot (bc)' \cdot (a'b)']'$$
$$F_3(a,b,c) = [(a'b'c)' \cdot (ab)' \cdot (bc')']'$$

可以看出，以上变换需要扇入系数为 3 的与非门，与题目要求不符，因此必须进行表达式变换。

（2）表达式变换，如图 4-20 所示。

（3）对变换后的表达式应用摩根定理，画出逻辑图，如图 4-21 所示。

$$F_1(a,b,c) = b'(c' + a) + a'b = [(b'(a'c)')' \cdot (a'b)']'$$
$$F_2(a,b,c) = (b' + c)(b + c') + a'b = \{[(bc)' \cdot (b'c)']' \cdot (a'b)'\}'$$
$$F_3(a,b,c) = a'(b + c')' + b(a + c') = \{[a'(b'c)']' \cdot [b(a'c)']'\}'$$

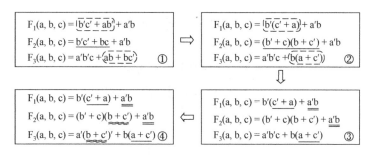

图 4-20　表达式变换

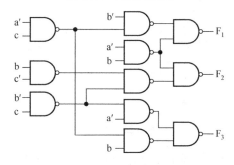

图 4-21　使用扇入系数为 2 的与非门设计组合逻辑电路

使用有限扇入门设计组合逻辑电路时需要进行表达式变换，通常遵循以下几点原则：

（1）提取公因子；

（2）变换"与或式" → "或与式"；

（3）尽量保留或产生共享项。

4.9　典型组合逻辑部件

下面介绍几种典型的组合逻辑部件，它们在逻辑电路的设计中经常被使用到。

4.9.1　半加器

半加器（Half Adder）的功能是对两个 1 位二进制数 a_i 和 b_i 执行相加运算，计算后产生"和"S_i 及向高位的"进位"C_i。半加器的实现方法不唯一，下面介绍两种方法。

1. 方案 1：利用异或门及与门

半加器的逻辑图、真值表、逻辑表达式如图 4-22 所示。

2. 方案 2：利用单一逻辑门（与非门）

对方案 1 中的半加器逻辑表达式进行变换，可以得到

$$S_i = a_i \oplus b_i$$
$$= a_i'b_i + a_ib_i'$$

$$= a_i'b_i + a_ib_i' + a_ia_i' + b_ib_i'$$

$$= a_i(b_i' + a_i') + b_i(b_i' + a_i')$$

$$= a_i(a_ib_i)' + b_i(a_ib_i)'$$

$$= \{[a_i(a_ib_i)']' \cdot [b_i(a_ib_i)']'\}'$$

$$C_i = [(a_ib_i)']'$$

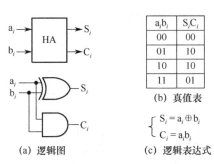

a_ib_i	S_iC_i
00	00
01	10
10	10
11	01

(b) 真值表

$$\begin{cases} S_i = a_i \oplus b_i \\ C_i = a_ib_i \end{cases}$$

(a) 逻辑图　　　　(c) 逻辑表达式

图 4-22　半加器

利用与非门实现的半加器如图 4-23 所示，可以看出在设计中所有输入变量都是原变量，不存在反变量。

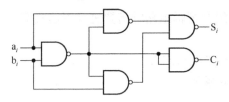

图 4-23　利用与非门实现的半加器

4.9.2　全加器

1 位全加器（Full Adder）的功能是对两个 1 位二进制数 a_i、b_i 及低位来的进位 C_{i-1} 执行相加运算，计算后产生"和" S_i 及向高位的"进位" C_i。因此，1 位全加器是 3 个输入、2 个输出的组合逻辑电路。

在实际运算中，例如，对两个 4 位二进制数 A 和 B 执行相加运算，A 用 $a_3\,a_2\,a_1\,a_0$ 表示，B 用 $b_3\,b_2\,b_1\,b_0$ 表示，假设 A = 1011，B = 1110，执行 A + B 后得到的"和"为 1001，向高位的"进位"是 1。如图 4-24 所示，在自低位向高位执行相加的过程中，每次都是对两个 1 位二进制数 a_i、b_i 及低位来的进位 c_{i-1} 执行相加运算。

全加器的实现方法也不唯一，下面介绍两种方法，后续还会陆续介绍其他方法。

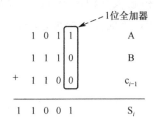

图 4-24　两个 4 位二进制数相加过程

1. 方案 1：利用异或门、与门、或门

根据全加器的功能，写出全加器的真值表，通过真值表进行卡诺图化简，得到

$$S_i = a_i'b_i'c_{i-1} + a_i'b_ic_{i-1}' + a_ib_i'c_{i-1}' + a_ib_ic_{i-1}$$
$$= c_{i-1}(a_i'b_i' + a_ib_i) + c_{i-1}'(a_i'b_i + a_ib_i')$$
$$= c_{i-1}(a_i \oplus b_i)' + c_{i-1}'(a_i \oplus b_i)$$
$$= a_i \oplus b_i \oplus c_{i-1}$$
$$C_i = (a_i \oplus b_i)c_{i-1} + a_ib_i$$

由此得到全加器的逻辑图，如图 4-25 所示。

2. 方案 2：利用两个半加器

在图 4-25 所示的全加器逻辑图中，可以看出两个虚线框内的是两个半加器的逻辑电路。如果将半加器视为已经封装好的一个组合逻辑部件，利用两个半加器及一个或门就可以完成全加器的设计。

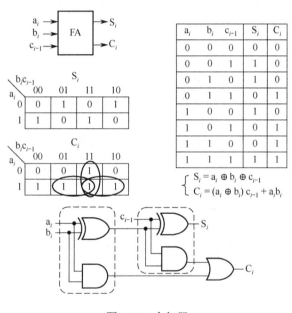

图 4-25　全加器

4.9.3　并行加法器

实际计算中参与计算的大多是多位二进制数，解决两个多位二进制数的计算问题需要多个 1 位全加器。计算时每个全加器都会向高位产生进位，按照进位形成方式的不同，可分为串行进位和超前进位两种。

1. 串行进位加法器

以两个 4 位二进制数 A 和 B 执行相加运算为例，A 用 $A_3A_2A_1A_0$ 表示，B 用 $B_3B_2B_1B_0$ 表示。假设 A = 1011，B = 1110，执行 A+B 后得到的"和"为 S，用 $S_3S_2S_1S_0$ 表示；向高

位的"进位"为 C，用 $C_3C_2C_1C_0$ 表示；C_{-1} 代表初始状态最低位来的进位，通常是 0。显然，这里需要 4 个 1 位全加器，全加器产生的进位以串行方式传递，如图 4-26 所示。

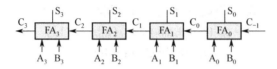

图 4-26　串行进位加法器

串行进位加法器的优点是线路简单，缺点是串行进位导致运算速度慢。考虑进位时间的影响，可以改串行进位为并行进位（超前进位）。

2. 超前进位加法器

同样以两个 4 位二进制数 A 和 B 执行相加运算为例，A 用 $A_3A_2A_1A_0$ 表示，B 用 $B_3B_2B_1B_0$ 表示。根据全加器的进位公式 $C_i = (A_i \oplus B_i) C_{i-1} + A_i B_i$，令 $C_i = P_i C_{i-1} + G_i$，其中 $P_i = A_i \oplus B_i$，$G_i = A_i B_i$，进行迭代计算可得

$$C_0 = P_0 C_{-1} + G_0$$
$$C_1 = P_1 C_0 + G_1 = P_1 P_0 C_{-1} + P_1 G_0 + G_1$$
$$C_2 = P_2 C_1 + G_2 = P_2 P_1 P_0 C_{-1} + P_2 P_1 G_0 + P_2 G_1 + G_2$$
$$C_3 = P_3 C_2 + G_3 = P_3 P_2 P_1 P_0 C_{-1} + P_3 P_2 P_1 G_0 + P_3 P_2 G_1 + P_3 G_2 + G_3$$

可以看出，每个全加器的进位 C_i 完全可以通过迭代计算并行获得，不需要串行等待，C_3 和 C_2 的逻辑图如图 4-27 所示。超前进位加法器逻辑框图如图 4-28 所示。

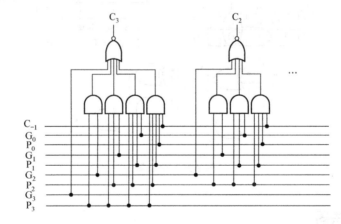

图 4-27　C_3 和 C_2 的逻辑图

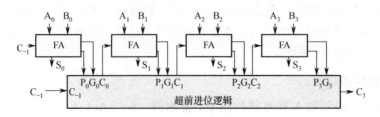

图 4-28　超前进位加法器逻辑框图

【典型应用 4-1】 利用 4 位全加器设计余 3 码产生器。

分析： 余 3 码的产生原理是在 8421BCD 码的基础上加十进制数 3 得到的，即在每个 8421BCD 码的基础上加 0011，因此这里涉及 4 位二进制数的加法运算，需要 4 个 1 位全加器。

中规模芯片 74LS283 是 4 位全加器，利用该芯片可以设计余 3 码产生器，如图 4-29 所示。从输入端 $A_3A_2A_1A_0$ 送入 8421BCD 码，$B_3B_2B_1B_0$ 固定输入 0011，则输出端 $S_3S_2S_1S_0$ 输出的是对应的余 3 码。

真值表

二进制数 $A_3A_2A_1A_0$	余3码 $S_3S_2S_1S_0$	二进制数 $A_3A_2A_1A_0$	余3码 $S_3S_2S_1S_0$
0000	0011	1000	1011
0001	0100	1001	1100
0010	0101	1010	×
0011	0110	1011	×
0100	0111	1100	×
0101	1000	1101	×
0110	1001	1110	×
0111	1010	1111	×

图 4-29 利用 4 位全加器设计余 3 码产生器

4.9.4 集电极开路门

通常情况下两个逻辑器件的输出端不能直接相连，否则电路无法正常工作。例如，一个逻辑门的输出为 0（低电平 0V），另一个逻辑门的输出为 1（高电平 5V），如果将两个逻辑门的输出端直接相连会产生冲突，导致电路的输出结果是一个既不能表示逻辑 1 也不能表示逻辑 0 的中间值。将输出端直接相连有时甚至会损坏逻辑门。

集电极开路（Open Collector）门，简称 OC 门，能够让逻辑门输出端直接并联使用。其特点是几个 OC 门的输出端通过直接并联可以实现逻辑与的关系，称为"线与"。但是，使用时在 OC 门的输出端必须加一个上拉电阻与电源相连。具有与非功能的 OC 门逻辑符号如图 4-30（a）所示。

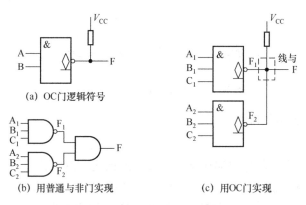

(a) OC门逻辑符号

(b) 用普通与非门实现

(c) 用OC门实现

图 4-30 例 4-15 的设计实现

【例 4-15】 设计实现逻辑函数 $F = F_1 \cdot F_2 = \overline{A_1B_1C_1} \cdot \overline{A_2B_2C_2}$。

分析： 该逻辑函数可以用普通的与非门实现，如图 4-30（b）所示，设计中额外需要一个两输入的与门。也可以用 OC 门实现，如图 4-30（c）所示，设计中需要一个上拉电阻。此处"与"功能是通过将两个 OC 门的输出端引线直接相连实现的，即"线与"。

4.9.5　三态缓冲器

1．三态缓冲器的特点

在实际电路中，一个逻辑门输出端的负载能力是有限的，即它只能与其他器件的有限数量的输入端连接。缓冲器是一种可以增强逻辑门输出驱动能力的逻辑部件。

三态缓冲器（Three-State Buffer）也称三态门，常用的三态门包括三态恒等门、三态非门、三态与非门等。三态门是一种带有使能端的器件，使能分为高使能和低使能两种。三态门的"三态"是指"逻辑 0"、"逻辑 1"和"高阻态 Z"。其中，"逻辑 0"和"逻辑 1"又称工作状态，"高阻态 Z"又称隔离状态。

以高使能三态恒等门为例，如图 4-31（b）所示，A 是三态门输入端，B 是使能端，若 B 端带有小圆圈表明输入低电平有效即低使能，C 为输出端。当使能端 B 输入低电平 0 时，电路处于高阻态 Z，与 A 端的输入无关，即输出端 C 与输入端 A 之间相当于开路，属于隔离状态即没有电流通过，其等效电路如图 4-32 所示。当使能端 B 输入高电平 1 时，电路处于工作状态，输出端 C 与 A 端的输入有关，两者为恒等关系。低使能三态恒等门及三态非门的功能如图 4-31（a）、（c）、（d）所示。

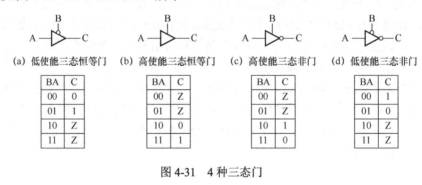

(a) 低使能三态恒等门　(b) 高使能三态恒等门　(c) 高使能三态非门　(d) 低使能三态非门

BA	C
00	0
01	1
10	Z
11	Z

BA	C
00	Z
01	Z
10	0
11	1

BA	C
00	Z
01	Z
10	1
11	0

BA	C
00	1
01	0
10	Z
11	Z

图 4-31　4 种三态门

图 4-32　高使能三态恒等门等效电路

2．三态缓冲器的典型应用

（1）三态总线。

将两个及以上三态门的输出端连接在一起，就构成了三态总线。三态总线在使用中要注意总线冲突的问题。如图 4-33 所示，将两个高使能三态门的输出端 S_1 和 S_2 直接连接，当使能端 BD = 00 时，两个三态门都处于隔离状态，因此总线 F 上输出高阻态 Z。当使能端 BD = 01 或者 BD = 10 时，两个三态门中只有一个处于工作状态，另一个处于隔离状态，因此总线 F 上的输出与处于工作状态下的三态门的输入相同。如果使能端 BD = 11，两个三态门都处于工作状态，此时可能会因为输入端 A、C 的取值使总线 F 上发生冲突，例如，输入端 AC = 10 或者 AC = 01 时，两个三态门的输出端 S_1 和 S_2 上将会出现不同的两个值，一个是 1，另一个是 0，此时输出 F 为不确定（用×表示）。

两个同类型三态门直接相连，三态总线上的信号状态取值可以是 0、1、Z 或者×，具体情况如图 4-33 中表格所示。

（2）双向引脚。

利用三态门可以将一些集成电路的引脚设计成双向操作，使其既可以作为输入用也可以作为输出用，如图 4-34 所示。当使能端 EN = 1 时，三态门为工作状态，引脚 P 是输出端；当使能端 EN = 0 时，三态门为隔离状态，外部信号可以从引脚 P 输入集成电路。

S_1	\multicolumn{4}{c}{S_2}
	×	0	1	Z
×	×	×	×	×
0	×	0	×	0
1	×	×	1	1
Z	×	0	1	Z

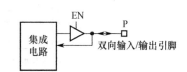

图 4-33　两个三态门连接电路　　　　图 4-34　利用三态门设计双向引脚

（3）双向数据总线。

数据总线上通常连接多个设备，设备之间通过总线进行数据传输，如图 4-35（a）所示。利用三态门可以实现双向数据总线，如图 4-35（b）所示。假设设备 A 和设备 B 都连接在数据总线上，并通过总线进行数据传输。若某时刻 I/O 控制信号送高电平 1，则设备 A 端的三态门 T_1 被使能处于工作状态，T_2 被禁止处于隔离状态，数据经由三态门 T_1 去往总线。同理，设备 B 端的三态门 T_3 被使能处于工作状态，T_4 被禁止处于隔离状态，总线数据经由三态门 T_3 被读入，因此数据流动方向为设备 A 至设备 B。反之，若 I/O 控制信号送低电平 0，则数据流动方向为设备 B 至设备 A，由此实现双向数据传输。

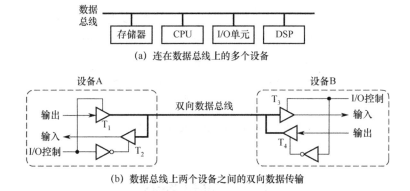

（a）连在数据总线上的多个设备

（b）数据总线上两个设备之间的双向数据传输

图 4-35　三态门控制的双向数据总线

【例 4-16】　$X_3X_2X_1X_0$ 为 8421BCD 码，利用三态门（高使能）及与非门等器件设计一个逻辑电路，要求选择那些能被 5 整除的数并输出。

　　分析：根据设计要求，电路需要 4 个输入变量，用 $X_3X_2X_1X_0$ 表示，取值范围是 0000～1001；需要 4 个输出变量，用 $Y_3Y_2Y_1Y_0$ 表示，电路的逻辑框图如图 4-36（a）所示。

　　显然，逻辑框图中需要设计的是一个判别电路，即能被 5 整除的 $X_3X_2X_1X_0$ 被恒等输出。因此，每路输入信号都需要经过一个三态恒等门，同时对三态门的使能端进行控制。判别电路的输出用 F 表示，F 可以作为三态门使能端的控制信号，它的作用类似于一个开闸控制，决定是否把输入的 4 路信号 $X_3X_2X_1X_0$ 放行通过。设计步骤如下。

　　（1）根据功能分析，给出判别电路的真值表，如图 4-36（b）所示；进行卡诺图化简，如图 4-36（c）所示。

　　（2）获得最简与或式：$F = X_2X_1'X_0 + X_3'X_2'X_1'X_0'$。

　　（3）根据摩根定理进行表达式变换，得到

$$F = [(X_2X_1'X_0)' \cdot (X_3'X_2'X_1'X_0')']'$$

　　（4）将 F 作为三态恒等门的使能控制信号，画出逻辑图如图 4-36（d）所示。

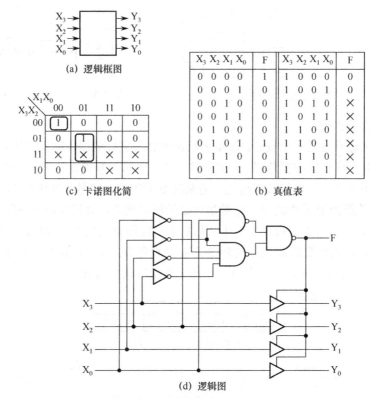

图 4-36　利用三态门设计逻辑电路

4.10　研讨探究

❓ **问**：三态门的含义是指它的输出有三种逻辑状态吗？

⇨ **答：**不是。逻辑状态只有两种：逻辑 1 和逻辑 0。三态门也不例外，处于工作状态时，输出只有这两种状态；处于隔离状态时，输出高阻态，所以它共有三种输出状态。

4.11　深入思考

思考：有时要求电路的输入只有原变量（或者只有反变量），这样的电路设计问题应如何解决？例如，用最少的与非门实现逻辑函数 $Y = A'B'C + A'BC' + ABC'$。

要求：（1）只有原变量输入；（2）只有反变量输入。

4.12　小故事大情怀

汉能"专利墙"

北京奥林匹克森林公园的一栋大楼里，有一面久负盛名的墙。在这面长约 50 米、高约 5 米的墙上，密密麻麻地挂着 700 多件各式各样的专利证书，而这仅仅只是墙"主人"拥有的 5300 多项知识产权中的九牛一毛。

这面令人震撼的"专利墙"的主人就是专注发展清洁能源、创造两大行业传奇的全球领先的薄膜太阳能企业——汉能。在过去数十年里，薄膜太阳能技术一直由国外极少数公司垄断，相关产品价格高昂，引进难度极大。汉能奋起直追，先后并购了 4 家欧美先进薄膜太阳能企业，经过全球技术整合和自主创新，掌握了全球领先的铜铟镓硒（CIGS）和砷化镓（GaAs）两大技术，在短短 3 年时间里便实现了技术赶超，打造了从研发到装备制造再到终端产品生产的完整产业链。经过多年探索，汉能的铜铟镓硒及砷化镓薄膜太阳能电池最高转换率分别达 21% 及 31.6%，均为全球第一。这面墙是汉能的，更是中国的。它的背后折射着中国自主创新、引领核心技术发展的强国之路。

习　题　4

4.1　设计 1 位二进制全减器。

4.2　设计一个 3 变量排队电路，要求：当三个输入信号 A、B、C 单独输入时，分别输出 Y_A、Y_B、Y_C；当多个输入信号同时输入时，任一时刻只能输出优先级最高的一个信号，优先级顺序依次是 A、B、C。

4.3　用单一逻辑门（与或非门）设计一个 4 变量少数淘汰电路。若输入变量 A、B、C、D 中有两个或两个以下为高电平 1，则输出 Y 为高电平 1；否则，输出低电平 0。

4.4 给出题图 4-1 所示电路的最简与或式。

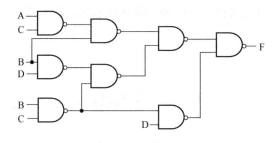

题图 4-1

4.5 给出题图 4-2 所示电路的逻辑表达式。

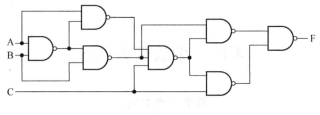

题图 4-2

4.6 设计可以实现函数 $F = f(A,B,C,D) = \sum m(5, 10, 11, 12, 13)$ 的最简三级与非门电路，可以忽略输入原变量和反变量的差别。

第5章 险象环生——组合逻辑电路（二）

📖 **内容导读**

理想状态下的电路设计没有考虑输入信号在电路中经历的过渡过程，在实际电路中，因为各种延迟导致电路输出可能存在瞬态错误，判别并消除这些错误可为时序逻辑电路正常工作提供保障。本章围绕以下问题展开：

   ✍ 组合逻辑电路中的险象

   ✍ 险象的判别及消除

   ✍ 组合逻辑电路的测试

📖 **本章案例**

   ❋ 组合逻辑电路故障排查

5.1 组合逻辑电路中的险象

5.1.1 门延迟

在实际电路中，信号的传输在时间上具有延迟滞后。如图 5-1 所示，以反相器为例，当输入信号 U_I 发生改变，输出信号 U_O 并没有立即发生改变，而是经过了一段滞后时间。

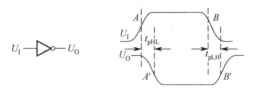

图 5-1 反相器的传输延迟

在组合逻辑电路中，一方面信号在导线上有传播时延，另一方面信号通过逻辑门有时间延迟。因此，严格意义上讲，在输入信号变化后的一小段时间里，输出信号可能会出现不期望的瞬变。当从输入到输出的不同路径具有不同的传输延迟时，就会出现这种瞬变，即非预期的尖峰干扰。对组合逻辑电路来说，多数情况下可以忽略这种干扰，但是它对时序逻辑电路的影响却不容忽视。

5.1.2 组合逻辑电路的冒险

当一个逻辑门的两个输入端的信号同时向相反方向变化，则该电路存在竞争。或者说，同一信号或同时变化的多路信号，经过不同路径到达某一点时存在时间差，这种现象称为竞争。

逻辑门因输入端的竞争而导致输出了不应有的尖峰干扰脉冲（又称过渡干扰脉冲）称为冒险，如图 5-2 所示。

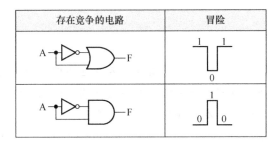

图 5-2   组合逻辑电路的冒险

5.1.3   冒险的类型

冒险通常包括静态冒险和动态冒险两种类型。

1. 静态冒险

静态冒险一般指输入信号发生一次变化只引起一个错误信号脉冲。按照产生的错误信号脉冲波形，其可分为"静态 1 冒险"和"静态 0 冒险"。

（1）静态 1 冒险：任何单个变量的变化使电路输出从原本的恒为 1 变为出现一个负向窄脉冲（即尖峰干扰脉冲）。

【例 5-1】分析逻辑函数 $F = AB + A'C$，当 $BC = 11$ 时，逻辑函数简化为 $F = A + A'$。理论上，此时函数的输出应恒为 1，但事实上并非如此，电路将会产生静态 1 冒险。考虑门延迟等因素的影响（为了简单起见，这里忽略各个逻辑门延迟的差异），假定逻辑门延迟都是 t_p，电路的逻辑图及波形如图 5-3 所示。

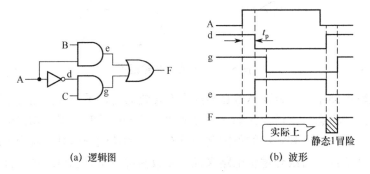

(a) 逻辑图   (b) 波形

图 5-3   逻辑电路的静态 1 冒险

（2）静态 0 冒险：任何单个变量的变化使电路输出从原本的恒为 0 变为出现一个正向窄脉冲（即尖峰干扰脉冲）。

【例 5-2】分析逻辑函数 $F = (A + B)(A' + C)$，当 $BC = 00$ 时，逻辑函数简化为 $F = AA'$。理论上，此时函数的输出应恒为 0，但事实上并非如此，电路将会产生静态 0 冒险。这里

假定逻辑门延迟是 t_p，电路的逻辑图及波形如图 5-4 所示。

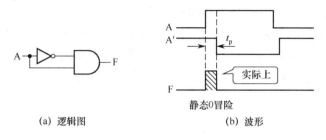

（a）逻辑图　　　　　　　　（b）波形

图 5-4　逻辑电路的静态 0 冒险

2. 动态冒险

当输入信号发生一次改变时，如果输入变化前后的稳态输出值不同，并且在输出值稳定之前输出发生了 3 次或 3 次以上的变化，这种现象称为动态冒险。

动态冒险是由静态冒险引起的，二级门电路中不会有动态冒险，动态冒险通常发生在多级组合逻辑电路情况下。多级组合逻辑电路中不同的路径有不同的传输延迟，当输入发生一次变化，通过多条路径向输出端传递并会合时，输出将发生多次变化。显然，如果消除了静态冒险，则动态冒险不会出现。

【例 5-3】　分析逻辑函数 $F = (A + B)(B' + C) + B'$，当 $AC = 00$ 时，逻辑函数简化为 $F = B'$。理论上，此时函数的输出波形应与 B' 一致。但事实上，电路将会产生动态冒险。这里假定所有逻辑门延迟都是 t_p，B 由 0 变为 1，电路的逻辑图及波形如图 5-5 所示。

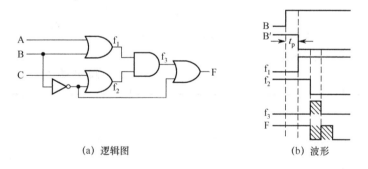

（a）逻辑图　　　　　　　　（b）波形

图 5-5　逻辑电路的动态冒险

3. 功能冒险

多个输入信号同时改变，因速度不同在输出端产生错误信号脉冲的情况是功能冒险。功能冒险也属于静态冒险。

功能冒险发生的前提是，同时改变但变化速度不同的 N 个输入信号，会有 N 种输入取值组合，它们对应的输出有 0 有 1，并且输入变化前后的稳态输出相同。

【例 5-4】　某逻辑函数的真值表如图 5-6 所示，当输入信号 ABC 从 100 变为 111 时，该电路可能存在功能冒险。

分析：输入信号 BC 发生改变，若这两路信号的变化速度不一致，必然有一路信号先于另一路信号从 0 变为 1。因此，这里会存在两种可能的中间值。

如果信号 C 的变化速度快于 B，则 ABC 的取值变化为 100→101→111，对应的函数输出值 F 的变化为 1→1→1，此时电路中没有险象存在。

如果信号 B 的变化速度快于 C，则 ABC 的取值变化为 100→110→111，对应的函数输出值 F 的变化为 1→0→1，此时电路产生静态 1 冒险。这里的静态冒险是因为两路信号同时改变，因速度不同在输出端产生了错误信号脉冲，所以它是功能冒险。

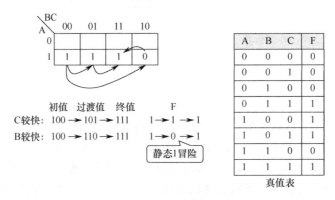

图 5-6　逻辑电路的功能冒险

本节介绍了组合逻辑电路的几种典型冒险，总结如表 5-1 所示。

表 5-1　组合逻辑电路的几种典型冒险

冒 险 类 型	概　　念		输 出 波 形
静态冒险	输入信号发生一次变化只引起一个错误信号脉冲	静态 1 冒险	
		静态 0 冒险	
动态冒险	输入信号发生一次改变引起多个错误信号脉冲		
功能冒险	多个输入信号的变化不同步而产生的错误信号脉冲		

📖 知识点

逻辑电路在正常工作中也会存在竞争，竞争不一定会引发冒险，但冒险是竞争的结果。

5.2　险象的判别

逻辑电路中的险象（即尖峰干扰脉冲）是一个短暂的瞬态，对组合逻辑电路影响不大，但是对工作在脉冲边沿的时序逻辑电路而言，可能引发错误动作，因此判别并消除险象是保证稳定性逻辑设计的一个重要方面。

下面介绍两种险象的判别法：代数判别法和卡诺图判别法。

5.2.1　代数判别法

代数判别法指检查逻辑表达式中是否存在某个变量 X，它同时以原变量和反变量的形式出现，并能在特定条件下简化成下面两种形式之一：$X + X'$ 或者 XX'。

具体做法：当某一变量 X 同时以原变量和反变量的形式出现在逻辑表达式中时，该变量就具备了竞争的条件。保留该变量 X，将其他变量以固定取值代入表达式，查看是否存在 $X + X'$ 或者 XX' 的形式。

【例 5-5】　判断逻辑函数 $F = AC + A'B + A'C'$ 对应的电路是否存在险象。

分析：表达式中变量 A 和 C 具备竞争条件，都存在原变量和反变量共存的现象，分别对其进行检查。

① 针对变量 C。

将 AB 分别取值为 00、01、10、11 并代入表达式，有

$AB = 00$，　$F = C'$；

$AB = 01$，　$F = 1$；

$AB = 10$，　$F = C$；

$AB = 11$，　$F = C$。

检查结果：不存在险象。

② 针对变量 A。

将 BC 分别取值为 00、01、10、11 并代入表达式，有

$BC = 00$，　$F = A'$；

$BC = 01$，　$F = A$；

$BC = 10$，　$F = A'$；

$BC = 11$，　$F = A + A'$，此时存在静态 1 冒险。

【例 5-6】　判断逻辑函数 $F = (A + B)(A' + C)(B' + C)$ 对应的电路是否存在险象。

分析：表达式中变量 A 和 B 具备竞争条件，都存在原变量和反变量共存的现象，分别对其进行检查。

① 针对变量 A。

将 BC 分别取值为 00、01、10、11 并代入表达式，有

$BC = 00$，$F = AA'$，此时存在静态 0 冒险；

BC = 01，F = A；

BC = 10，F = 0；

BC = 11，F = 1。

② 针对变量 B。

将 AC 分别取值为 00、01、10、11 并代入表达式，有

AC = 00，F = BB′，此时存在静态 0 冒险；

AC = 01，F = B；

AC = 10，F = 0；

AC = 11，F = 1。

5.2.2　卡诺图判别法

如果卡诺图化简后存在相切的卡诺圈，并且相切的部分没有被另外的卡诺圈包含，则该电路存在险象。切点处输入变量的取值是险象发生的条件，如图 5-7 所示。

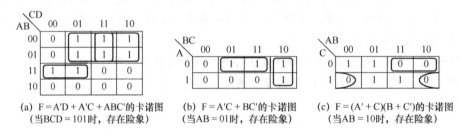

(a) F = A′D + A′C + ABC′的卡诺图　　(b) F = A′C + BC′的卡诺图　　(c) F = (A′ + C)(B + C′)的卡诺图
（当 BCD = 101 时，存在险象）　　　（当 AB = 01 时，存在险象）　　　（当 AB = 10 时，存在险象）

图 5-7　存在相切的卡诺圈

5.3　险象的消除

险象的消除方法主要有以下几种。

1. 添加冗余项

【例 5-7】　判断逻辑函数 F = AB + A′C 对应的电路是否存在险象，如果有险象则消除之。

分析： 表达式中变量 A 具备竞争条件，存在原变量和反变量共存的现象。当输入变量 BC = 11 时，表达式简化为 F = A + A′，存在静态 1 冒险。

险象消除： 添加冗余项 BC，即 F = AB + A′C + BC。

如图 5-8 所示，添加的冗余项 BC 对应的是 3 号与门，当 BC = 11 时，它的输出是高电平 1，这个高电平 1 所在的路径会先于 2 号与门所在的路径到达或门的输入端。由或门的特点可知，该或门的输出将是稳定的 1 状态，不会受险象的干扰。

显然，添加了冗余项后，逻辑函数表达式不再是最简表达式，但是可以消除险象。

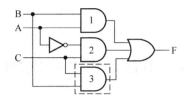

图 5-8　添加冗余项消除险象

2．在切点处添加卡诺圈

如果卡诺图化简时存在相切的卡诺圈，并且相切的部分没有被另外的卡诺圈包含，则在切点处添加一个卡诺圈，可以消除险象，如图 5-9 所示。显然，添加卡诺圈和添加冗余项的作用是相同的。

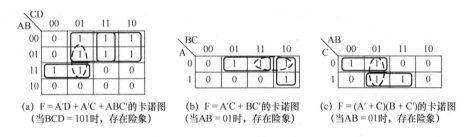

(a) F = A′D + A′C + ABC′的卡诺图　　(b) F = A′C + BC′的卡诺图　　(c) F = (A′ + C)(B + C′)的卡诺图
（当 BCD = 101 时，存在险象）　　（当 AB = 01 时，存在险象）　　（当 AB = 01 时，存在险象）

图 5-9　在切点处添加卡诺圈消除险象

3．添加吸收电容

在电路的输出端添加一个滤波电容，可以将输出端的尖峰干扰脉冲的峰值削低，使其不能影响电路的逻辑值，达到消除险象的目的，如图 5-10 所示。

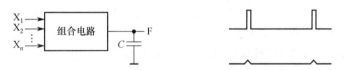

图 5-10　添加吸收电容消除险象

4．添加封锁/选通脉冲

封锁脉冲也称负取样脉冲，选通脉冲也称正取样脉冲，如图 5-11 所示。以选通脉冲为例，它在每次电平变化时刻之后产生，并且在下次电平变化时刻之前结束，在选通脉冲持续区间输出信号，这样就避开了可能出现的冒险"毛刺"。引入封锁脉冲的原理与此类似。

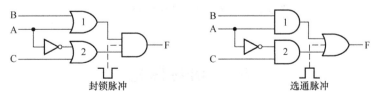

封锁脉冲　　　　　　　　选通脉冲

图 5-11　添加封锁/选通脉冲消除险象

5.4 组合逻辑电路的测试

如果设计后的组合逻辑电路输出存在错误，无法按要求工作，就需要分析和查找错误。错误原因有多种可能，如设计错误、逻辑门连接错误、电路输入信号错误、逻辑门本身有故障或者连接线有故障等。要定位问题所在位置，就需根据错误输出情况，从输出端回查逆推，并结合具体电路逐步测试和查找，直至定位出错误所在。

【例 5-8】 故障分析案例。按照给定逻辑函数 $F = AB (C'D + CD') + A'B'(D + C)$ 搭建电路，如图 5-12 所示，发现当 $ABCD = 1111$ 时，电路输出错误，判断问题出在哪里？

分析：（1）根据表达式，若 $ABCD = 1111$，则理论上 $F = 0$，而实际电路错误输出为 1。

首先排查 7 号逻辑门，这是一个"或门"，根据实际测得的输入/输出数据可以确定，它正确执行了或门功能，所以 7 号逻辑门没问题。但是，它的一个输入信号有错误（即 5 号逻辑门原本应输出"0"）。

（2）排查 5 号逻辑门。

同理，根据实际测得的输入/输出数据可以确定，5 号逻辑门正确执行了与门功能，它也没有问题。同样，它的一个输入信号有错误（即 3 号逻辑门原本应输出"0"）。

（3）排查 3 号逻辑门。

根据实际测得的输入/输出数据，3 号或门输入是 00，输出为 1，逻辑功能错误，所以 3 号逻辑门有问题。

（4）继续排查 1 号、2 号、4 号和 6 号逻辑门。

根据实际测得的输入/输出数据可以确定，1 号、2 号、4 号和 6 号逻辑门都正确执行了逻辑功能，所以它们都没有问题。

综上，问题可能是 3 号逻辑门损坏，或者它的输出连接线没有接好，或者 3 号逻辑门与 5 号逻辑门之间连接线有损坏。

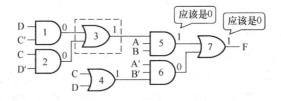

图 5-12 组合逻辑电路错误分析及测试

5.5 研讨探究

问： 如何设计一个没有静态冒险和动态冒险的逻辑电路？

答： 找到逻辑函数的最简与或式，同时使卡诺图中任何两个相邻的 1 都能被同一个圈涵盖，在此基础上得到的两级与—或电路没有静态冒险和动态冒险。同理，也可以得到没有静态冒险和动态冒险的两级或—与电路。

5.6 深入思考

思考：逻辑函数 $F = (A + C)(A' + D')(B' + C' + D)$，在输入变量为特定取值时，共有几处相邻的卡诺圈会产生险象？

5.7 小故事大情怀

扁鹊论医

魏文王问名医扁鹊："你家兄弟三人都精于医术，哪一位医术最好？"扁鹊答："长兄最好，中兄次之，我最差。"魏文王吃惊地问："你名气最大，为何长兄医术水平最高？"扁鹊惭愧地说："我治病，是于病情严重之时。人们见我在经脉上穿银针、在皮肤上敷药，因此以为我医术高明，所以名气响遍全国。我中兄治病，是于病情初起之时。人们以为他只能治轻微的小病，所以他的名气只及于本乡。而我长兄治病，是于病情发作之前。人们不知他事先能铲除病因，所以觉得他水平一般，但其实他水平最高。"

电路设计和测试亦如此理，能将问题在"病情"发作之前就进行消除，才是"善之善者也"。

习　题　5

5.1 逻辑函数的逻辑图、真值表及测试结果如题图 5-1 所示。经检测知电路输出结果有误，现已检查出连接线均没有问题，请针对三个逻辑门测试并诊断故障所在。

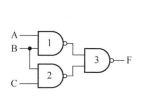

A	B	C	F	测试结果
0	0	0	0	0
0	0	1	0	0
0	1	0	0	0
0	1	1	1	1
1	0	0	1	0
1	0	1	0	0
1	1	0	1	0
1	1	1	1	1

题图 5-1

5.2 题图 5-2 所示的电路用于实现逻辑函数 F = AB′D + BC′D′ + BCD，目前该电路运行不正常。由于逻辑门 1、逻辑门 2 和逻辑门 3 的输入线缠绕很紧密，因此检查输入是否正确很费时，只需跟踪检查连接不正确的地方即可。当 A = B = 0，C = D = 1 时，4 号逻辑门的输入和输出如题图 5-2 所示。请判断哪个逻辑门有故障或连接有问题。

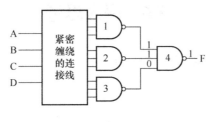

题图 5-2

5.3 题图 5-3 所示的电路用于实现逻辑函数 F = (A′ + B + C′D) [A + B′ + (C′ + D′)(C + D)]，电路搭好后发现，当 A = C = 0，B = D = 1 时，输出结果 F 是错误的值。经检查，1 号逻辑门的输出 G = 0，其他逻辑门的输入和输出如题图 5-3 所示。请判断哪个逻辑门有故障或连接有问题。

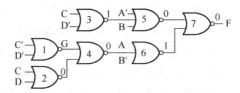

题图 5-3

5.4 判断题。

（1）对一个存在险象的逻辑电路而言，只有当满足某种特定输入取值时，"毛刺"才会出现。（　　）

（2）对大多数逻辑器件（如或非门、或门）而言，它们的输出端都可以像 OC 门一样直接连在一起使用。（　　）

（3）组合逻辑电路中的险象是由组成电路的逻辑门种类不同而引起的。（　　）

（4）逻辑函数 F = (AB + C) (D + E + FG) + H + J 对应电路的级数为 5。（　　）

第6章 数字逻辑的基石——组合逻辑电路（三）

📖 **内容导读**

利用典型的组合逻辑部件及由其构成的中规模芯片可以设计更复杂的组合逻辑电路。本章围绕以下问题展开：

☑ 数据选择器

☑ 译码器

☑ 编码器

☑ 数值比较器

☑ 奇偶校验器

☑ 利用中规模芯片设计组合逻辑电路

📖 **本章案例**

❋ 8位二进制码的奇偶校验器设计

6.1 集成电路的分类

根据集成电路封装中集成度的大小，集成电路分为小规模集成电路（SSI）、中规模集成电路（MSI）、大规模集成电路（LSI）和超大规模集成电路（VLSI）四种，如表 6-1 所示。其中，每片 SSI 芯片中包含的一般是各种逻辑门、反相器、触发器等，集成度在 10 个逻辑门以下；每片 MSI 芯片中包含的通常是加法器、译码器、数据选择器、计数器、寄存器等能实现复杂功能的模块，集成度不超过 100 个逻辑门；而类似存储器、微处理器或复杂的数字系统通常由 LSI 和 VLSI 实现，它们的集成度是几千个逻辑门甚至更高。

表 6-1 集成电路的分类

分　类	单芯片内集成的逻辑门数量	集 成 内 容	器 件 封 装	需要掌握的内容
小规模（SSI）	<10（个）	逻辑门、触发器等		① 典型集成电路芯片的功能、外特性；② 学会查阅器件资料；③ 能熟练运用，完成设计要求
中规模（MSI）	10～100（个）	加法器、译码器、计数器等		
大规模（LSI）	100～10000（个）	存储器、微处理器或复杂的数字系统		
超大规模（VLSI）	>10000（个）			

前面章节中涉及的组合逻辑电路设计，主要以 SSI 器件为基础，本章将以 MSI 器件为基础。目前 MSI 产品主要包括 TTL 系列和 MOS 系列两种，从逻辑设计方法角度而言，选用哪种并没有太大差别。本书主要以 TTL 系列器件为例。

6.2　数据选择器

数据选择器又称多路选择器（Multiplexers）或多路开关。它的功能是从多路输入中选择一个送往输出端，至于选择哪一路输入传输到输出端由控制信号的取值决定。它的用途是实现多通道的数据传输。

以二选一数据选择器为例，如图 6-1 所示。I_0 和 I_1 分别是两路数据输入端，A 是选择控制端。当 A = 0 时，输出端 Z 上出现的是 I_0，即 $Z = I_0$；当 A = 1 时，输出端 Z 上出现的是 I_1，即 $Z = I_1$。因此，二选一数据选择器的逻辑表达式为 $Z = A'I_0 + AI_1$。

更一般的，具有 n 个控制端的多路选择器如图 6-2 所示。I_0，I_1，$\cdots$，I_{2^n-1} 分别是 2^n 个数据输入端，A_0，A_1，$\cdots$，A_{n-1} 分别是 n 个选择控制端，Z 是输出端。数据选择器的逻辑表达式为

$$Z = m_0I_0 + m_1I_1 + \cdots + m_{2^n-1}I_{2^n-1}$$

$$= \sum_{K=0}^{2^n-1} m_K I_K$$

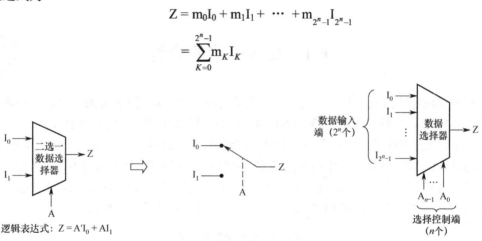

逻辑表达式：$Z = A'I_0 + AI_1$

图 6-1　二选一数据选择器及其开关模拟示意图　　　图 6-2　具有 n 个控制端的多路选择器

显然，n 个选择控制端可以构成 2^n 个最小项，即 m_0，m_1，$\cdots$，m_K，$\cdots$，m_{2^n-1}。可以看出，在数据选择器的逻辑表达式中，第 K 个最小项 m_K 与第 K 路数据输入端 I_K 具有对应性，即 n 个选择控制端的取值组合对应着某一个最小项 m_K，这个最小项 m_K 决定了数据选择器从 2^n 个数据输入端中选中了 I_K 出现在输出端。

【例 6-1】　设计四选一数据选择器。

分析：利用逻辑门设计的四选一数据选择器如图 6-3 所示。其中，EN 为使能端，A_1A_0 是选择控制端，$D_3D_2D_1D_0$ 是 4 路数据输入端，F 为输出。根据逻辑图可知，使能端 EN 为低有效，当 EN = 0 时，由选择控制端 A_1A_0 的取值决定输出端 F 上出现的是哪一路输入数

据。逻辑表达式为

$$F = EN'(A_1'A_0'D_0 + A_1'A_0D_1 + A_1A_0'D_2 + A_1A_0D_3)$$

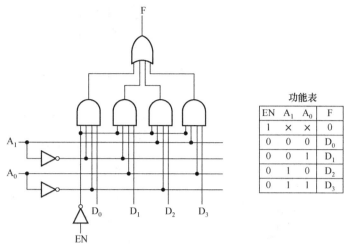

功能表			
EN	A_1	A_0	F
1	×	×	0
0	0	0	D_0
0	0	1	D_1
0	1	0	D_2
0	1	1	D_3

逻辑函数表达式：$F = EN'(A_1'A_0'D_0 + A_1'A_0D_1 + A_1A_0'D_2 + A_1A_0D_3)$

图 6-3　四选一数据选择器逻辑图及功能表

四选一数据选择器的典型芯片如 74LS153，该芯片集成了 2 个四选一数据选择器，逻辑框图及功能表如图 6-4 所示。

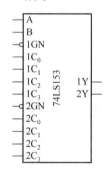

功能表					
1GN	2GN	A	B	1Y	2Y
1	1	×	×	0	0
0	0	0	0	$1C_0$	$2C_0$
0	0	0	1	$1C_1$	$2C_1$
0	0	1	0	$1C_2$	$2C_2$
0	0	1	1	$1C_3$	$2C_3$

图 6-4　双四选一芯片 74LS153 逻辑框图及功能表

【例 6-2】 利用数据选择器实现组合逻辑函数。

分析：利用四选一数据选择器及相关逻辑门实现的组合逻辑函数如图 6-5 所示，根据数据选择器的功能，可以直接写出逻辑表达式为

$$Z = C'D'(AB)' + C'DA' + CD'(A \oplus B) + CD \cdot 0$$
$$= C'D'(A' + B') + C'DA' + CD'(A'B + AB')$$
$$= A'C'D' + B'C'D' + A'C'D + A'BCD' + AB'CD'$$
$$= A'C' + A'BD' + AB'D'$$

下面介绍八选一数据选择器的几种实现方法。

八选一数据选择器的逻辑符号如图 6-6（a）所示，图 6-6（b）～图 6-6（d）是分别利用多个数据选择器级

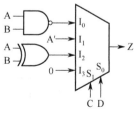

图 6-5　利用四选一数据选择器及相关逻辑门实现的组合逻辑函数

联、二级门电路、单一逻辑门与非门实现的八选一数据选择器。

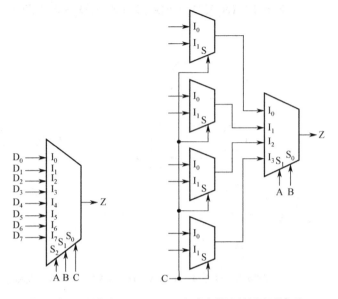

(a) 八选一数据选择器逻辑符号　　　　(b) 多个数据选择器级联实现

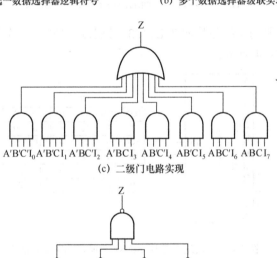

(c) 二级门电路实现

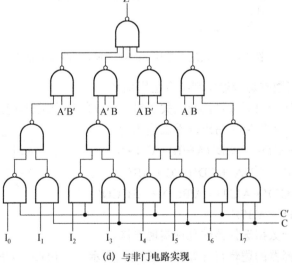

(d) 与非门电路实现

图 6-6　八选一数据选择器

6.3　译　码　器

译码器（Decoder）是计算机和其他数字系统中广泛使用的一种多输入、多输出的组合逻辑部件，它的功能是将一种输入编码转换（译为）为另一种编码输出。

根据输入/输出及译码器的工作特点，下面主要介绍三种译码器。

6.3.1　二进制译码器

1．二进制译码器特点

输入：n 位二进制码。

输出：N 位（$N = 2^n$），每根输出线都与一个输入最小项唯一对应（输出线的编号值 = 输入最小项的编号值）。二进制译码器的逻辑框图如图 6-7 所示。

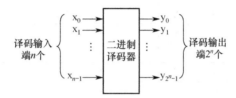

图 6-7　二进制译码器的逻辑框图

2．二进制译码器举例——3 线-8 线译码器

下面以 3 线-8 线译码器为例介绍二进制译码器的工作原理，逻辑图如图 6-8 所示。ABC 是译码器的三个译码输入端，$Y_7Y_6Y_5Y_4Y_3Y_2Y_1Y_0$ 是译码器的 8 个译码输出端，$G_1G_{2A}G_{2B}$ 是使能端。根据逻辑图可以写出 8 个输出的逻辑函数表达式，即

$$Y_0 = [(G_1G'_{2A}G'_{2B}) \cdot C'B'A']' = [(G_1G'_{2A}G'_{2B}) \cdot m_0]'$$
$$Y_1 = [(G_1G'_{2A}G'_{2B}) \cdot C'B'A]' = [(G_1G'_{2A}G'_{2B}) \cdot m_1]'$$
$$Y_2 = [(G_1G'_{2A}G'_{2B}) \cdot C'BA']' = [(G_1G'_{2A}G'_{2B}) \cdot m_2]'$$
$$Y_3 = [(G_1G'_{2A}G'_{2B}) \cdot C'BA]' = [(G_1G'_{2A}G'_{2B}) \cdot m_3]'$$
$$Y_4 = [(G_1G'_{2A}G'_{2B}) \cdot CB'A']' = [(G_1G'_{2A}G'_{2B}) \cdot m_4]'$$
$$Y_5 = [(G_1G'_{2A}G'_{2B}) \cdot CB'A]' = [(G_1G'_{2A}G'_{2B}) \cdot m_5]'$$
$$Y_6 = [(G_1G'_{2A}G'_{2B}) \cdot CBA']' = [(G_1G'_{2A}G'_{2B}) \cdot m_6]'$$
$$Y_7 = [(G_1G'_{2A}G'_{2B}) \cdot CBA]' = [(G_1G'_{2A}G'_{2B}) \cdot m_7]'$$

在使能信号有效的前提下，即 $G_1G_{2A}G_{2B} = 100$ 时，图 6-8 所示的译码器输出为低电平有效。例如，当译码输入为最小项 m_0 即 CBA = 000 时，译码器的输出端只有 Y_0 为低电平 0，其余输出端都是高电平 1；同理，当译码输入为最小项 m_6 即 CBA = 110 时，译码器的输出端只有 Y_6 为低电平 0，其余输出端都是高电平 1，也就是"八中取一"译码。当使能信号无效时，译码器的 8 个输出端为全 1，即不译码。功能表如表 6-2 所示。

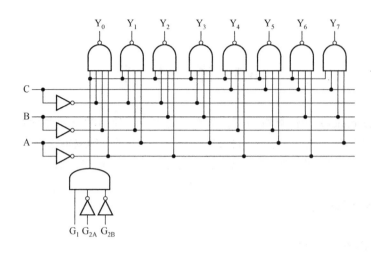

图 6-8 译码输出低电平有效的 3 线-8 线译码器逻辑图

表 6-2 译码输出低电平有效的 3 线-8 线译码器功能表

使 能 端			输 入			译 码 输 出							
G_1	G_{2A}	G_{2B}	C	B	A	Y_0	Y_1	Y_2	Y_3	Y_4	Y_5	Y_6	Y_7
0	X	X	X	X	X	1	1	1	1	1	1	1	1
X	1	X	X	X	X	1	1	1	1	1	1	1	1
X	X	1	X	X	X	1	1	1	1	1	1	1	1
1	0	0	0	0	0	0	1	1	1	1	1	1	1
1	0	0	0	0	1	1	0	1	1	1	1	1	1
1	0	0	0	1	0	1	1	0	1	1	1	1	1
1	0	0	0	1	1	1	1	1	0	1	1	1	1
1	0	0	1	0	0	1	1	1	1	0	1	1	1
1	0	0	1	0	1	1	1	1	1	1	0	1	1
1	0	0	1	1	0	1	1	1	1	1	1	0	1
1	0	0	1	1	1	1	1	1	1	1	1	1	0

如果将图 6-8 中的输出门改为与门，则译码器输出为高电平有效。

二进制译码器的典型芯片有 3 线-8 线译码器 74LS138、双 2 线-4 线译码器 74LS139 等。

📖 **知识点**

二进制译码器是 N ($N=2^n$) 中取一译码器，也称最小项译码器。每个最小项输入，只能使 N 根输出线中的一个输出有效。二进制译码器的输出端编号 Y_i 与输入端最小项编号 m_i 具有对应关系。在译码使能的前提下，如果译码输出是低电平有效，则 $y_i = m_i' = M_i$；如果译码输出是高电平有效，则 $y_i = m_i = M_i'$。

3. 二进制译码器的典型应用

（1）地址译码。

利用二进制译码器 N 中选一的特点，可以使用二进制译码器实现对多个外设的分时控制。

【例 6-3】 图 6-9 所示电路的整个地址译码范围是什么？各个外设的地址译码范围是什么？3 线-8 线译码器 74LS138 的功能表如表 6-2 所示。

分析： 根据 74LS138 的功能表可知，译码器首先要给定正确的使能信号才能开始译码，即 $G_1G_{2A}G_{2B} = 100$。因此，连接到这三个使能端的地址线 $A_{15}A_{14}A_{13}A_{12} = 0001$，其中 A_{15} 和 A_{14} 是经过一个或门连接到 G_{2A} 的。

由于地址线 $A_{11}A_{10}A_9$ 连接到 74LS138 的译码输入端 CBA，因此这 3 根地址线的取值范围是 000～111。低 9 位地址 $A_8A_7A_6 A_5A_4A_3 A_2A_1A_0$ 在电路中没有使用，因此这 9 根地址线的取值可以任意，其范围是 000000000～111111111。

根据上述分析，图 6-9 所示电路的地址译码范围取决于 $A_{15}A_{14}A_{13}A_{12}A_{11}A_{10}A_9A_8A_7A_6$ $A_5A_4A_3 A_2A_1A_0$ 的取值，其范围是 0001000000000000～0001111111111111，用十六进制表示为 1000～1FFF。

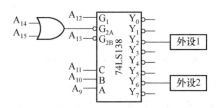

图 6-9 地址译码

外设 1 连接在译码器的 Y_2 输出端，因此在译码器使能有效的前提下，还需要译码输入端 CBA 必须是 010，即 $A_{11}A_{10}A_9 = 010$，所以 $A_{15}A_{14}A_{13}A_{12}A_{11}A_{10}A_9A_8A_7A_6A_5A_4A_3 A_2A_1A_0$ 的取值范围是 0001010000000000～0001010111111111，用十六进制表示为 1400～15FF。

同理，外设 2 的地址译码范围是 0001110000000000～0001110111111111，用十六进制表示为 1C00～1DFF。

由 3 线-8 线译码器八中选一的特点可知，任意时刻外设 1 和外设 2 只能有一个被选中，不可能被同时选中。

（2）译码器级联。

【例 6-4】 利用两片 74LS138 芯片及必要的逻辑门设计 4 线-16 线译码器。

分析： 一片 74LS138 芯片可以实现 3 线-8 线译码，两片 74LS138 可以提供 16 个译码输出端。为此，利用一个反相器使两片 74LS138 芯片分时使能，由输入信号 D 控制。当 D = 0 时，1 号芯片被使能，随着 CBA 从 000 变化到 111，该芯片的 8 个译码输出端将会轮流被译中；当 D = 1 时，2 号芯片被使能，随着 CBA 从 000 变化到 111，该芯片的 8 个译码输出端将会轮流被译中，如图 6-10 所示。

6.3.2 代码转换译码器

代码转换译码器的功能是将一种输入编码转换为另一种编码输出。例如，将输入的 8421BCD 码转换为余 3 码。

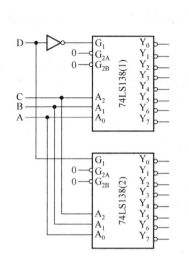

(1) 真值表

输入				译码输出							
D	C	B	A	Y_0	Y_1	Y_2	Y_3	Y_4	Y_5	Y_6	Y_7
0	0	0	0	0	1	1	1	1	1	1	1
0	0	0	1	1	0	1	1	1	1	1	1
0	0	1	0	1	1	0	1	1	1	1	1
0	0	1	1	1	1	1	0	1	1	1	1
0	1	0	0	1	1	1	1	0	1	1	1
0	1	0	1	1	1	1	1	1	0	1	1
0	1	1	0	1	1	1	1	1	1	0	1
0	1	1	1	1	1	1	1	1	1	1	0

(2) 真值表

输入				译码输出							
D	C	B	A	Y_0	Y_1	Y_2	Y_3	Y_4	Y_5	Y_6	Y_7
1	0	0	0	0	1	1	1	1	1	1	1
1	0	0	1	1	0	1	1	1	1	1	1
1	0	1	0	1	1	0	1	1	1	1	1
1	0	1	1	1	1	1	0	1	1	1	1
1	1	0	0	1	1	1	1	0	1	1	1
1	1	0	1	1	1	1	1	1	0	1	1
1	1	1	0	1	1	1	1	1	1	0	1
1	1	1	1	1	1	1	1	1	1	1	0

图 6-10　译码器级联

【例 6-5】 设计一个译码器，将输入的 4 位二进制数转换为格雷码。

分析：（1）根据设计要求，电路需要 4 个输入变量，用 A、B、C、D 表示；需要 4 个输出变量即译码结果，用 W、X、Y、Z 表示，电路的逻辑框图如图 6-11（a）所示。

（2）根据逻辑功能画出真值表，如图 6-11（b）所示。

（3）获得最简表达式（卡诺图化简略），即

$$W = A$$
$$X = A \oplus B$$
$$Y = B \oplus C$$
$$Z = C \oplus D$$

（4）画出逻辑图，如图 6-11（c）所示。

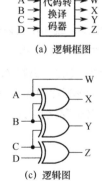

（a）逻辑框图

（c）逻辑图

（b）真值表

ABCD	WXYZ	ABCD	WXYZ
0000	0000	1000	1100
0001	0001	1001	1101
0010	0011	1010	1111
0011	0010	1011	1110
0100	0110	1100	1010
0101	0111	1101	1011
0110	0101	1110	1001
0111	0100	1111	1000

$$\begin{cases} W = A \\ X = A \oplus B \\ Y = B \oplus C \\ Z = C \oplus D \end{cases}$$

图 6-11　译码器设计

6.3.3　显示译码器

显示译码器需要与显示器件（如数码管）配合，它的功能是将输入代码转换为十进制数或特定编码，并在显示器件上显示出相应的字形。下面介绍七段数码管及显示译码器的原理，如图 6-12 所示。

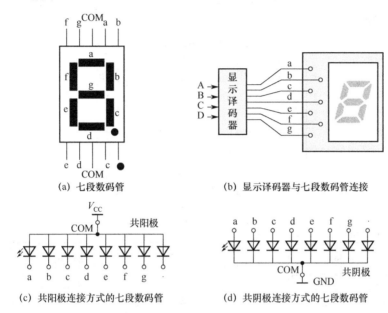

(a) 七段数码管　　　　　(b) 显示译码器与七段数码管连接

(c) 共阳极连接方式的七段数码管　　(d) 共阴极连接方式的七段数码管

图 6-12　七段数码管及显示译码器

按照顺时针方向，七段数码管的 7 个字段分别是 a、b、c、d、e、f、g，通过控制若干字段的亮和灭，可以显示 0～9 中的任意一个十进制数字或者其他字形。多个数码管连接在一起，就可以实现多位数字或者字形的显示。

数码管中各字段的连接方式有共阳极连接和共阴极连接两种，如图 6-12（c）和（d）所示。如果是共阳极连接，在实际使用时，需要将数码管的公共端 COM 连接高电平 1，对应字段 a、b、c、d、e、f、g 送入低电平 0 时将会点亮。同理，如果是共阴极连接，在实际使用时，需要将数码管的公共端 COM 连接低电平 0，对应字段 a、b、c、d、e、f、g 送入高电平 1 时将会点亮。

典型芯片有显示译码器 74LS47 和 74LS48。

【例 6-6】　设计一个 8421BCD 码驱动的共阴极七段数码管显示译码器，能显示十进制数字 0～9。

分析：（1）根据设计要求，电路需要 4 个输入变量，用 A、B、C、D 表示；需要 7 个输出变量即译码结果，用 a、b、c、d、e、f、g 表示，电路的逻辑连接方式如图 6-12（b）所示。

（2）根据逻辑功能画出真值表，如图 6-13（a）所示。

（3）卡诺图化简，（见图 6-13（b））获得最简表达式，即

$$a = A + C + BD + B'D'$$

$$b = B' + CD + C'D'$$
$$c = B + C' + D$$
$$d = A + CD' + B'C + B'D' + BC'D$$
$$e = CD' + B'D'$$
$$f = A + C'D' + BC' + BD'$$
$$g = A + CD' + BC' + B'C$$

（4）逻辑图略。

显示译码器真值表

输入				译码输出							字形
A	B	C	D	a	b	c	d	e	f	g	
0	0	0	0	1	1	1	1	1	1	0	0
0	0	0	1	0	1	1	0	0	0	0	1
0	0	1	0	1	1	0	1	1	0	1	2
0	0	1	1	1	1	1	1	0	0	1	3
0	1	0	0	0	1	1	0	0	1	1	4
0	1	0	1	1	0	1	1	0	1	1	5
0	1	1	0	1	0	1	1	1	1	1	6
0	1	1	1	1	1	1	0	0	0	0	7
1	0	0	0	1	1	1	1	1	1	1	8
1	0	0	1	1	1	1	1	0	1	1	9

(a) 真值表

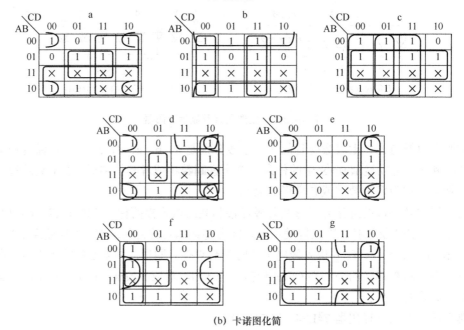

(b) 卡诺图化简

图 6-13 显示译码器设计

6.4 编 码 器

编码器（Encoder）实现与译码器相反的功能，因此编码器也是一种多输入、多输出的组合逻辑电路。根据对输入条件的限制不同，编码器分为普通编码器和优先权编码器。

6.4.1　普通编码器

普通编码器也称 2^n 线–N 线二进制编码器，逻辑框图如图 6-14（a）所示。普通编码器的特点是，任何时刻 N（$N=2^n$）根输入线中只能有一个输入有效，即 N 中取一。编码器输出是 n 位二进制码，每根输入线的编号都与一个输出最小项唯一对应（输入线编号值 = 输出最小项编号值）。如图 6-14（b）所示的 8 线–3 线普通编码器，当输入 x_3 有效，即 $x_3=1$，其余输入都为 0 时，编码输出 $CBA=011$，即 x_3 获得编码 011。

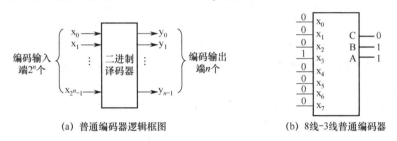

(a) 普通编码器逻辑框图　　　　　(b) 8线-3线普通编码器

图 6-14　普通二进制编码器

编码器的基本功能就是将某个输入线的动作状态以编码的形式输出，编码器输出线的数量越多，可以编码的数量就越多，即可以区分输入的线数就越多，典型代表是键盘输入编码器。对一个有 104 个按键的键盘，只需 7 根编码输出线连接到键盘控制芯片，就可以区分每一个按键动作，使用键盘编码器可以减少键盘与数字系统的连接线。

【例 6-7】　设计数字键盘输入编码器。

分析：数字键盘输入编码器电路如图 6-15 所示，9 个触点 $P_1 \sim P_9$ 通过电阻分别连接到高电平 1，代表 9 个数字键，中间的指针触点接低电平 0。$B_3 B_2 B_1 B_0$ 是 4 位编码输出。当指针触点位于空挡（不与 $P_1 \sim P_9$ 任何一个接触），即没有按键按下时，编码器输出 $B_3 B_2 B_1 B_0 = 0000$。

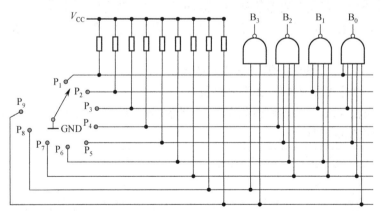

图 6-15　数字键盘编码器电路

由数字键盘编码器真值表（如表 6-3 所示）可知，该编码器的输出为 8421BCD 码。

表 6-3　数字键盘编码器真值表

$P_9P_8P_7P_6P_5P_4P_3P_2P_1$	按　　键	$B_3B_2B_1B_0$
1 1 1 1 1 1 1 1 1	0	0 0 0 0
1 1 1 1 1 1 1 1 0	1	0 0 0 1
1 1 1 1 1 1 1 0 1	2	0 0 1 0
1 1 1 1 1 1 0 1 1	3	0 0 1 1
1 1 1 1 1 0 1 1 1	4	0 1 0 0
1 1 1 1 0 1 1 1 1	5	0 1 0 1
1 1 1 0 1 1 1 1 1	6	0 1 1 0
1 1 0 1 1 1 1 1 1	7	0 1 1 1
1 0 1 1 1 1 1 1 1	8	1 0 0 0
0 1 1 1 1 1 1 1 1	9	1 0 0 1

图 6-15 所示的数字键盘编码器可以扩展为一个简易计算器的 16 线-4 线键盘编码器，如图 6-16 所示。

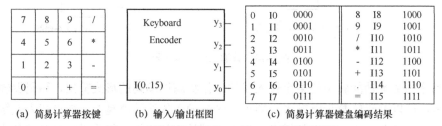

(a) 简易计算器按键　　　(b) 输入/输出框图　　　(c) 简易计算器键盘编码结果

图 6-16　简易计算器的 16 线-4 线键盘编码器

6.4.2　优先权编码器

由于编码具有唯一性，因此普通编码器的输入线之间具有互斥性，即任何时刻 $N = 2^n$ 个输入中只能有一个有效（N 中取一）。普通编码器在实际使用中，要注意输入的约束性问题。

优先权编码器在普通编码器的基础上添加了优先排队电路，使编码器的输入线之间不再具有互斥性，即任何时刻 $N = 2^n$ 个输入都可以同时有效，但只有优先权最高的输入线可以获得编码。

典型芯片有 8 线-3 线优先编码器 74LS148。

【例 6-8】　设计优先权 4 线-2 线编码器。

分析：优先权 4 线-2 线编码器如图 6-17 所示，4 个编码输入端 $A_3A_2A_1A_0$ 中 A_3 的优先级最高，A_0 的优先级最低。

A_3	A_2	A_1	A_0	B_1	B_0
0	0	0	1	0	0
0	0	1	0	0	1
0	1	0	0	1	0
1	0	0	0	1	1

A_3	A_2	A_1	A_0	B_1	B_0
0	0	0	1	0	0
0	0	1	$\times$	0	1
0	1	$\times$	$\times$	1	0
1	$\times$	$\times$	$\times$	1	1

(a) 普通4线-2线编码器真值表　　　(b) 优先权4线-2线编码器真值表

图 6-17　优先权 4 线-2 线编码器

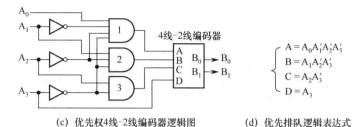

$$\begin{cases} A = A_0 A_1' A_2' A_3' \\ B = A_1 A_2' A_3' \\ C = A_2 A_3' \\ D = A_3 \end{cases}$$

（c）优先权4线-2线编码器逻辑图　　　　（d）优先排队逻辑表达式

图 6-17　优先权 4 线-2 线编码器（续）

6.5　数值比较器

计算机中对数据的基本处理方法除了加、减、乘、除等运算，还包括比较运算。数值比较器就是一种能实现关系运算的多输入、多输出的组合逻辑电路。n 位二进制数值比较器可以对 2 个 n 位二进制数 A 和 B 进行比较，比较的结果包括 $Y_{A>B}$、$Y_{A<B}$、$Y_{A=B}$ 三种情况，如图 6-18 所示。

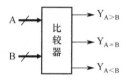

图 6-18　n 位二进制数值比较器逻辑框图

6.5.1　一位数值比较器

一位数值比较器用于对 2 个一位二进制数进行比较，根据真值表可以直接写出逻辑表达式，即

$$Y_{A=B} = A \odot B$$
$$Y_{A>B} = AB'$$
$$Y_{A<B} = A'B$$

逻辑图如图 6-19（a）所示。利用摩根定理对上述表达式进行变换，可以得到利用单一逻辑门或非门设计实现一位数值比较器的逻辑表达式：

$$\begin{aligned} Y_{A=B} &= A \odot B = AB + A'B' \\ &= (A + B')(A' + B) \\ &= \{[(A + (A+B)')(B + (A+B)')]'\}' \\ &= [A + (A+B)']' + [B + (A+B)']' \\ Y_{A>B} &= AB' = [B + (A+B)']' \\ Y_{A<B} &= A'B = [A + (A+B)']' \end{aligned}$$

逻辑图如图 6-19（b）所示。

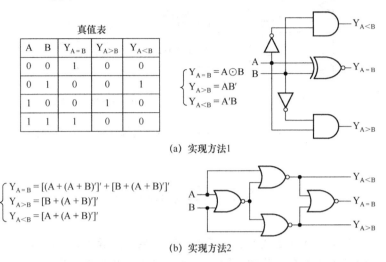

真值表

A	B	$Y_{A=B}$	$Y_{A>B}$	$Y_{A<B}$
0	0	1	0	0
0	1	0	0	1
1	0	0	1	0
1	1	1	0	0

$$\begin{cases} Y_{A=B} = A \odot B \\ Y_{A>B} = AB' \\ Y_{A<B} = A'B \end{cases}$$

(a) 实现方法1

$$\begin{cases} Y_{A=B} = [(A+(A+B)')' + [B+(A+B)']'] \\ Y_{A>B} = [B+(A+B)']' \\ Y_{A<B} = [A+(A+B)']' \end{cases}$$

(b) 实现方法2

图 6-19　一位数值比较器设计

6.5.2　多位数值比较器

多位数值比较器需要对 2 个 n 位二进制数自高而低逐位进行比较，只有在高位相等时，才需要比较低位。

典型芯片有四位数值比较器 74LS85，其逻辑框图如图 6-20 所示，功能表如表 6-4 所示。

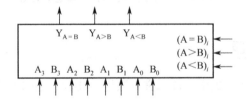

图 6-20　四位数值比较器 74LS85 逻辑框图

表 6-4　四位数值比较器 74LS85 功能表

比 较 输 入				级 联 输 入			输　　出		
$A_3 B_3$	$A_2 B_2$	$A_1 B_1$	$A_0 B_0$	$(A>B)_i$	$(A<B)_i$	$(A=B)_i$	$Y_{A>B}$	$Y_{A<B}$	$Y_{A=B}$
$A_3 > B_3$	×	×	×	×	×	×	1	0	0
$A_3 < B_3$	×	×	×	×	×	×	0	1	0
$A_3 = B_3$	$A_2 > B_2$	×	×	×	×	×	1	0	0
$A_3 = B_3$	$A_2 < B_2$	×	×	×	×	×	0	1	0
$A_3 = B_3$	$A_2 = B_2$	$A_1 > B_1$	×	×	×	×	1	0	0
$A_3 = B_3$	$A_2 = B_2$	$A_1 < B_1$	×	×	×	×	0	1	0

（续表）

比较输入				级联输入			输出		
$A_3\ B_3$	$A_2\ B_2$	$A_1\ B_1$	$A_0\ B_0$	$(A>B)_i$	$(A<B)_i$	$(A=B)_i$	$Y_{A>B}$	$Y_{A<B}$	$Y_{A=B}$
$A_3=B_3$	$A_2=B_2$	$A_1=B_1$	$A_0>B_0$	×	×	×	1	0	0
$A_3=B_3$	$A_2=B_2$	$A_1=B_1$	$A_0<B_0$	×	×	×	0	1	0
$A_3=B_3$	$A_2=B_2$	$A_1=B_1$	$A_0=B_0$	1	0	0	1	0	0
$A_3=B_3$	$A_2=B_2$	$A_1=B_1$	$A_0=B_0$	0	1	0	0	1	0
$A_3=B_3$	$A_2=B_2$	$A_1=B_1$	$A_0=B_0$	0	0	1	0	0	1
$A_3=B_3$	$A_2=B_2$	$A_1=B_1$	$A_0=B_0$	0	0	0	0	0	0
$A_3=B_3$	$A_2=B_2$	$A_1=B_1$	$A_0=B_0$	0	1	1	0	1	1
$A_3=B_3$	$A_2=B_2$	$A_1=B_1$	$A_0=B_0$	1	0	1	1	0	1
$A_3=B_3$	$A_2=B_2$	$A_1=B_1$	$A_0=B_0$	1	1	0	1	1	0
$A_3=B_3$	$A_2=B_2$	$A_1=B_1$	$A_0=B_0$	1	1	1	1	1	1

6.5.3　数值比较器的级联

多片数值比较器芯片可以通过级联方式实现更多位数的二进制数的比较，级联方式包括串行和并行两种。

1．串行方式

利用两片 74LS85 芯片串行级联方式可以实现两个 8 位二进制数 A 和 B 的比较，如图 6-21 所示。将低位芯片的三个级联输入端$(A=B)_i$、$(A>B)_i$、$(A<B)_i$固定连接 100，低位芯片的三个输出端 $Y_{A=B}$、$Y_{A>B}$、$Y_{A<B}$ 送入高位芯片的三个级联输入端$(A=B)_i$、$(A>B)_i$、$(A<B)_i$。在串行级联方式下，低 4 位比较的结果作为高 4 位比较的条件，因而比较速度较慢。

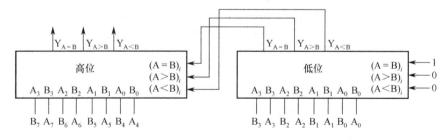

图 6-21　两片四位数值比较器芯片串行级联

2．并行方式

利用五片 74LS85 芯片并行级联方式可以实现两个 16 位二进制数 A 和 B 的比较，如图 6-22 所示。共分两级比较，先将两组 16 位二进制数分 4 组并行比较，各组比较结果再进行比较。并行比较的速度比串行快。

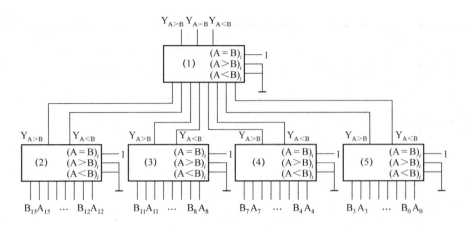

图 6-22　五片四位数值比较器芯片并行级联

6.6　奇偶校验器

　　奇偶校验器是能够进行奇偶校验的逻辑器件，用于检查数据传输和存取过程中是否产生错误，即检测数据中包含"1"的总数是奇数还是偶数，如图 6-23 所示。奇偶校验器广泛用于计算机的内存储器及磁盘等外部设备中。

　　奇偶校验器包括奇偶校验发生器和奇偶校验检测器两部分。其中，奇偶校验发生器用于产生奇偶校验位，与数据一起传输或保存，位于数据发送端；奇偶校验检测器用于检验所接收数据的正确性，位于数据接收端。在实际应用中，既可以选择奇校验，也可以选择偶校验。

　　典型芯片有 9 位奇偶校验发生器/检测器 74LS280，逻辑框图及功能表如图 6-24 所示。

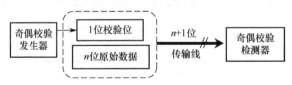

图 6-23　奇偶校验器

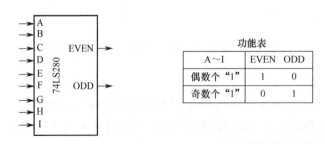

图 6-24　74LS280 逻辑框图及功能表

【例6-9】 利用逻辑门设计四位二进制数奇偶校验器。

分析：（1）四位二进制数用 $A_3A_2A_1A_0$ 表示，奇偶校验发生器偶校验位用 P_E 表示，奇校验位用 P_O 表示，奇偶校验检测器校验结果用 F 表示。

（2）根据奇偶校验器的原理给出四位二进制数奇偶校验位真值表，如表 6-5 所示。

（3）根据真值表获得奇偶校验发生器校验位、奇偶校验检测器校验结果表达式，即

$P_E = A_3 \oplus A_2 \oplus A_1 \oplus A_0$

$P_O = (A_3 \oplus A_2 \oplus A_1 \oplus A_0)'$

$F = A_3 \oplus A_2 \oplus A_1 \oplus A_0 \oplus P$（奇校验位 P 用 P_O 代入，偶校验位 P 用 P_E 代入）

若采用偶校验，F = 0 代表输入数据含有偶数个 1，则偶校验正确；若采用奇校验，F = 1 代表输入数据含有奇数个 1，则奇校验正确。

（4）四位二进制数奇校验发生器、偶校验发生器及奇偶校验检测器的逻辑图如图 6-25 所示。这里给出的是树形结构电路（先对所有输入信号两两异或，再对异或的结果进行异或），比串行级联（先对两个输入信号异或，将异或结果再与第三个输入信号异或，依次类推，直到最后一个输入信号也被异或为止，电路级数较多）速度快。

表 6-5　四位二进制数奇偶校验位真值表

$A_3A_2A_1A_0$	P_E　P_O
0 0 0 0	0　　1
0 0 0 1	1　　0
0 0 1 0	1　　0
0 0 1 1	0　　1
0 1 0 0	1　　0
0 1 0 1	0　　1
0 1 1 0	0　　1
0 1 1 1	1　　0
1 0 0 0	1　　0
1 0 0 1	0　　1
1 0 1 0	0　　1
1 0 1 1	1　　0
1 1 0 0	0　　1
1 1 0 1	1　　0
1 1 1 0	1　　0
1 1 1 1	0　　1

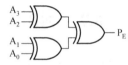

(a) 四位二进制数奇校验发生器

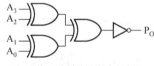

(b) 四位二进制数偶校验发生器

(c) 四位二进制数奇偶校验检测器

图 6-25　四位二进制数奇偶校验器的逻辑图

【例6-10】 典型案例——利用中规模芯片 74LS280 设计一个针对八位二进制数的奇校验发生器和检测器。

分析：利用两片 74LS280 芯片分别设计奇校验发生器和检测器，如图 6-26 所示。将八位二进制数分别连接到作为奇偶校验发生器的 74LS280 芯片的输入端 A～H，并将输入端 I 固定连接高电平 1，则 ODD 端产生的就是奇校验位，EVEN 端产生的就是偶校验位。

这里选择奇校验位，将输出端 ODD 产生的 1 位奇校验位与 8 位原始数据一起传输到作为奇偶校验检验器的 74LS280 芯片的输入端 A～I，该芯片的输出端 ODD 作为校验电路的输出，用 F 表示。如果 F = 0，表示数据传输有差错，需要重新传输；否则，F = 1，表示

数据传输正确。

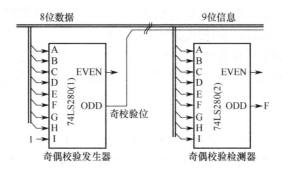

图 6-26　八位二进制数奇校验发生器和检测器设计

同理，如果选择偶校验，可以将奇偶校验发生器的 EVEN 端产生的偶校验位与 8 位原始数据一起传输到作为奇偶校验检验器的 74LS280 芯片的输入端 A～I，将芯片的输出端 EVEN 作为校验电路的输出，结果为 0 表示数据传输有差错，需要重新传输；否则，结果为 1 表示数据传输正确。

6.7　利用中规模芯片设计组合逻辑电路

下面介绍如何利用中规模芯片数据选择器及译码器设计组合逻辑电路。

6.7.1　利用中规模芯片数据选择器设计组合逻辑电路

假设可利用的数据选择器的选择控制端为 n 个，待设计的组合逻辑电路的输入变量个数为 m 个，下面分两种情况讨论。

1. 第一种情况

数据选择器的选择控制端个数与待设计的组合逻辑电路的输入变量个数相同，即 $m = n$。具体实现方法如下。

① 将待设计的逻辑函数描述为最小项之和的形式 $F = \sum m_i$。

② 若最小项之和表达式 $F = \sum m_i$ 中包含某最小项 m_i，则将与之序号值相同的数据选择器输入端 D_i 连接高电平 1；对其余没包含在最小项之和表达式 $F = \sum m_i$ 中的最小项，将与之对应序号值的数据选择器输入端连接低电平 0。

③ 将待设计的组合逻辑电路的输入变量直接连接到数据选择器的选择控制端。

【例 6-11】　利用八选一数据选择器设计函数 $F = AB' + A'C + BC'$。

分析：根据逻辑函数表达式 $F = AB' + A'C + BC'$ 及八选一数据选择器的功能表（如表 6-6 所示）分别画出它们的卡诺图，如图 6-27（a）和（b）所示。对两个卡诺图进行关联比较，可以得出设计结果，具体步骤如下。

（1）将待设计的逻辑函数描述为最小项之和的形式

$$F = \sum(m_1, m_2, m_3, m_4, m_5, m_6)$$

（2）将八选一数据选择器输入端 D_1、D_2、D_3、D_4、D_5、D_6 连接高电平 1，剩余输入端 D_0、D_7 连接低电平 0。

（3）将待设计的组合逻辑电路的输入端 A、B、C 直接连接到数据选择器的选择控制端 A_2、A_1、A_0，如图 6-27（c）所示。

表 6-6　八选一数据选择器功能表

A_2	A_1	A_0	Y
0	0	0	D_0
0	0	1	D_1
0	1	0	D_2
0	1	1	D_3
1	0	0	D_4
1	0	1	D_5
1	1	0	D_6
1	1	1	D_7

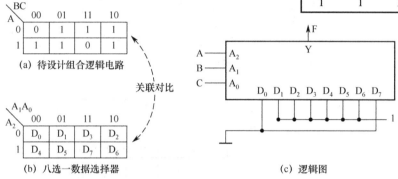

图 6-27　利用八选一数据选择器设计组合函数

2. 第二种情况

数据选择器的选择控制端个数少于待设计的组合逻辑电路的输入变量个数，即 $m > n$。下面介绍两种设计方法：降维法和级联法。

（1）降维法

将 m 个输入变量的卡诺图利用展开定理对单元格两两合并之后可以得到 $m-1$ 个变量的卡诺图，即每经过一次降维后可以将卡诺图中单元格的数量减少一半，直至得到的与数据选择器功能表对应的卡诺图单元格数量相同。

【例 6-12】利用八选一数据选择器设计函数 $F = f(A,B,C,D) = \sum m(1,5,6,7,9,11,12,13,14)$。

分析：（1）待设计组合逻辑函数原始卡诺图如图 6-28（a）所示，八选一数据选择器功能表对应的卡诺图如图 6-28（c）所示，为此需要将图 6-28（a）降维成 3 变量卡诺图，利用展开定理，即

$$f(x_1,x_2,\cdots,x_i,\cdots,x_n) = x_i \cdot f(x_1,x_2,\cdots,1,\cdots,x_n) + x_i' \cdot f(x_1,x_2,\cdots,0,\cdots,x_n)$$

将图 6-28（a）所示的原始卡诺图中的单元格两两合并。

以左上角 0000 和 0001 两个单元格合并为例。计算

$$F = f(A,B,C,D) = D \cdot f(A,B,C, "D=1") + D' \cdot f(A,B,C, "D=0") = D \cdot 1 + D' \cdot 0 = D$$

对应合并后的图 6-28（b）中左上角 000 单元格的取值。可以看出，降维后的卡诺图中，单元格里的值不再单纯是 0 和 1，还可以是另一个输入变量的组合逻辑函数表达式。

（2）将降维后的图 6-28（b）与图 6-28（c）进行关联比较，即可获得最终设计，如

图 6-28（d）所示。

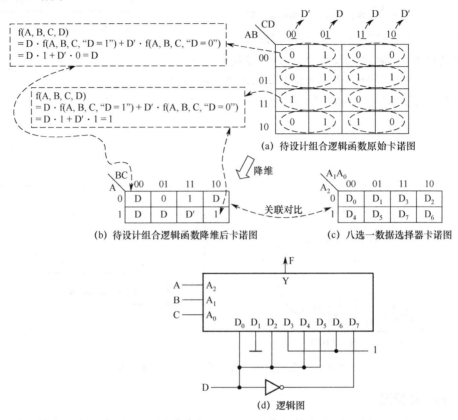

(a) 待设计组合逻辑函数原始卡诺图

(b) 待设计组合逻辑函数降维后卡诺图

(c) 八选一数据选择器卡诺图

(d) 逻辑图

图 6-28 降维法利用八选一数据选择器设计组合逻辑函数

【例 6-13】 利用四选一数据选择器设计组合逻辑函数 $F = f(A, B, C, D) = \sum m (0, 1, 5, 6,$ $7, 9, 10, 14, 15)$。

分析： ① 待设计组合逻辑函数原始卡诺图如图 6-29（a）所示，四选一数据选择器的功能表对应的卡诺图如图 6-29（c）所示，为此需要将图 6-29（a）降维成 2 变量卡诺图，利用香农展开定理，将图 6-29（a）所示的原始卡诺图中的单元格两两合并进行一次降维，得到 3 变量卡诺图，在 3 变量卡诺图基础上再进行第 2 次降维处理，得到 2 变量卡诺图，如图 6-29（b）所示。

可以看出，两次降维后的卡诺图中，单元格里的值是另外两个输入变量的组合逻辑函数表达式。

② 将降维后的图 6-29（b）与图 6-29（c）进行关联比较，即可获得最终设计，如图 6-29（d）所示。

随着降维次数的增多，降维不仅带来了更多的工作量，数据选择器输入端的电路也变得复杂，此时可以选择级联方式实现。

（2）级联法

令 k 个数据选择器的相同控制端共享同一个输入变量，对这 k 个数据选择器的 k 个输出结果进行二次选择，即利用数据选择器对前级电路输出端的结果进行二次选择，直至得到最后的输出。

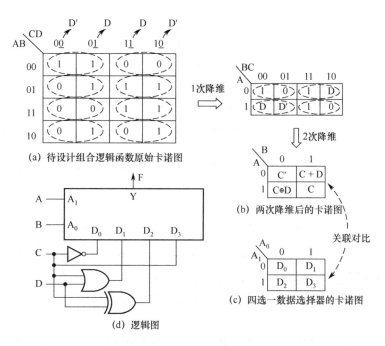

（a）待设计组合逻辑函数原始卡诺图

（b）两次降维后的卡诺图

（c）四选一数据选择器的卡诺图

（d）逻辑图

图 6-29　两次降维利用四选一数据选择器设计组合逻辑函数

【例 6-14】利用四选一数据选择器设计组合逻辑函数 $F = f(A,B,C,D,E) = \sum m\,(0, 5, 8, 9,$ $10, 11, 17, 18, 19, 20, 22, 23, 28, 30, 31)$。

分析：（1）列出待设计组合逻辑函数的真值表，并在此基础上先进行一次降维处理，如图 6-30（a）所示。之后，函数的输出不再只是 0 和 1，还包括输入变量 E 和 E′。

输入			输出	
AB	CD	E	F	
00	00	0	1	} E′
		1	0	
	01	0	0	} 0
		1	0	
	10	0	0	} E
		1	1	
	11	0	0	} 0
		1	0	
01	00	0	1	} 1
		1	1	
	01	0	1	} 1
		1	1	
	10	0	0	} 0
		1	0	
	11	0	0	} 0
		1	0	

输入			输出	
AB	CD	E	F	
10	00	0	0	} E
		1	1	
	01	0	1	} 1
		1	1	
	10	0	1	} E′
		1	0	
	11	0	1	} 1
		1	1	
11	00	0	0	} 0
		1	0	
	01	0	0	} 0
		1	0	
	10	0	1	} E′
		1	0	
	11	0	1	} 1
		1	1	

（a）真值表

图 6-30　级联法利用四选一数据选择器设计组合逻辑函数

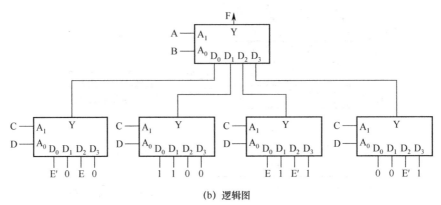

(b) 逻辑图

图 6-30　级联法利用四选一数据选择器设计组合逻辑函数（续）

（2）采用 4 个四选一数据选择器，将输入变量 C 和 D 连接到它们的选择控制端，并将降维后的结果分别送到它们对应的数据输入端，同时将 4 个输出送入另一片四选一数据选择器的数据输入端，后级四选一数据选择器的选择控制端连接输入变量 A 和 B，输出即为F，如图 6-30（b）所示。

当数据选择器的选择控制端比较少而待设计逻辑函数的输入变量比较多时，与采用单纯的降维法相比，采用级联法设计的电路逻辑清晰、易于理解，但是需要更多的数据选择器。

6.7.2　利用中规模芯片译码器设计组合逻辑电路

译码器的输出有译码输出低电平有效和译码输出高电平有效两种。下面主要以译码输出低电平有效为主进行讨论。

利用中规模芯片译码器设计组合逻辑电路的具体实现方法如下。

① 将待设计的逻辑函数描述为最小项之和的形式 $F = \sum m_i$。

② 对最小项表达式应用摩根定理两次取反，即 $F = [(\sum m_i)']'$，得到 F 的与非式。

③ 若最小项之和表达式 $F = \sum m_i$ 中包含某最小项 m_i，则将与之序号值相同的译码器的输出端 Y_i 连接到一个与非门中。

④ 令译码器的使能信号有效，并将待设计逻辑函数的输入变量连接到译码器输入端。

【例 6-15】　利用 3 线–8 线译码器芯片 74LS138（功能表如表 6-7 所示）设计 1 位全加器。

分析：（1）根据全加器真值表（如表 6-8 所示），写出全加器的最小项之和逻辑表达式

$$S_i = \sum m(1, 2, 4, 7)$$
$$C_i = \sum m(3, 5, 6, 7)$$

（2）应用摩根定理对最小项之和逻辑表达式两次取反

$$S_i = (m_1' \cdot m_2' \cdot m_4' \cdot m_7')'$$
$$C_i = (m_3' \cdot m_5' \cdot m_6' \cdot m_7')'$$

（3）根据变换后的表达式及芯片 74LS138 的功能表完成设计，如图 6-31 所示。

表 6-7 译码输出低电平有效的 3 线-8 线译码器功能表

使 能 端			输 入			输 出							
G_1	G_{2A}	G_{2B}	C	B	A	Y_0	Y_1	Y_2	Y_3	Y_4	Y_5	Y_6	Y_7
0	X	X	X	X	X	1	1	1	1	1	1	1	1
X	1	X	X	X	X	1	1	1	1	1	1	1	1
X	X	1	X	X	X	1	1	1	1	1	1	1	1
1	0	0	0	0	0	0	1	1	1	1	1	1	1
1	0	0	0	0	1	1	0	1	1	1	1	1	1
1	0	0	0	1	0	1	1	0	1	1	1	1	1
1	0	0	0	1	1	1	1	1	0	1	1	1	1
1	0	0	1	0	0	1	1	1	1	0	1	1	1
1	0	0	1	0	1	1	1	1	1	1	0	1	1
1	0	0	1	1	0	1	1	1	1	1	1	0	1
1	0	0	1	1	1	1	1	1	1	1	1	1	0

表 6-8 全加器真值表

a_i	b_i	c_{i-1}	S_i	C_i
0	0	0	0	0
0	0	1	1	0
0	1	0	1	0
0	1	1	0	1
1	0	0	1	0
1	0	1	0	1
1	1	0	0	1
1	1	1	1	1

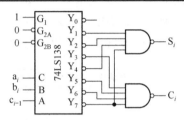

图 6-31 利用译码器芯片 74LS138 设计 1 位全加器

【例 6-16】 设计一个地址译码器，利用地址线 $A_9A_8\cdots A_0$ 选择外设 P、Q、R。三个外设的地址分别是 20H～2FH，40H～4FH，70H～7FH。

分析：（1）根据外设的地址，可以确定地址线 A_9～A_0 的取值范围，如图 6-32（a）所示。其中，A_9～A_7 必须为全 0，A_3～A_0 可以是任意值，显然这两种情况都比较好控制或实现。而 $A_6A_5A_4$ 分别取值为 010、100 和 111 时，才能分别选中 P、Q 和 R，因此 $A_6A_5A_4$ 的取值对外设 P、Q、R 的选择具有指向意义。根据二进制译码的输出具有唯一有效性的特点（即 N 中取一），可以使用一个 3 线-8 线译码器设计实现。

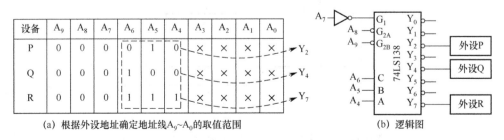

(a) 根据外设地址确定地址线 A_9~A_0 的取值范围　　(b) 逻辑图

图 6-32 利用译码器芯片 74LS138 设计地址译码器

（2）当 3 线-8 线译码器的输入端取值分别为 010、100 和 111 时，八根输出线中 Y_2、Y_4 和 Y_7 被译中。因此，将地址线 A_6、A_5、A_4 连接到 3 线-8 线译码器的输入端 C、B、A，将外设 P、Q、R 分别与译码器输出端 Y_2、Y_4 和 Y_7 连接。

（3）$A_9 \sim A_7$ 可以驱动使能端，具体设计如图 6-32（b）所示。

【例 6-17】 利用八选一数据选择器及 4 线-10 线译码器设计一个能实现两组 3 位二进制数等值比较的电路。八选一数据选择器及 4 线-10 线译码器的功能表如图 6-33（a）和（b）所示。

分析：（1）两组 3 位二进制数分别用 $W_2W_1W_0$ 及 $V_2V_1V_0$ 表示，显然这两组二进制数的变化范围为 000～111。观察八选一数据选择器及 4 线-10 线译码器的功能表，能够满足这两组二进制数变化范围的输入端分别是八选一数据选择器的选择控制端 $A_2A_1A_0$ 及 4 线-10 线译码器的译码输入端的低 3 位 $A_2A_1A_0$。因此，$W_2W_1W_0$ 及 $V_2V_1V_0$ 可以分别连接这两组输入端。4 线-10 线译码器的输入端 A_3 固定接低电平 0。

（2）由于八选一数据选择器的选择控制端 $A_2A_1A_0$ 组成的最小项 m_i 的值可以唯一确定出现在输出端 Y 的输入信号 D_i，4 线-10 线译码器的输入端 $A_2A_1A_0$ 组成的最小项 m_i 的值可以唯一确定只有输出端 f_i 被译中（输出低电平 0），因此可将八选一数据选择器的数据输入端 D_i 与 4 线-10 线译码器的译码输出端 f_i 对应相连，如图 6-33（c）所示。

使能端	控制端			输出
EN	A_2	A_1	A_0	Y
1	×	×	×	0
0	0	0	0	D_0
0	0	0	1	D_1
0	0	1	0	D_2
0	0	1	1	D_3
0	1	0	0	D_4
0	1	0	1	D_5
0	1	1	0	D_6
0	1	1	1	D_7

(a) 八选一数据选择器功能表

输入				输出									
A_3	A_2	A_1	A_0	f_0	f_1	f_2	f_3	f_4	f_5	f_6	f_7	f_8	f_9
0	0	0	0	0	1	1	1	1	1	1	1	1	1
0	0	0	1	1	0	1	1	1	1	1	1	1	1
0	0	1	0	1	1	0	1	1	1	1	1	1	1
0	0	1	1	1	1	1	0	1	1	1	1	1	1
0	1	0	0	1	1	1	1	0	1	1	1	1	1
0	1	0	1	1	1	1	1	1	0	1	1	1	1
0	1	1	0	1	1	1	1	1	1	0	1	1	1
0	1	1	1	1	1	1	1	1	1	1	0	1	1
1	0	0	0	1	1	1	1	1	1	1	1	0	1
1	0	0	1	1	1	1	1	1	1	1	1	1	0

(b) 4 线-10 线译码器功能表

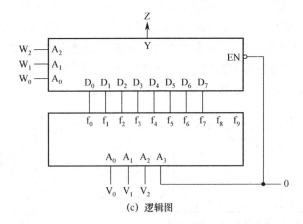

(c) 逻辑图

图 6-33 利用数据选择器及译码器设计等值比较电路

（3）将八选一数据选择器的使能端 EN 连接低电平 0，输出端为待设计逻辑电路的输出 Z。当被测试的两组二进制数 $W_2W_1W_0 = V_2V_1V_0$ 时，译码器译中的输出线恰好被数据选择器选中。例如，两组二进制数都是 001，那么 4 线-10 线译码器的 f_1 被译中，即输出线 f_7f_6 $f_5f_4f_3f_2f_1f_0$ 上的数据为 11111101，而数据选择器只有 D_1 被选中送往输出端，此时 $Z = 0$。反之，若 $W_2W_1W_0 \neq V_2V_1V_0$，则 $Z = 1$。

6.8　研讨探究

问：利用译码器芯片 74LS138 设计组合逻辑函数时，将待设计的逻辑函数描述为最小项之和的形式 $F = \sum m_i$ 后，是否可以将与 m_i 序号值相同的译码器的输出端 Y_i 直接连接到一个或门中？这样就可以不用摩根定理先对最小项表达式两次取反后再送到一个与门中了。

答：不可以。因为译码器芯片 74LS138 的输出是低电平有效，也就意味着，只有那个唯一被译中的输出端是低电平 0，其余输出端都是高电平 1。如果将译码器的若干输出端直接连接一个或门，那么这个或门的输出将永远是高电平 1。

6.9　深入思考

思考：利用数据选择器使用降维法设计逻辑函数时，可以从函数的多个输入变量中任意选出若干作为数据选择器的选择控制变量。例如，利用四选一数据选择器设计给定逻辑函数 $F = f(A,B,C,D) = \sum m(1,2,4,9,10,11,12,14,15)$。若分别采用下面两种方案，比较哪种方案更简单。

（1）选 AB 作为数据选择器的选择控制变量。

（2）选 BC 作为数据选择器的选择控制变量。

6.10　小故事大情怀

文墨精度

最精密的数控机床可能也抵不过方文墨的一双手。方文墨，中航工业沈阳飞机工业（集团）有限公司的一名 80 后钳工，经他双手打磨出的航空零件，加工公差仅为 0.003mm，相当于头发丝的二十五分之一。创造出这个用他名字命名的加工精度——"文墨精度"那一年，他只有 25 岁。

在这个追求速度的时代，他像一个老匠人，把每个航空零件都当成艺术品来打磨。"每个零件表面,起码得锉修 30 下才能达到尺寸精度要求。"方文墨对自己的要求近乎苛刻。有人粗略统计过,他每天要完成往复单一的锉修动作 8000 多次。如果把他工作 17 年来在微小零件上锉修的轨迹连成一条直线,长度可达 6000 多千米。他最爱沈飞人的一句老话,"我们一手托着国家财产,一手托着战友的生命"。在日复一日一锉一磨之间,"文墨精度"打磨的不仅仅是中国飞机制造的精密度,更是中国航空人更高更强的人生精度。

习 题 6

6.1 已知输入信号 A、B、C 的波形,画出题图 6-1 所示电路的输出波形,其中,芯片 74HC151 是八选一数据选择器,S 是使能端。

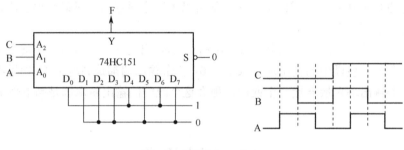

题图 6-1

6.2 分析并计算题图 6-2 所示电路中指定的地址译码范围,芯片 74LS138 的真值表如表 6-7 所示。

(1)整个电路的全地址译码范围是什么?

(2)外设 1 的地址译码范围是什么?

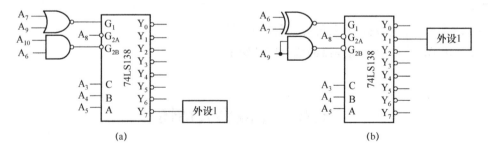

题图 6-2

6.3 设计一个能驱动七段数码管的显示译码器,该电路共有 A、B、C、D 四个输入端,任何时刻只允许按下一个键。当依次按下 A、B、C、D 四个键时,数码管上分别显示对应的字符 A(大写)、b(小写)、C(大写)、d(小写);当初始状态没有键被按下时,数码管显示数字 0。写出最简与或式,其中数码管为共阴极连接(即对应字段送高电平时被点亮)。

6.4 设计一个监控交通信号灯工作状态的逻辑电路。每组信号灯由红、黄、绿三盏灯

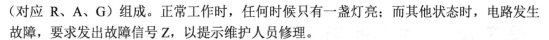

（对应 R、A、G）组成。正常工作时，任何时候只有一盏灯亮；而其他状态时，电路发生故障，要求发出故障信号 Z，以提示维护人员修理。

（1）利用与非门设计实现。

（2）利用译码器芯片 74LS138 及必要的逻辑门设计实现，74LS138 的真值表如表 6-7 所示。

6.5　某工厂有三个车间 X、Y、Z 和一个自备电站，站内有二台发电机 A 和 B，B 的发电能力是 A 的二倍。如果一个车间开工，启动 A 就可满足要求；如果两个车间开工，启动 B 就可满足要求；如果三个车间开工，A 和 B 都启动才能满足要求。设计一个控制线路，控制 A 和 B 的启动。

（1）利用与非门设计实现。

（2）利用数据选择器芯片 74LS153 及必要的逻辑门设计实现，74LS153 的真值表如图 6-4 所示。

6.6　现有 3 片八选一数据选择器 74LS151 和 1 片四异或门 74LS86，不允许再添加其他器件，实现下述功能：

PM	00	01	10	11 状态不允许
输出 F	A	A + 1	A − 1	×

其中，A 为输入的三位二进制数 $A_2A_1A_0$，F 是三位输出变量 $F_2F_1F_0$。PM 是输入控制变量，外电路只能提供原变量。

第7章 ┃ 走在时间的边沿——触发器

内容导读

触发器是构成存储电路的基本单元，也是计算机系统实现二进制 0 和 1 的底层器件。触发器包含基本逻辑门及反馈电路，不同功能类型的触发器之间可以相互转换。本章围绕以下问题展开：

- ✍ 锁存器及触发器
- ✍ 空翻现象
- ✍ 触发器类型转换

本章案例

- ❦ 开关去颤电路
- ❦ 瞬态信号存储

7.1 时序逻辑电路的特点

前面介绍的组合逻辑电路有以下两个显著的特点：

（1）组合逻辑电路是一种无记忆电路，只要输入信号消失，输出信号就会立即消失；

（2）组合逻辑电路输出端的状态完全由输入端的状态决定。

有时需要将电路中参与运算的数据和运算结果保存起来，因此需要在组合逻辑电路的输出端添加具有记忆功能的部件即存储电路。将组合逻辑电路的输出经存储电路再反馈回输入端，就构成了一种时序逻辑电路，如图 7-1（b）所示，时序逻辑电路中必须包含存储电路。

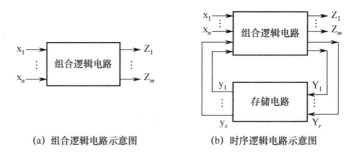

(a) 组合逻辑电路示意图　　(b) 时序逻辑电路示意图

图 7-1　组合逻辑电路与时序逻辑电路图对比

7.1.1　两个重要概念

现态：也称原态，指存储电路当前时刻的状态，一般用 Q_n 表示。

次态：也称新态，指存储电路下一时刻的状态，一般用 Q_{n+1} 表示。

对一个电路而言，我们观察到的永远都是现态 Q_n，而次态 Q_{n+1} 则是下一时刻的期望输出或者预测输出。组合逻辑电路与时序逻辑电路的对比如表 7-1 所示。

表 7-1　组合逻辑电路与时序逻辑电路的对比

构　成	定　义	结　构	逻辑函数表达式
组合逻辑电路	电路的输出： • 仅与当前时刻的输入有关 $Z_m = f_m(x_1,\cdots,x_n)$	不包含存储电路	只有一组：$Z_m = f_m(x_1,\cdots,x_n)$
时序逻辑电路	电路的输出与以下均有关： • 当前时刻的输入； • 电路过去（上一个时刻）的工作状态 $Z_m = f_m(x_1,\cdots,x_n,y_1,\cdots,y_s)$	包含存储电路	有三组，即输出方程、驱动方程、状态方程： $Z_m = f_m(x_1,\cdots,x_n,y_1,\cdots,y_r)$ $Y_r = g_r(x_1,\cdots,x_n,y_1,\cdots,y_s)$ $Y_s^{n+1} = q_s(x_1,\cdots,x_n,Y_1^n,\cdots,Y_s^n)$

7.1.2　双稳态触发器/锁存器的特点

锁存器和触发器是构成存储电路的基本单元，本书主要以双稳态触发器/锁存器为研究对象，这类器件具有以下 4 个重要特点。

（1）有两个互补的输出端：Q 和 Q′。

互补输出特性决定了，如果一个输出端是 1，另一个输出端就一定是 0，反之亦然。通常，将 Q 端输出为 1 时，称为 1 态；将 Q 端输出为 0 时，称为 0 态。两个非门构成的双稳态输出如图 7-2 所示。

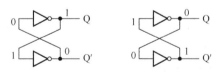

图 7-2　两个非门构成的双稳态输出

（2）有两个稳定状态：0 态和 1 态。

稳定状态是指该触发器/锁存器的输出端将会在一段时间内，维持当前的状态不发生改变。由这个特点可知，每个锁存器/触发器都可以存储 1 位二进制数，因此要存储 n 位二进制数就需要 n 个锁存器/触发器。

（3）在外界信号的刺激下，可以从一个稳定状态转变到另一个稳定状态。

当需要触发器/锁存器从当前的稳定状态（如当前是 1 态，即 $Q_n = 1$）转变到另一个稳定状态（转变到 0 态，即 $Q_{n+1} = 0$）时，需要给予它外界输入信号的刺激。

（4）没有（或无效的）外界信号刺激，维持当前状态不变。

这一点体现的正是触发器/锁存器的存储功能，即不施加任何有效的外界刺激信号，触发器/锁存器将会维持当前的状态而不发生改变。

7.1.3 锁存器和触发器的区别

锁存器和触发器有何不同呢？两者都可以用来存储 1 位二进制数，不同之处在于这两者的时钟输入端接收信号的形式不同。

锁存器的时钟输入端接收的是电平信号，如高电平 1 或者低电平 0，在电平信号作用期间，只要其他输入端的信号满足了状态转变要求，锁存器的输出就会发生改变，这个特点决定了锁存器更容易受到外界信号的影响。

触发器的时钟输入端接收的是边沿信号，如上升沿或者下降沿。触发器状态只有在时钟信号到来的一瞬间才能发生改变。即使其他输入端的信号已经满足了状态改变的条件，如果时钟输入端没有获得有效的边沿信号，触发器也不会动作，这个特点决定了触发器与锁存器相比不容易受到外界信号的干扰。

有的锁存器甚至没有时钟输入端，输出状态由输入信号直接控制。

7.2 锁 存 器

锁存器的种类有很多，其中基本 RS 锁存器是基础锁存器，其他类型的锁存器或者触发器都是在基本 RS 锁存器的基础上改进而来的。下面主要介绍两种类型的锁存器：基本 RS 锁存器及 D 锁存器。

7.2.1 基本 RS 锁存器

按照电路构成的不同，下面介绍两种基本 RS 锁存器：或非门构成的基本 RS 锁存器、与非门构成的基本 RS 锁存器。

1. 或非门构成的基本 RS 锁存器

（1）电路构成（或非门）

由两个或非门交叉耦合而成的基本 RS 锁存器如图 7-3（a）所示，有两个输入端 R 和 S、两个互补输出端 Q 和 Q′。

📚 **知识点** ------------------------------------

> 时序逻辑电路的关注点有两个：当前时刻的状态；在输入信号的作用下，下一时刻的状态。

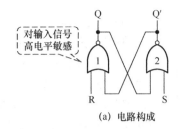
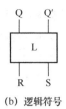

(a) 电路构成　　　　　　　　　(b) 逻辑符号

图 7-3　或非门构成的基本 RS 锁存器

（2）功能分析

由或非门对输入信号高电平敏感的特点可知，图 7-3（a）所示的基本 RS 锁存器对输入端 R 和 S 送高电平 1 敏感。

① 第一种情况：假设当前锁存器稳定在 1 态，即 Q = 1，Q′ = 0。电路中存在反馈线路，Q = 1 反馈至 2 号或非门，使其加强了 Q′ 输出为 0。若输入端 R 和 S 都送低电平 0，可知对电路输出没有任何影响。同理，如果当前锁存器稳定在 0 态，当输入端 R 和 S 同时送低电平 0，对电路的输出也没有任何影响。因此，锁存器执行的是保持功能。

② 第二种情况：令 R = 1，S = 0，由或非门特点可知，无论之前锁存器处于何种状态，1 号门的输出将会变成 0，即 Q = 0。这个 0 反馈给 2 号门的一个输入端，与另一个输入端 S 一起，使 2 号或非门的两个输入都是 0，因此输出为 1，即 Q′ = 1，所以锁存器为 0 状态，此时锁存器执行的是置 0 功能。因此，R 也称为"置 0 端"。

③ 第三种情况：令 R = 0，S = 1，由或非门特点可知，无论之前锁存器处于何种状态，2 号门的输出将会变成 0，即 Q′ = 0。这个 0 反馈给 1 号门的一个输入端，与另一个输入端 R 一起，使 1 号或非门的两个输入都是 0，因此输出为 1，即 Q = 1，所以锁存器为 1 状态，此时锁存器执行的是置 1 功能。因此，S 也称为"置 1 端"。

④ 第四种情况：令 R = 1，S = 1，由或非门特点可知，无论之前锁存器处于何种状态，两个或非门的输出都会变成 0，即 Q = Q′ = 0，此时输出已经不满足双稳态输出的互补性原则，因此这种输入取值是不允许的。

将上述分析结果汇总如表 7-2 所示，进一步整理该表可以得到如表 7-3 所示的简化的基本 RS 锁存器功能表。

表 7-2　基本 RS 锁存器功能表（输入高电平有效）

置 0 端 R	置 1 端 S	现态 Q_n	次态 Q_{n+1}	功　　能
0	0	0	0	保持
0	0	1	1	
0	1	0	1	置 1
0	1	1	1	
1	0	0	0	置 0
1	0	1	0	
1	1	0	—	不允许
1	1	1	—	

表 7-3 简化的基本 RS 锁存器功能表
（输入高电平有效）

置0端 R	置1端 S	次态 Q_{n+1}
0	0	Q_n
0	1	1
1	0	0
1	1	不允许

$$Q_{n+1} = S + R'Q_n$$

其中，RS = 0（约束条件）。

基本 RS 锁存器的逻辑符号如图 7-3（b）所示。

（4）驱动表

对一个时序逻辑电路而言，从电路的外在能够看到的是在输入信号的作用下电路状态的转换。若要使一个锁存器完成指定状态的转换需要满足什么输入条件呢？驱动表给出的就是对上述问题的解答。

基本 RS 锁存器的驱动表可以根据功能表推导出来。例如，假设基本 RS 锁存器当前时刻为 0 态，下一时刻希望它仍然维持 0 态不发生改变，即 $Q_n = 0 \rightarrow Q_{n+1} = 0$。由基本 RS 锁存器的功能可知，利用保持功能或置 0 功能都可以实现 0 态到 0 态的转变，因此，RS = 00 或者 RS = 10 皆可。综合这两种情况都要求输入端 S 必须是 0，而对输入端 R 没有限定，可以是任意，如图 7-5 所示。同理，如果基本 RS 锁存器当前时刻为 0 态，下一时刻希望它能转变为 1 态，即 $Q_n = 0 \rightarrow Q_{n+1} = 1$。由基本 RS 锁存器的功能可知，利用置 1 功能可以实现 0 态到 1 态的转变，因此，RS = 01。同样，剩余两种情况下的状态转变，即 1 态到 0 态、1 态到 1 态都可以根据功能表推出。

（3）次态方程

根据时序逻辑电路的特点可知，其关注的问题是当前时刻电路的状态 Q_n 在输入信号的作用下，下一个时刻的状态 Q_{n+1} 是什么。因此，以次态 Q_{n+1} 为输出，以现态 Q_n 及 R 和 S 为输入，可以画出卡诺图，如图 7-4 所示。

化简后可以得到基本 RS 锁存器的次态方程：

R＼SQ_n	Q_{n+1}			
	00	01	11	10
0	0	1	1	1
1	0	0	×	×

图 7-4 卡诺图化简

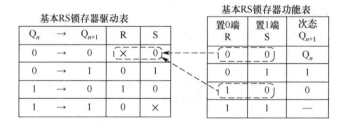

基本RS锁存器驱动表

Q_n	→	Q_{n+1}	R	S
0	→	0	×	0
0	→	1	0	1
1	→	0	1	0
1	→	1	0	×

基本RS锁存器功能表

置0端 R	置1端 S	次态 Q_{n+1}
0	0	Q_n
0	1	1
1	0	0
1	1	—

图 7-5 由基本 RS 锁存器的功能表推出驱动表（输入高电平有效）

知识点

驱动表主要用于时序逻辑电路的设计，而功能表一般用于时序逻辑电路的分析。

（5）状态图

状态图是反映时序逻辑电路状态转移规律及相应输入/输出取值关系的有向图。基本

RS 锁存器的状态图如图 7-6 所示，图中各部分含义如下。

　　圆圈：表示电路的状态。

　　有向线段：表示状态的转换关系。

　　有向线段旁的文字：表示转换条件，即输入信号取值。

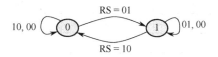

图 7-6　基本 RS 锁存器的状态图（输入高电平有效）

2. 与非门构成的基本 RS 锁存器

　　由两个与非门交叉耦合而成的基本 RS 锁存器电路构成如图 7-7（a）所示，有两个输入端 R 和 S、两个互补输出端 Q 和 Q′。分析电路可知，这种基本 RS 锁存器对输入信号低电平敏感，因此其逻辑符号的输入端 R 和 S 带有小圆圈，如图 7-7（b）所示。

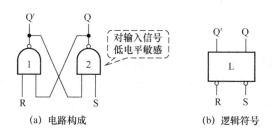

（a）电路构成　　　　　　　　　（b）逻辑符号

图 7-7　与非门构成的基本 RS 锁存器（输入低电平有效）

　　该锁存器也具有置 0、置 1 和保持功能，并且不允许 R 端和 S 端同时输入低电平 0，功能表如表 7-4 和表 7-5 所示。锁存器的次态方程为

$$Q_{n+1} = S' + RQ_n$$

其中，R + S = 1（约束条件）。

表 7-4　基本 RS 锁存器功能表（输入低电平有效）

置 0 端 R	置 1 端 S	现态 Q_n	次态 Q_{n+1}	功　能
0	0	0	—	不允许
0	0	1	—	
0	1	0	0	置 0
0	1	1	0	
1	0	0	1	置 1
1	0	1	1	
1	1	0	0	保持
1	1	1	1	

表7-5　简化的基本 RS 锁存器功能表（输入低电平有效）

置 0 端 R	置 1 端 S	次态 Q_{n+1}
0	0	不允许
0	1	0
1	0	1
1	1	Q_n

基本 RS 锁存器的典型芯片有 74LS279，其内部集成了 4 个 RS 锁存器。

※ 总结

　　基本 RS 锁存器的优点是结构简单，只需要两个逻辑门；缺点是输入存在约束，使用不便。此外，锁存器的状态改变由输入端直接控制，容易引发错误。

3．典型应用案例

（1）开关去颤电路

机械式开关在实际使用中由于机械弹性的作用，通常伴随一定时间的触点机械抖动。触点抖动可能导致电路判断出错（一次按下或释放被错误地认为是多次操作），因此需要做去颤处理。利用基本 RS 锁存器设计的机械开关去颤电路如图 7-8 所示。

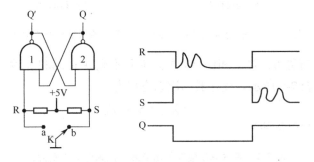

图 7-8　机械开关去颤电路

电路功能分析：机械开关 K 的一端接地，另一端可以在左右两个触点 a 和 b 之间振动。

假设初始状态，开关 K 位于右端的触点 b，此时基本 RS 锁存器的置 0 端 R = 1，置 1 端 S = 0，锁存器执行置 1 功能，因此 Q = 1。

当开关从右端触点 b 扳到左端触点 a 时，S 的输入信号立即从 0 变为稳定的 1，即 S = 1。但是，由于机械震颤导致输入信号 R 的波形刚刚从 1 变为 0 又马上从 0 变为 1，出现几次震荡后才趋于稳定的 0。在这个过程中，开关刚刚扳到左侧触点 a 时，RS = 01，这是置 0 功能，因此 Q = 0；震荡后，RS = 11，执行保持功能，因此 Q 端将会维持 0 态不发生改变。

同理，当开关 K 从左端触点 a 再扳回到右端触点 b 时，分析过程类似。从 Q 端状态可以看出，电路实现了正确的开关功能。

（2）保存瞬态信号

以举重裁判逻辑电路为例。举重比赛设置一个主裁判 A 和两个副裁判 B、C，只有当两人及以上（必须包含主裁判在内）认定试举动作合格，并按下自己的按钮时，输出信号才有 Z = 1，该信号一直保持下去，直到工作人员按下清除按钮 P 为止。

分析：① 由于三个人的按钮动作有先后、长短之别，因此需要 3 个存储器件分别保存三个按钮输入信号 A、B、C。该存储器件要有置 1 和置 0 功能（锁存器或 RS、JK、D 触发器均可），这里选择低电平有效的 RS 锁存器，电路如图 7-9 所示。

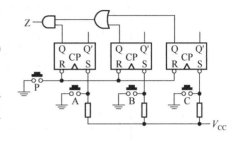

② RS 锁存器的置 1 端 S：连接主裁判按钮 A 和副裁判 B、C 按钮输出的低电平。RS 锁存器的置 0 端 R：连接工作人员按钮 P 给出的低电平。输出信号 Z：三个 RS 锁存器输出状态的或与逻辑，即 Z = A(B + C)。

图 7-9　举重裁判逻辑电路

③ 对每个锁存器而言：只要有裁判按下按钮，就执行置 1 功能；若按钮弹起，则执行保持功能。

④ 按钮 P 被按下，全体执行置 0 功能，即清除数据。

7.2.2　门控 D 锁存器

1. 电路构成及功能分析

基本 RS 锁存器的两个输入端存在约束关系，给使用带来了不便，为此在基本 RS 锁存器的前级添加两个与门及一个非门构成门控 D 锁存器，电路构成及逻辑符号如图 7-10 所示。其中，D 为输入端，G 为使能端。

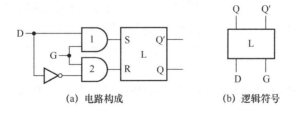

（a）电路构成　　　　　　　　　（b）逻辑符号

图 7-10　门控 D 锁存器

图 7-3（a）所示的基本 RS 锁存器对输入端 R 和 S 送高电平 1 敏感。下面分析门控 D 锁存器。

① 第一种情况：假设使能端 G = 0，则 RS 锁存器的两个输入端 R = 0，S = 0，锁存器执行的是保持功能。

② 第二种情况：假设使能端 G = 1，由于两个与门分别接收的是 D 和 D′，因此 RS 锁存器的输入端 R 和 S 的输入一定能保证 RS = 0，因此锁存器执行的将是置 0 或置 1 功能。如果 D = 0，则 R = 1，S = 0，执行置 0 功能，即 Q = 0；反之，如果 D = 1，则 R = 0，S = 1，

执行置 1 功能，即 Q = 1。

门控 D 锁存器的功能表如表 7-6 及表 7-7 所示。该锁存器也具有置 0、置 1 和保持功能，根据功能表得到卡诺图并化简，如图 7-11 所示，得到门控 D 锁存器的次态方程为

$$Q_{n+1} = GD + G'Q_n$$

表 7-6   门控 D 锁存器功能表

使能端 G	输入端 D	现态 Q_n	次态 Q_{n+1}	功　能
0	×	0	0	保持
0	×	1	1	
1	0	0	0	置 0
1	0	1	0	
1	1	0	1	置 1
1	1	1	1	

表 7-7   简化的门控 D 锁存器功能表

使能端 G	输入端 D	次态 Q_{n+1}
0	×	保持
1	0	0
1	1	1

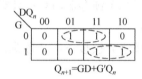

图 7-11   卡诺图化简

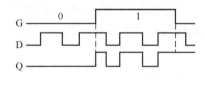

图 7-12   门控 D 锁存器的时序分析

2. 时序分析

门控 D 锁存器初始为 0 态，使能端 G、输入端 D 的输入波形如图 7-12 所示，根据门控 D 锁存器的功能可知，在使能信号 G = 0 期间，锁存器执行保持功能，因此 Q 输出端的波形始终保持 0 态；在使能信号 G = 1 期间，锁存器的输出信号 Q 将"复制"输入信号 D 的波形。

D 锁存器的典型芯片有 74LS373，其内部集成了 8 个 D 锁存器。

❊ 总结 ------------------------------------

门控 D 锁存器的优点是结构简单，只有一个输入端，不存在输入约束问题；缺点是在使能信号有效期间，只要输入信号 D（有时是干扰信号）发生改变，输出信号 Q 就跟着发生改变。

7.2.3　锁存器或触发器的空翻现象

"空翻"是指在一个时钟周期内，锁存器（或触发器）的状态发生多次变化。而这种情

况的发生违背了构造时钟触发器的初衷，即在一个时钟周期内，最多允许状态翻转一次。因此，"空翻"使这类器件不能正确实现计数功能。"空翻"现象是锁存器（或电平方式触发器）共有的问题。

门控 D 锁存器的使能端 G 及输入端 D 的输入波形如图 7-13 所示，其中，使能端 G 送入时钟周期信号。根据 D 锁存器的功能，可以得出输出端 Q 的波形。可以看出，在一个时钟周期内，锁存器的状态发生了多次改变，即产生了"空翻"现象。

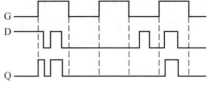

图 7-13 空翻现象

电平（电位）触发方式是"空翻"现象出现的根本原因。以门控 D 锁存器为例，尽管在使能信号 G = 0 期间，可以避免锁存器受外界输入的干扰。但是，在使能信号 G = 1 期间，锁存器状态的翻转仍然直接受控于输入信号 D 的改变。当干扰信号作用于输入端时，锁存器的输出必然会受到影响。

将电平触发改为边沿触发可以解决"空翻"问题，即为触发器引入一个时钟输入端，只有在时钟信号的上升沿或下降沿，触发器才被允许改变状态。

7.3 触 发 器

受时钟脉冲（通常用 CP 或 Clk 表示）控制的触发器称为时钟触发器。时钟信号也称同步信号，如果将多个触发器的时钟端相连，可以控制它们在同一时刻动作，也就是同步时序电路。

时钟触发器的触发方式有电平触发和边沿触发两种，两者不同之处之处在于，电平触发方式下，触发器是在时钟信号 CP 为高电平（有些是低电平有效）期间可以做状态翻转；而边沿触发方式下，触发器是在时钟信号 CP 为上升沿（有些是下降沿有效）瞬间可以做状态翻转，如图 7-14 所示。显然，边沿触发器能有效避免干扰，因为外界干扰只有在边沿到来那一瞬间正好作用于触发器的输入端，才会影响到触发器输出端的状态。后面提及的触发器，如果没有特别说明，都指边沿触发方式。

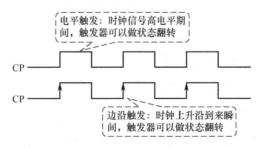

图 7-14 两种触发方式对比

按照触发器的逻辑功能，触发器可分为 RS 触发器、D 触发器、JK 触发器、T 触发器、T′ 触发器五种类型。

重点

时钟触发器有两个重要特点：由时钟脉冲决定触发器状态转换的时刻（即何时转换），对边沿触发器而言，这个时刻就是时钟信号上升沿或者下降沿到来那一瞬间，其余时刻触发器都处于保持状态；由触发器其他输入信号确定触发器状态转换的方向（即如何转换）。

7.3.1 RS 触发器

边沿触发的 RS 触发器的逻辑符号、功能表及驱动表如图 7-15 所示。其中，下降沿触发的 RS 触发器的时钟端有一个小圆圈，而上升沿触发的 RS 触发器的时钟端没有小圆圈。RS 触发器的次态方程为

$$Q_{n+1} = S + R'Q_n$$

其中，$RS = 0$（约束条件）。

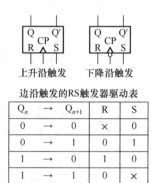

边沿触发的RS触发器功能表

时钟端 CP	输入端 R	输入端 S	现态 Q_n	次态 Q_{n+1}
↑	0	0	0	0
↑	0	0	1	1
↑	0	1	0	1
↑	0	1	1	1
↑	1	0	0	0
↑	1	0	1	0
↑	1	1	0	—
↑	1	1	1	—

边沿触发的RS触发器驱动表

Q_n	→	Q_{n+1}	R	S
0	→	0	×	0
0	→	1	0	1
1	→	0	1	0
1	→	1	0	×

图 7-15 边沿触发的 RS 触发器的逻辑符号、功能表及驱动表

7.3.2 D 触发器

边沿触发的 D 触发器的逻辑符号、功能表及驱动表如图 7-16 所示。D 触发器的次态方程为 $Q_{n+1} = D$。

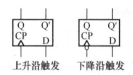

边沿触发的D触发器驱动表

Q_n	→	Q_{n+1}	D
0	→	0	0
0	→	1	1
1	→	0	0
1	→	1	1

上升沿触发的D触发器功能表

时钟端 CP	输入端 D	现态 Q_n	次态 Q_{n+1}
↑	0	0	0
↑	0	1	0
↑	1	0	1
↑	1	1	1

图 7-16 边沿触发的 D 触发器的逻辑符号、功能表及驱动表

边沿触发器可以有效防止"空翻"现象的发生，如图7-17所示。上升沿触发的 D 触发器仅在每个时钟信号 CP 的上升沿到来时刻采样输入端 D 的数据，其他时刻都处于保持状态，可以避免外界干扰，保证触发器总是在时钟信号的上升沿进行一次状态翻转。

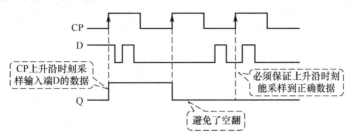

图 7-17　边沿触发器可以防止空翻

7.3.3　JK 触发器

RS 触发器的两个输入端存在制约关系，D 触发器不存在制约关系但仅有一个输入端。能否有一种触发器，它具备两个输入端但又不存在制约呢？下面介绍的 JK 触发器就具有这种特点。

边沿触发的 JK 触发器的逻辑符号、功能表及驱动表如图 7-18 所示。从功能表可以看出，JK 触发器具有保持、置0、置1和翻转四个功能。由功能表可以推导出驱动表，例如，触发器当前时刻为0态，下一时刻希望它仍然维持0态不发生改变，即 $Q_n = 0 \rightarrow Q_{n+1} = 0$。根据功能表可知，JK 触发器的"保持"功能和"置0"功能都可以做到，需要 JK = 00 或者 JK = 01，即 JK = 0×。同理，可以推出实现其他状态转换输入端 JK 必须满足的条件。

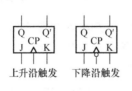

边沿触发的JK触发器驱动表

Q_n	$\rightarrow$	Q_{n+1}	J	K
0	$\rightarrow$	0	0	×
0	$\rightarrow$	1	1	×
1	$\rightarrow$	0	×	1
1	$\rightarrow$	1	×	0

上升沿触发的JK触发器功能表

时钟端 CP	输入端 J	输入端 K	现态 Q_n	次态 Q_{n+1}	功能
↑	0	0	0	0	保持
↑	0	0	1	1	
↑	0	1	0	0	置0
↑	0	1	1	0	
↑	1	0	0	1	置1
↑	1	0	1	1	
↑	1	1	0	1	翻转
↑	1	1	1	0	

图 7-18　边沿触发的 JK 触发器的逻辑符号、功能表及驱动表

根据功能表可以画出卡诺图，如图 7-19 所示，化简后得到 JK 触发器的次态方程为

$$Q_{n+1} = J\,Q_n' + K'Q_n$$

JK 触发器的状态图如图 7-20 所示。

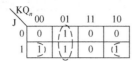

图 7-19　卡诺图化简

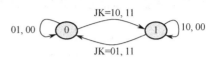

图 7-20　JK 触发器的状态图

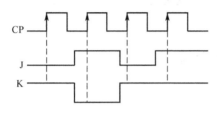

图 7-21　JK 触发器输入波形

【例 7-1】　上升沿触发的 JK 触发器，时钟信号 CP 及输入端 J、K 的输入波形如图 7-21 所示，假设触发器初始状态为 0 态，画出 Q 端的输出波形。

　　解：观察输入波形，在时钟信号 CP 的每一个上升沿时刻根据 JK 的取值及触发器的当前状态，确定触发器 Q 端的输出，具体分析如表 7-8 所示，得出的 Q 端的输出波形如图 7-22 所示。

表 7-8　JK 触发器输入/输出分析

时钟端 CP	JK	现态 Q_n	次态 Q_{n+1}
第 1 个上升沿	0 1（置 0）	0	0
第 2 个上升沿	1 0（置 1）	0	1
第 3 个上升沿	0 1（置 0）	1	0
第 4 个上升沿	1 1（翻转）	0	1

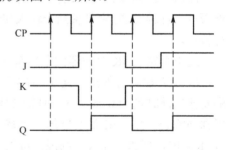

图 7-22　JK 触发器输入/输出波形

【例 7-2】　时序逻辑电路如图 7-23（a）所示，已知输入波形如图 7-23（b）所示，假设触发器初始状态为 0，边沿触发，画出 JK 触发器 Q 端输出波形。

　　解：此题有两种解决方法，输出波形如图 7-23（c）所示。

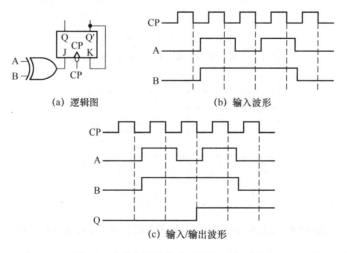

(a) 逻辑图　　　　　　　(b) 输入波形

(c) 输入/输出波形

图 7-23　时序逻辑电路及输入/输出波形

方法 1：根据触发器次态方程，在每一个时钟下降沿时刻计算 Q_{n+1} 的值，画出 Q 端输出波形。

次态方程为

$$Q_{n+1} = J Q_n' + K' Q_n$$
$$= (A \oplus B) Q_n' + Q_n Q_n$$
$$= A \oplus B + Q_n$$

根据输入波形及次态方程计算出 Q_{n+1} 的值，即可画出 Q 端输出波形。

方法 2：在每一个时钟下降沿时刻，计算 J 和 K 的值，根据 JK 触发器的功能确定 Q 端输出波形。

这种方法不用列写触发器状态方程，只需确定每一个下降沿时刻 J 和 K 的值即可，具体分析如表 7-9 所示。

表 7-9　根据 JK 取值分析触发器状态

时钟端 CP	J K	现态 Q_n	次态 Q_{n+1}
第 1 个下降沿	0 1（置 0）	0	0
第 2 个下降沿	0 1（置 0）	0	0
第 3 个下降沿	1 1（翻转）	0	1
第 4 个下降沿	0 0（保持）	1	1
第 5 个下降沿	0 0（保持）	1	1

7.3.4　T 触发器

如果将 JK 触发器的两个输入端接在一起变成一个输入端，并重新命名为 T，即 J = K = T，那么 JK 触发器就演变为 T 触发器，因此 T 触发器是 JK 触发器的一个特例。

边沿触发的 T 触发器的逻辑符号、功能表及驱动表如图 7-24 所示。从功能表可以看出，在时钟信号的作用下，T 触发器具有"保持"和"翻转"两个功能。由功能表可以推导出驱动表，例如，触发器当前时刻为 0 态，下一时刻希望它仍然维持 0 态不发生改变，即 $Q_n = 0 \rightarrow Q_{n+1} = 0$。根据功能表可知，需要 T 触发器执行"保持"功能，即 T = 0。同理，可以推出实现其他状态转换输入端 T 必须满足的条件。

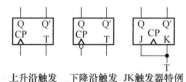

上升沿触发　　下降沿触发　JK触发器特例

上升沿触发的T触发器功能表

时钟端 CP	输入端 T	现态 Q_n	次态 Q_{n+1}	功能
↑	0	0	0	保持
↑	0	1	1	
↑	1	0	1	翻转
↑	1	1	0	

边沿触发的T触发器驱动表

Q_n	→	Q_{n+1}	T
0	→	0	0
0	→	1	1
1	→	0	1
1	→	1	0

图 7-24　边沿触发的 T 触发器的逻辑符号、功能表及驱动表

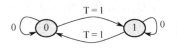

图 7-25　T 触发器状态图

根据 JK 触发器的次态方程，令 $J = K = T$，可以得到 T 触发器的次态方程为

$$Q_{n+1} = TQ'_n + T'Q_n = T \oplus Q_n$$

T 触发器的状态图如图 7-25 所示。

7.3.5　T′触发器

如果将 T 触发器的输入端连接高电平 1，即 $T = 1$，那么 T 触发器就演变为 T′触发器，因此 T′触发器是 T 触发器的一个特例。

边沿触发的 T′触发器的逻辑符号、功能表及驱动表如图 7-26 所示。从功能表可以看出，在时钟信号的作用下，T′触发器具有"翻转"功能。因此，T′触发器的输出波形相对输入时钟信号 CP 具有二分频特点，如图 7-27 所示。

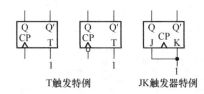

T触发特例　　　　JK触发器特例

上升沿触发的T′触发器功能表

时钟端 CP	输入端 T	现态 Q_n	次态 Q_{n+1}	功能
↑	1	0	1	翻转
↑	1	1	0	

边沿触发的T′触发器驱动表

Q_n	→	Q_{n+1}	T
0	→	1	1
1	→	0	1

图 7-26　边沿触发的 T′触发器的逻辑符号、功能表及驱动表

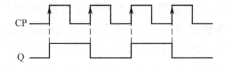

图 7-27　T′触发器的输出波形具有二分频特点

根据 T 触发器的次态方程，令 $T = 1$，可以得到 T′触发器的次态方程为

$$Q_{n+1} = Q'_n$$

7.4　带附加输入端的触发器

7.4.1　带异步清零端和异步置 1 端

带有异步清零端 ClrN 和异步置 1 端 PreN 的 D 触发器如图 7-28 所示，具体功能如表 7-10 所示。通过异步清零端 ClrN 和异步置 1 端 PreN 可以对触发器的状态进行重新设置，使其

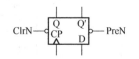

图 7-28　带异步清零端和异步置 1 端的 D 触发器

从 0 态或者 1 态开始。异步是指不与时钟信号同步且不受时钟信号的控制，也可以理解为异步清零和异步置 1 的优先级高于时钟信号。

表 7-10　带异步清零端和异步置 1 端的 D 触发器功能表

时钟端 CP	输入端 D	异步置 1 端 PreN	异步清零端 ClrN	次态 Q_{n+1}	功　能
×	×	0	0	不允许	不允许
×	×	0	1	1	置 1
×	×	1	0	0	清 0
↑	0	1	1	0	0
↑	1	1	1	1	1
0,1,↓	×	1	1	Q_n	保持 Q_n

7.4.2　带时钟使能端

有些触发器带有时钟使能端，如图 7-29 所示，通过在普通触发器的时钟输入端连接一个两输入端与门，由外接时钟信号 CP 及使能控制信号 EN 共同作用，若使能信号 EN = 0，则触发器没有任何动作，处于保持状态；若使能信号 EN = 1，则触发器将在外接时钟信号 CP 的下降沿时刻有动作，时序波形如图 7-30 所示。

这种设计方式如果输入信号时序给定不正确，会带来错误动作。如图 7-31 所示，如果使能信号 EN 的高电平维持时间少于外接时钟信号 CP 的高电平维持时间，则触发

图 7-29　带时钟使能端的 D 触发器

器将在使能信号 EN 的下降沿时刻有动作，这样一来就失去了同步性。为避免这种情况发生，可以不把使能端 EN 与时钟端 CP 捆绑使用，如图 7-32 所示。

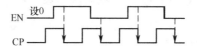

图 7-30　带时钟使能端的 D 触发器输入信号时序给定正确

图 7-31　带时钟使能端的 D 触发器输入信号时序给定错误

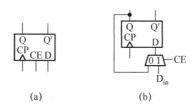

(a)　　　　　　　　(b)

图 7-32　使能端不与时钟端捆绑的 D 触发器

7.5 触发器类型转换

触发器的类型可以通过添加逻辑门及连接线进行转换，转换的方法包括代数法和卡诺图法两种。

7.5.1 代数法

代数法指通过对比两种类型触发器的次态方程，利用逻辑代数定理及规则实现转换。

【例7-3】 将 JK 触发器转换为 D 触发器。

解： 假设转换电路用函数 $f(\cdot)$ 表示，如图7-33（a）所示。显然 J 端和 K 端是转换电路的输出端，触发器的状态 Q 输出端和 D 输入端是转换电路的输入端，所以 J 和 K 是关于 Q 和 D 的逻辑函数，即

$$J = f(D, Q), \quad K = f(D, Q)$$

（1）分别列出 JK 触发器和 D 触发器的次态方程。

JK 触发器的次态方程：$Q_{n+1} = JQ'_n + K'Q_n$。

D 触发器的次态方程：$Q_{n+1} = D$。

令 $D = JQ'_n + K'Q_n$。

（2）对比两种触发器的状态方程。

很明显，D 触发器次态方程中既没有 Q_n' 又没有 Q_n，因此对 D 触发器的次态方程进行表达式变换，使其包含这两项：$Q_{n+1} = D = D(Q'_n + Q_n) = DQ'_n + DQ_n$。

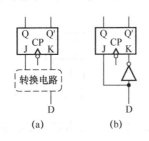

图7-33 JK 触发器转换为 D 触发器

因此，有 $DQ'_n + DQ_n = JQ'_n + K'Q_n$。根据对应项系数相等，有 $J = D$ 和 $K' = D$。进一步整理后，有 $J = D$ 和 $K = D'$，转换完成，逻辑图如图7-33（b）所示。

【例7-4】 将 D 触发器转换为 T′ 触发器。

解： 假设转换电路用函数 $f(\cdot)$ 表示。D 端是转换电路的输出端，触发器的状态 Q 输出端是转换电路的输入端，所以 D 是关于 Q 的逻辑函数，即

$$D = f(Q)$$

（1）分别列出 T′ 触发器和 D 触发器的次态方程。

T′ 触发器的次态方程：$Q_{n+1} = Q'_n$。

D 触发器的次态方程：$Q_{n+1} = D$。

令 $Q'_n = D$。

（2）对比两种触发器的状态方程。

很明显，$D = Q'_n$，转换完成，逻辑图如图7-34所示。

图7-34 D 触发器转换为 T′触发器

依次类推，其他类型触发器之间的相互转换读者可自行推导。

7.5.2 卡诺图法

利用卡诺图也可以方便地实现任意两种类型触发器之间的相互转换。

【例 7-5】 利用卡诺图将 T 触发器转换为 JK 触发器。

解： 假设转换电路用函数 f(•)表示，如图 7-35（a）所示。显然 T 端是转换电路的输出端，触发器的 Q 输出端和 J、K 输入端是转换电路的输入端，所以 T 是关于 Q、J、K 的逻辑函数，即

$$T = f(J, K, Q)$$

（1）将两种类型触发器的驱动表画在一起，如表 7-11 所示。

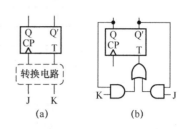

图 7-35 T 触发器转换为 JK 触发器

表 7-11 T 触发器和 JK 触发器的驱动表

现态 Q_n	转换方向 →	次态 Q_{n+1}	目标触发器 J	目标触发器 K	已知触发器 T
0	→	0	0	×	0
0	→	1	1	×	1
1	→	0	×	1	1
1	→	1	×	0	0

当前所求是 $T = f(J, K, Q)$ 的表达式，表 7-11 中最后一列 T 是转换函数输出，第 1、4、5 列是转换函数的输入。以 Q_n、J、K 为卡诺图输入项，以 T 为输出项，绘制卡诺图，如图 7-36 所示。

（2）卡诺图化简。

卡诺图化简后得到 $T = JQ'_n + KQ_n$，转换完成，逻辑图如图 7-35（b）所示。

【例 7-6】 利用卡诺图将 T 触发器转换为 D 触发器。

解： 假设转换电路用函数 f(•)表示，如图 7-37（a）所示。显然 T 端是转换电路的输出端，触发器的状态 Q 输出端和 D 输入端是转换电路的输入端，所以 T 是关于 Q、D 的逻辑函数，即

$$T = f(D, Q)$$

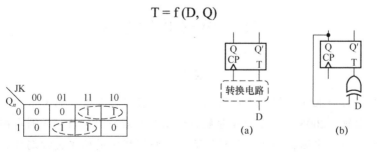

图 7-36 卡诺图化简　　　　图 7-37 T 触发器转换为 D 触发器

（1）将两种类型触发器的驱动表画在一起，如表 7-12 所示。

表 7-12　T 触发器和 D 触发器的驱动表

现态 Q_n	转换方向 →	次态 Q_{n+1}	目标触发器 D	已知触发器 T
0	→	0	0	0
0	→	1	1	1
1	→	0	0	1
1	→	1	1	0

当前所求是 T = f (D, Q) 的表达式，表 7-12 中最后一列 T 是转换函数输出，第 1、4 列是转换函数的输入。以 Q_n、D 为卡诺图输入项，T 为输出项，绘制卡诺图，如图 7-38 所示。

图 7-38　卡诺图化简

（2）卡诺图化简。

卡诺图化简后得到 T = D ⊕ Q_n，转换完成，逻辑图如图 7-37（b）所示。

依次类推，其他类型触发器之间的相互转换读者可自行推导。

7.6　研讨探究

问：在时钟信号的作用下，T′ 触发器具有"翻转"功能。它只有这一个功能吗？

答：当然不是。T′ 触发器的"翻转"功能是在有效时钟边沿到来瞬间才被执行的，其余时间它执行"保持"功能。

7.7　深入思考

思考：对一个下降沿触发的 JK 触发器，如果让它实现保持功能，有几种方法可以做到？

7.8　小故事大情怀

攻克原子钟

高精度原子钟是北斗导航系统中的核心部件，直接决定卫星的定位和授时精准度，因此称为卫星的心脏。2005 年，在北斗导航系统研制最后冲刺阶段，欧洲人撕毁协议，他们拒绝将原子钟出售给中国，而此时距离国际电信联盟规定的频率失效期只剩两年。我国之前研究多年始终没能攻克原子钟技术难关。如果不能在短时间内突破这项核心技术，北斗系统将面临巨大的困难。

重压之下，科研人员拿出了"两弹一星"的精神，由中国科学院、航天科技、航天科工三家合作共同研发，当时研发团队平均年龄只有 20 多岁。他们边学习边研究，连续四次归零，终于在两年内突破了原子钟技术，而且技术标准远超欧洲。北斗二号首星发射成功后，国产原子钟逐渐代替了进口原子钟。

据专家介绍，国际上的导航卫星多使用铷钟，而北斗三号卫星使用的氢钟比铷钟稳定性更高，漂移率更小，平均每 1000 万年只有 1 秒误差。同时，北斗三号卫星采用卫星创新院的核心专利"时频无缝切换技术"。假如主钟出现意外，只需 20 皮秒即 1 万亿分之 20 秒，就能在两个钟之间无缝切换，这是我们具有的领先世界水平的自主知识产权技术。

习　题　7

7.1　一个 UV 触发器的工作特性如下：

如果 UV = 00，触发器状态不变；如果 UV = 10，触发器的次态为 0；

如果 UV = 11，触发器状态翻转；不允许出现 UV = 01 的输入组合。

完成题表 7-1 所示的状态转换，试确定该触发器的状态激励输入，要求考虑各种可能的激励情况，并给出该触发器的次态方程。

题表 7-1

现态 Q_n	次态 Q_{n+1}	U	V
0	0		
0	1		
1	0		
1	1		

7.2　电路如题图 7-1 所示，设触发器的初态为"0"，边沿触发。画出给定时钟作用下的 Y 端及 Z 端波形。

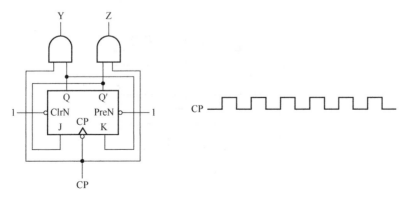

题图 7-1

7.3 题图 7-2 所示为一个边沿触发的 D 触发器，ClrN 是清零端，给定输入波形，画出输出波形。

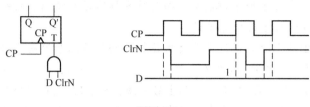

题图 7-2

7.4 由一个与门、一个或门和一个反相器构成的锁存器如题图 7-3 所示，写出该锁存器的功能表及次态方程。

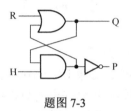

题图 7-3

7.5 如题图 7-4 所示，给定某 JK 触发器的输入波形，设触发器的初态为 "0"，画出 Q 端波形。

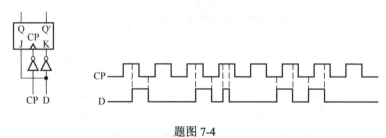

题图 7-4

7.6 已知某触发器的时钟 CP，异步置 0 端为 RD（低电平有效），异步置 1 端为 SD（低电平有效），控制输入端 V_i 和输出 Q 的波形如题图 7-5 所示，根据波形判断这个触发器的功能。

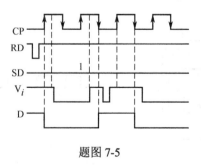

题图 7-5

第8章 与时间打交道——时序逻辑电路分析

📖 **内容导读**

寄存器、计数器、节拍发生器是时序逻辑电路中较为常见的逻辑部件，利用触发器及逻辑门可以构成这些典型的时序逻辑部件。时钟信号的连接方式、逻辑电路的现态和次态是分析时序逻辑电路的三个关键要素。同步时序逻辑电路是计算机系统中常见但很重要的一种时序逻辑电路。本章围绕以下问题展开：

☞ 寄存器
☞ 计数器
☞ 节拍发生器
☞ 时序逻辑电路的分析

📖 **本章案例**

✿ 简易 I/O 电路

8.1 时序逻辑电路分类

按照时钟信号的连接方式，时序逻辑电路分为同步时序逻辑电路和异步时序逻辑电路两种。在同步时序逻辑电路中，所有触发器的时钟端都连接在一起，触发器的状态同时发生改变，下面介绍的寄存器就是典型的同步时序逻辑电路。在数字系统中同步时序逻辑电路用到的最多。

异步时序逻辑电路中没有统一的时钟脉冲，触发器状态的改变有先有后。异步时序逻辑电路容易产生毛刺，对后级电路会有不利影响。

按照电路输出与输入及电路状态的关系，时序逻辑电路又分为摩尔型（Moore）和米里型（Mealy）两种。摩尔型时序逻辑电路的输出仅与现态有关，与电路的输入没有直接关系，有时直接以电路状态作为输出；米里型时序逻辑电路的输出与电路的现态及电路的输入均有直接关系。

时序逻辑电路分类如表 8-1 所示。

表 8-1 时序逻辑电路分类

	分类方式	种 类	特 点
时序逻辑电路	按照时钟信号的连接方式	同步	电路中所有时钟端都连接在一起，状态的改变同时发生（数字系统中用到的最多）
		异步	电路中没有统一的时钟脉冲，状态的改变有先有后，不同时发生；容易产生毛刺（有不利影响）

（续表）

	分类方式	种类	特点
时序逻辑电路	按照电路输出与输入及电路状态的关系	摩尔型	电路的输出仅与现态有关，与电路的输入没有直接关系；或者直接以电路状态作为输出
		米里型	电路输出与电路的现态及电路的输入均有直接关系

8.2 寄 存 器

寄存器由触发器及控制门组成，是计算机的一个重要部件，用于暂时存储一组二值代码（如参加运算的数据、运算结果、指令等）。寄存器中能够存储的二进制数的位数取决于它所包含的触发器的个数。一个由 n 个触发器构成的寄存器可以存储 n 位二进制数。

寄存器是同步时序逻辑电路，包括基本寄存器和移位寄存器；移位寄存器又包括单向移位寄存器和双向移位寄存器。

8.2.1 基本寄存器

基本寄存器支持的操作包括：读出、写入和复位（清零）。图 8-1 所示为由 4 个下降沿触发的 D 触发器构成的 4 位基本寄存器。其中，EN 是读出使能，Load 是写入使能，ClrN 是清零信号，CP 是外接时钟信号，具体功能表如表 8-2 所示。

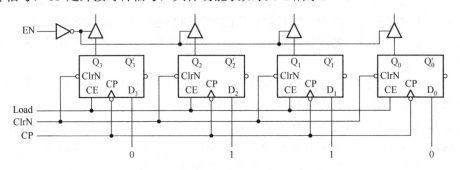

图 8-1 4 位基本寄存器

表 8-2 4 位基本寄存器功能表

功能	条件	寄存器 $Q_3Q_2Q_1Q_0$ 输出
异步清零	ClrN = 0	$Q_3Q_2Q_1Q_0 = 0000$
保持	ClrN = 1 且 Load = 0	$Q_3^{n+1}Q_2^{n+1}Q_1^{n+1}Q_0^{n+1} = Q_3^nQ_2^nQ_1^nQ_0^n$
写入	ClrN = 1，Load = 1，CP ↓	$Q_3Q_2Q_1Q_0 = D_3D_2D_1D_0$
读出	EN = 0	$Q_3^nQ_2^nQ_1^nQ_0^n$

清零功能：该寄存器是异步清零的，且清零信号是低有效的。即任何时刻，只要 ClrN =

0，触发器就全体置 0，寄存器的输出端 $Q_3Q_2Q_1Q_0 = 0000$。

写入功能：向寄存器中存入新的数据，其本质是更新触发器的状态。因此，在写入使能信号 Load 与时钟信号 CP 这两个输入控制信号的配合下才能完成写入操作。即在 Load = 1 且 CP 时钟下降沿时刻，输入端的 0110 才能被存入寄存器中。

读出功能：由于输出端连接三态门，读出寄存器中保存的数据需要读出使能信号 En = 0。

8.2.2　单向移位寄存器

单向移位寄存器，顾名思义，就是每来一个时钟脉冲，寄存器中存储的数据能依次地左移或右移 1 位。利用这种移位功能可以实现代码的串/并行转换、数值运算和数据处理等。

寄存器的数据输入类型和输出类型都包括两种：并行方式和串行方式。因此，寄存器的数据输入和输出方式共有 4 种类型：串行输入/串行输出、串行输入/并行输出、并行输入/串行输出、并行输入/并行输出，如图 8-2 所示。图 8-1 所示的基本寄存器属于并行输入/并行输出的类型。

图 8-2　寄存器输入/输出方式

下面以单向右移寄存器为例介绍单向移位寄存器及其应用。

1. 单向右移寄存器

（1）串行输入/串行输出（Serial in / Serial out）

串行输出的特点：移位路径上最后一个触发器的输出作为整个电路唯一的输出。

4 个 D 触发器构成的单向右移寄存器如图 8-3 所示，将高位计数器的 Q 输出送给下一级触发器的 D 输入端，即 $D_i = Q_{i+1}$。在右移方式下，数据从 D_3 串行输入，先送入的应该是最低位，然后依次送入次低位，直至将最高位送入。例如，原始数据是 1011，则串行输入顺序是 1101，每个二进制位从 D_3 输入，当移位使能信号 Shift = 1 时，经过 4 个时钟脉冲后将被传递至输出端 Q_0。

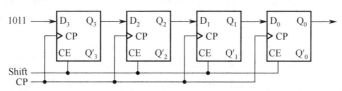

图 8-3　串行输入/串行输出方式的单向右移寄存器

（2）串行输入/并行输出（Serial in / Parallel out）

将图 8-3 中每个触发器的 Q 输出端都引一根输出线分别命名为 Y_3、Y_2、Y_1、Y_0，就构成了串行输入/并行输出方式的单向右移寄存器，如图 8-4 所示。其输入/输出波形如图 8-5 所示。

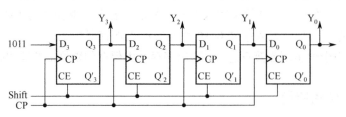

图 8-4　串行输入/并行输出方式的单向右移寄存器

如果将 Y_0 单独作为输出，就成为图 8-3 中的寄存器。

（3）支持多种输入/输出方式的移位寄存器

支持多种输入/输出方式的 4 位移位寄存器逻辑框图如图 8-6 所示，包括 4 位并行输入端 D_3、D_2、D_1、D_0，1 位串行输入端 SI，4 位并行输出端 Y_3、Y_2、Y_1、Y_0，以及 1 位串行输出端 SO。Shift 是移位使能信号，Load 是并行写入使能信号。串行输出端 SO 同时也是输出端 Y_0。

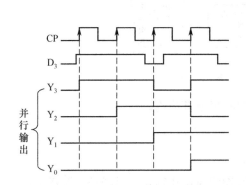

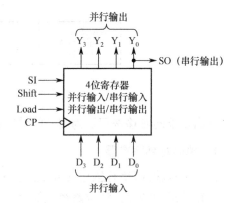

图 8-5　串行输入/并行输出方式的单向右移寄存器
输入/输出波形

图 8-6　支持多种输入/输出方式的 4 位移位寄
存器逻辑框图

保持：既不执行写入操作也不执行右移操作，此时需要的控制信号为 Shift = 0 且 Load = 0。当然，如果不给寄存器提供时钟信号，它也是保持功能的。

并行写入：将 4 位二进制数从输入端 $D_3D_2D_1D_0$ 一次性送入寄存器，此时需要的控制信号为 Shift = 0 且 Load = 1，在时钟信号 CP 下降沿时刻数据被采样进寄存器，并出现在输出端 $Y_3Y_2Y_1Y_0$ 上。

右移串行输入：将多位二进制数从右移串行输入端 SI 一个接一个地送入寄存器，此时需要的控制信号为 Shift = 1 且 Load = 0，在时钟信号 CP 下降沿时刻数据被采样进寄存器，并出现在输出端 Y_3 上。之前存储在寄存器中的数据，在移位脉冲作用下，从 Y_3 开始依次向右移动一位，即 Y_0 上的数据被 Y_1 覆盖，Y_1 上的数据被 Y_2 覆盖，Y_2 上的数据被 Y_3 覆盖，Y_3 上的数据被 SI 覆盖。

串行输出：在右移工作方式下，如果输出数据只从 Y_0 端获取，此时就是串行输出。具体功能表如表 8-3 所示。

表 8-3　多种输入/输出方式的寄存器功能表

输入			次态				寄存器
Shift	Load	CP	Y_3^{n+1}	Y_2^{n+1}	Y_1^{n+1}	Y_0^{n+1}	执行功能
0	0	×	Y_3^n	Y_2^n	Y_1^n	Y_0^n	保持
0	1	↓	D_3	D_2	D_1	D_0	写入
1	0	↓	SI	Y_3^n	Y_2^n	Y_1^n	右移

2. 单向右移寄存器的应用

（1）环形计数器

在图 8-3 中，从输出端 Q_0 引一条反馈线路连接到输入端 D_3，就构成了环形计数器，如图 8-7 所示。通俗讲，计数器就是一种能在输入信号作用下依次通过预定状态并能循环呈现的时序逻辑电路。

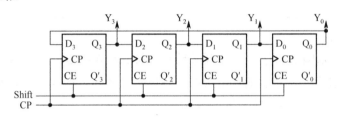

图 8-7　环形计数器

环形计数器的所有状态图如图 8-8 及图 8-9 所示，使用环形计数器时通常会指定它工作于图 8-8（a）或者图 8-8（b）这 2 个状态图中的一个，称其为常用状态。而图 8-9 中的 4 个状态图在使用环形计数器时不希望它们出现，称其为不常用状态。

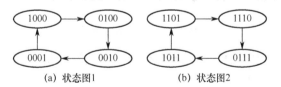

（a）状态图1　　　　　　（b）状态图2

图 8-8　环形计数器的 2 个常用状态图

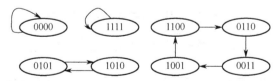

图 8-9　环形计数器的 4 个不常用状态图

环形计数器的优点是电路简单，它的 2 个常用状态图中电路输出都具有二进制译码器的特点，即 n 个输出中只有唯一的 1 个是高电平（或者低电平），波形如图 8-10 所示。缺点是状态利用率低，2^n 个状态只使用了 n 个，电路不能自启动而需要预置，即事先人为将电路设置为一个初始状态，然后计数器才能在指定的状态中循环。

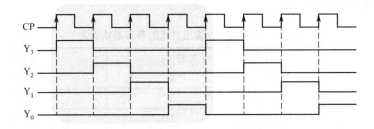

图 8-10　环形计数器波形（输出高电平有效）

📚 知识点 ┄┄

　　自启动是指时序逻辑电路在给定时钟信号及控制信号的前提下，可以从任意一个初始状态开始，经过若干时钟周期必定能进入有效循环状态，此过程不需要人为干预，可以自动完成。

（2）扭环形计数器

在图 8-3 中，从输出端 Q_0' 引一条反馈线路连接到输入端 D_3，就构成了扭环形计数器，如图 8-11 所示。扭环形计数器的常用状态图如图 8-12 所示，不常用状态图如图 8-13 所示，2^n 个状态使用了 $2n$ 个。其波形如图 8-14 所示。

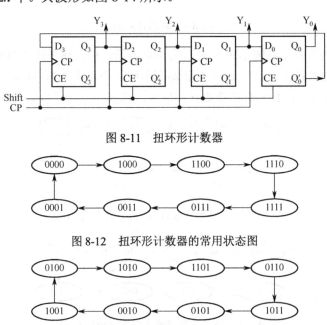

图 8-11　扭环形计数器

图 8-12　扭环形计数器的常用状态图

图 8-13　扭环形计数器的不常用状态图

扭环形计数器不仅电路简单，还具有优点：①常用状态具有格雷码输出的特点，如果其他电路以扭环形计数器的输出信号为输入，那么该电路只有一路输入信号发生改变，这使其减少了险象的发生；②后级每个译码门都只需要 2 个输入端。表 8-4 所示为以扭环形计数器为译码器输入的真值表。以 t_0 和 t_1 为例，卡诺图化简后译码器的每个输出表达式都只包含 2 个与项，如图 8-15 所示。

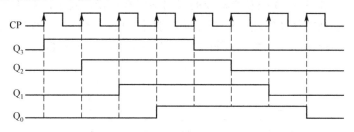

图 8-14　扭环形计数器波形

表 8-4　以扭环形计数器为译码器输入的真值表

扭环形计数器输出 $Y_3 Y_2 Y_1 Y_0$	后级译码器输出 $t_0\ t_1\ t_2\ t_3\ t_4\ t_5\ t_6\ t_7$
0 0 0 0	1 0 0 0 0 0 0 0
1 0 0 0	0 1 0 0 0 0 0 0
1 1 0 0	0 0 1 0 0 0 0 0
1 1 1 0	0 0 0 1 0 0 0 0
1 1 1 1	0 0 0 0 1 0 0 0
0 1 1 1	0 0 0 0 0 1 0 0
0 0 1 1	0 0 0 0 0 0 1 0
0 0 0 1	0 0 0 0 0 0 0 1

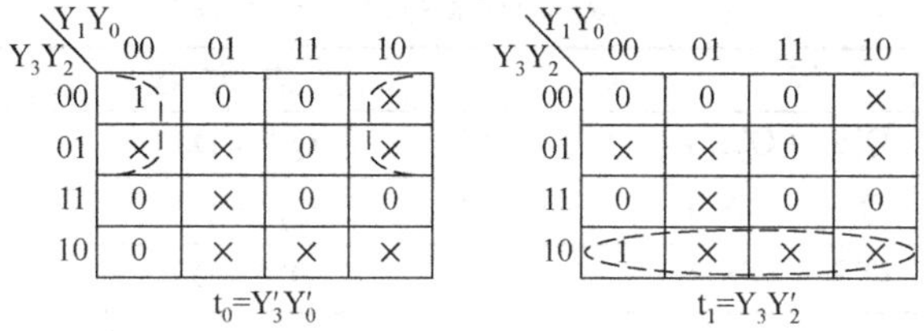

图 8-15　后级每个译码门都只需要 2 个输入端

扭环形计数器电路不能自启动，在使用前需要预置。

小结

　　环形计数器、扭环形计数器都是在移位寄存器的基础上增加反馈逻辑电路构成的。利用它们可以组成特殊编码的计数器（非二进制计数器），或者组成时序信号发生器（节拍发生器）。

8.2.3　双向移位寄存器

　　双向移位寄存器是指在时钟脉冲及控制信号的作用下，写入寄存器里的数据既可以依次左移，也可以依次右移，或者并行读出。

1. 功能分析

图 8-16 所示为由 3 个 D 触发器构成的双向移位寄存器，其中，R_D 是异步清零端，W_L 是写入使能端，S_R 是右移使能端，S_L 是左移使能端，EN 是输出使能端，$A_3A_2A_1$ 是并行输入端，$B_3B_2B_1$ 是并行输出端。根据逻辑电路写出三组方程，如表 8-5 所示。

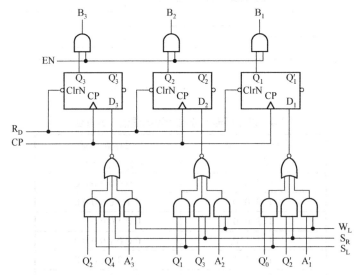

R_D：异步清零端；W_L：写入使能端；S_R：右移使能端；S_L：左移使能端；EN：输出使能端

图 8-16 双向移位寄存器

表 8-5 双向移位寄存器的三组方程

输 入 方 程	次 态 方 程	输 出 方 程
$D_3 = (A_3'W_L + Q_4'S_R + Q_2'S_L)'$	$Q_3^{n+1} = D_3$	$B_3 = Q_3 \, EN$
$D_2 = (A_2'W_L + Q_3'S_R + Q_1'S_L)'$	$Q_2^{n+1} = D_2$	$B_2 = Q_2 \, EN$
$D_1 = (A_1'W_L + Q_2'S_R + Q_0'S_L)'$	$Q_1^{n+1} = D_1$	$B_1 = Q_1 \, EN$

（1）写入功能：将输入数据 $A_1 A_2 A_3$ 存储在寄存器中。

需要的控制信号为 $W_L = 1$，$S_R = S_L = 0$，代入输入方程，有

$$D_3 = (A_3' \cdot 1 + Q_4' \cdot 0 + Q_2' \cdot 0)' = A_3$$
$$D_2 = (A_2' \cdot 1 + Q_3' \cdot 0 + Q_1' \cdot 0)' = A_2$$
$$D_1 = (A_1' \cdot 1 + Q_2' \cdot 0 + Q_0' \cdot 0)' = A_1$$

在时钟信号 CP 上升沿到来时，次态方程为

$$Q_3^{n+1} = D_3 = A_3$$
$$Q_2^{n+1} = D_2 = A_2$$
$$Q_1^{n+1} = D_1 = A_1$$

（2）右移功能：将存储在寄存器中的数据 $A_1A_2A_3$ 依次右移。

需要的控制信号为 $W_L = 0$，$S_R = 1$，$S_L = 0$，代入输入方程，有

$$D_3 = (A_3' \cdot 0 + Q_4' \cdot 1 + Q_2' \cdot 0)' = Q_4$$
$$D_2 = (A_2' \cdot 0 + Q_3' \cdot 1 + Q_1' \cdot 0)' = Q_3$$
$$D_1 = (A_1' \cdot 0 + Q_2' \cdot 1 + Q_0' \cdot 0)' = Q_2$$

在时钟信号 CP 上升沿到来时，次态方程为

$$Q_3^{n+1} = D_3 = Q_4$$
$$Q_2^{n+1} = D_2 = Q_3$$
$$Q_1^{n+1} = D_1 = Q_2$$

（3）左移功能：将存储在寄存器中的数据 $A_1A_2A_3$ 依次左移。

需要的控制信号为 $W_L = 0$，$S_R = 0$，$S_L = 1$，代入输入方程，有

$$D_3 = (A_3' \cdot 0 + Q_4' \cdot 0 + Q_2' \cdot 1)' = Q_2$$
$$D_2 = (A_2' \cdot 0 + Q_3' \cdot 0 + Q_1' \cdot 1)' = Q_1$$
$$D_1 = (A_1' \cdot 0 + Q_2' \cdot 0 + Q_0' \cdot 1)' = Q_0$$

在时钟信号 CP 上升沿到来时，次态方程为

$$Q_3^{n+1} = D_3 = Q_2$$
$$Q_2^{n+1} = D_2 = Q_1$$
$$Q_1^{n+1} = D_1 = Q_0$$

（4）读出功能：将存储在寄存器中的数据并行读出。

需要的控制信号为 EN＝1，代入输出方程，有

$$B_3 = Q_3 \cdot 1 = Q_3$$
$$B_2 = Q_2 \cdot 1 = Q_2$$
$$B_1 = Q_1 \cdot 1 = Q_1$$

因为从寄存器中读出数据不需要改变触发器的状态，所以不需要时钟信号的配合。

（5）清零功能：任何时刻，只要控制信号 $R_D = 1$，将使寄存器中所有触发器清零，即

$$Q_3 = Q_2 = Q_1 = 0$$

以上分析表明寄存器的每个操作（包括写入、右移、左移、读出等）都是在节拍的控制下完成的。

2. 节拍的概念

节拍是一组时序信号，包括节拍电位信号和节拍脉冲信号，如图 8-17 所示。节拍是计算机系统实现时序控制所需的信号。

图 8-17　节拍

以图 8-16 所示的双向移位寄存器为例，当它执行写入操作时，写入使能 W_L 就是节拍电位信号，时钟信号 CP 是节拍脉冲信号，这两个信号缺一不可，并且要正确配合才能完成数据写入。为保证数据能可靠地输入寄存器中，必须建立起数据输入信号 $A_3A_2A_1$，并且要保证节拍电位信号 W_L 的高电平能完全覆盖节拍脉冲信号 CP 的上升沿。

同理，寄存器数据左移或右移等操作也同时需要节拍电位信号和节拍脉冲信号。但是，读寄存器的操作并不需要节拍脉冲信号，只需要节拍电位信号 EN 就可以。

8.3 计 数 器

8.3.1 计数器的概念及特点

简单来讲，计数器是一种能在输入信号作用下依次通过预定状态的时序逻辑电路，是数字系统和计算机系统中的常用逻辑器件，广泛用于计数、分频、定时、控制、产生节拍脉冲（顺序脉冲）和序列脉冲等。计数器具有如下特点。

（1）由一组触发器构成，计数器中的"数"是用触发器的状态组合表示的。

（2）计数器在运行时，所经历的状态是周期性的，总是在有限个状态中循环。

（3）将一次循环所包含的状态总数称为计数器的"模"，记为 N，包含 n 个触发器的最大模值 $N = 2^n$。

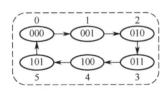

图 8-18 模 6 加法计数器

（4）把作用于计数器的时钟脉冲称为计数脉冲，用 CP（或 Clk）表示。

图 8-18 所示为一个由 3 个触发器构成的模 6 加法计数器，即它可以计 6 个数，用触发器的状态组合 000、001、010、011、100、101 表示，分别对应十进制数 0、1、2、3、4、5。在时钟脉冲的作用下，它从 0 到 5 循环计数，共有 6 个状态，模值是 6。

 知识点 ----------------------------------

计数器的特点是只要连续提供时钟脉冲，不需要人为干预，就能周而复始地工作。

8.3.2 计数器的种类

按不同的角度可以将计数器分为如下几种。

（1）按时钟信号分为同步计数器和异步计数器。

（2）按功能分为加法计数器、减法计数器和可逆计数器。

（3）按计数方式分为二进制计数器、十进制计数器、其他进制计数器。

实际的计数器一般是上面几种的综合，如异步加法计数器、同步可逆计数器等。

8.3.3 时序逻辑电路的分析方法

时序逻辑电路的分析方法一般包括以下几个步骤：

（1）根据给定时序逻辑电路时钟端的连接方式，首先确定该电路是同步时序还是异步时序的，然后确定系统的输入变量、输出变量和状态变量；

（2）列驱动方程（控制函数）；

（3）列输出方程（输出函数）；

（4）列状态方程（次态方程）；

（5）列写状态转换表；

（6）画出状态图；

（7）画出波形（如必要）；

（8）根据状态图或者波形确定电路的逻辑功能。

8.3.4　同步计数器举例

【例 8-1】　分析图 8-19 所示的时序逻辑电路的功能，并说明此电路是摩尔型还是米里型的？其中 R_D 是清零信号。

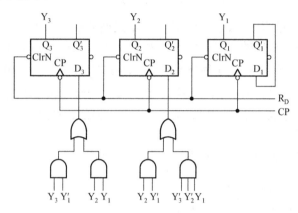

图 8-19　同步计数器

解：根据时序逻辑电路分析方法，对电路分析如下。

（1）该电路是由 3 个 D 触发器构成的同步时序逻辑电路，该电路直接以触发器的状态 $Q_3Q_2Q_1$ 为输出，所以是摩尔型的。

（2）列驱动方程（控制函数）：

$$D_3 = Y_3Y_1' + Y_2Y_1$$
$$D_2 = Y_2Y_1' + Y_3'Y_2'Y_1$$
$$D_1 = Y_1'$$

（3）列输出方程（输出函数）。

此电路直接以触发器的状态 $Q_3Q_2Q_1$ 为输出，记为 $Y_3Y_2Y_1$。

（4）列状态方程（次态方程）：

$$Y_3^{n+1} = D_3$$
$$Y_2^{n+1} = D_2$$
$$Y_1^{n+1} = D_1$$

（5）列写状态转换表。

方法 1：逐一计算。

① 从任意一个初始状态开始，通常是全 0 状态，这里选择 $Y_3^n Y_2^n Y_1^n = 000$。先将其代入步骤（2）的驱动方程，获得 D_3、D_2、D_1 的值分别是 0、0、1，在时钟信号 CP 下降沿再将 D_3、D_2、D_1 的值代入步骤（4）的状态方程得到 $Y_3^{n+1} Y_2^{n+1} Y_1^{n+1}$ 的值为 001，填写表 8-6 中的第 1 行。

② 当现态取值为 $Y_3^n Y_2^n Y_1^n = 001$ 时，重复上面的步骤，得到 $Y_3^{n+1} Y_2^{n+1} Y_1^{n+1}$ 的值为 010，直至将所有可能出现的 8 种现态所对应的次态都计算完毕，即获得如表 8-6 所示的状态转换表。

方法 2：顺次递推。

① 与方法 1 的第①步相同。

② 将每次计算得出的 $Y_3^{n+1} Y_2^{n+1} Y_1^{n+1}$ 的值作为新的现态，进入下一轮次态计算，直至将所有可能出现的 8 种现态所对应的次态都计算完毕。

③ 在顺次递推的过程中，如果最后递推的结果循环回到了初始状态（或者其他状态），但计算过程中没有包含全部的状态（例如，表 8-6 中，当现态为 $Y_3^n Y_2^n Y_1^n = 101$ 时，次态 $Y_3^{n+1} Y_2^{n+1} Y_1^{n+1} = 000$，但此时只对 6 种情况的现态即 $Y_3^n Y_2^n Y_1^n$ 为 000~101 进行了状态转换计算，还缺少对两种现态 110 和 111 的计算），则需要对剩余的状态继续进行顺次递推，方法是从剩余状态中任意选取一个作为初始状态，重复上面的递推过程。

（6）画出状态图。

根据状态转换表，画出电路的状态图，如图 8-20 所示。

表 8-6　状态转换表

时钟 CP	现态 $Y_3^n Y_2^n Y_1^n$	次态 $Y_3^{n+1} Y_2^{n+1} Y_1^{n+1}$
↓	000	001
↓	001	010
↓	010	011
↓	011	100
↓	100	101
↓	101	000
↓	110	111
↓	111	100

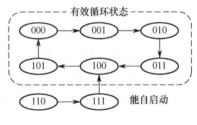

图 8-20　状态图

（7）根据状态图确定电路的逻辑功能。

由状态图可知，该电路功能是同步模 6 加法计数器，电路可以自启动。

⁂ 总结

同步计数器的优点包括：所有触发器的时钟端并联在一起，受控于同一个外接时钟源；所有触发器同时翻转，不存在时钟到各触发器输出的传输延迟的积累；由于各触发器同时翻转，因此同步计数器的输出不会产生毛刺。缺点是结构比较复杂（各触发器的输入通常由多个触发器的 Q 输出的组合逻辑得到），所用器件较多。

8.3.5　异步计数器举例

【例 8-2】　分析图 8-21 所示的时序逻辑电路的功能，R_D 是清零信号，电路为 TTL。

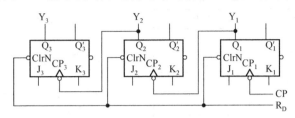

图 8-21　异步计数器

解： 方法 1：根据时序逻辑电路分析方法，对电路分析如下。

（1）该电路是由 3 个 JK 触发器构成的异步时序逻辑电路，直接以触发器的状态 $Q_3Q_2Q_1$ 为输出，是摩尔型的。

（2）列驱动方程（控制函数）。

因为 3 个触发器的 J 端和 K 端都悬空，对 TTL 电路而言，悬空相当于接高电平 1，所以有

$$J_3 = K_3 = 1$$
$$J_2 = K_2 = 1$$
$$J_1 = K_1 = 1$$

（3）列输出方程（输出函数）。

电路直接以触发器的状态 $Q_3Q_2Q_1$ 为输出，记为 $Y_3Y_2Y_1$。

（4）列状态方程（次态方程）。

$Y_3^{n+1} = J_3Y_3' + K_3'Y_3 = Y_3'$，在 Y_2 下降沿触发；

$Y_2^{n+1} = J_2Y_2' + K_2'Y_2 = Y_2'$，在 Y_1 下降沿触发；

$Y_1^{n+1} = J_1Y_1' + K_1'Y_1 = Y_1'$，在外接时钟源 CP 下降沿触发。

（5）列写状态转换表。方法是顺次递推。

① 从任意一个初始状态开始，此处选择 $Y_3^nY_2^nY_1^n = 000$。在时钟信号 CP 下降沿将其代入步骤（4）的状态方程得到 $Y_1^{n+1} = 1$。由于此时右侧的低位触发器的状态转换 $Y_1^n \to Y_1^{n+1}$ 是 $0 \to 1$，为上升沿，因此中间的第 2 个触发器是保持功能，同理左侧的高位触发器也是保持功能。因此，$Y_3^{n+1}Y_2^{n+1}Y_1^{n+1} = 001$，将其填写到表 8-7 中的第 1 行。

② 将每次计算得出的 $Y_3^{n+1}Y_2^{n+1}Y_1^{n+1}$ 的值作为新的现态，进入下一轮次态计算，直至将所有可能出现的 8 种现态所对应的次态都计算完毕。结果如表 8-7 所示。

（6）画出状态图。

根据状态转换表，画出电路的状态图，如图 8-22 所示。

（7）根据状态图确定电路的逻辑功能。

由状态图可知，该电路功能是异步模 8 加法计数器，电路可以自启动。

表 8-7　状态转换表

时钟			现态 $Y_3^n Y_2^n Y_1^n$	次态 $Y_3^{n+1} Y_2^{n+1} Y_1^{n+1}$
CP_3	CP_2	CP_1		
—	↑	↓	000	001
↑	↓	↓	001	010
—	↑	↓	010	011
↓	↓	↓	011	100
—	↑	↓	100	101
↑	↓	↓	101	110
—	↑	↓	110	111
↓	↓	↓	111	000

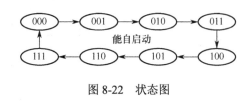

图 8-22　状态图

方法 2：波形分析法。根据异步时序逻辑电路的连接特点，对如图 8-22 所示电路分析如下。

（1）该电路是由 3 个 JK 触发器构成的异步时序逻辑电路，直接以触发器的状态 $Q_3 Q_2 Q_1$ 为输出，是摩尔型的。

（2）因为 3 个触发器的 J 端和 K 端都悬空，对 TTL 电路而言，悬空相当于接高电平 1，所以三个触发器是 T′ 触发器，T′ 触发器的特点是在时钟信号边沿具有翻转功能，即对时钟信号具有二分频功能。因此，从初始状态 000 开始绘制每个触发器的输出波形，如图 8-23 所示，同样可以得出电路的逻辑功能是异步模 8 加法计数器。

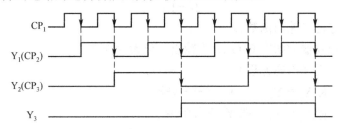

图 8-23　输出波形

⭐ **总结**

　　异步计数器的优点是电路结构比较简单，所用器件较少。缺点是，外接时钟源只作用于低位触发器，高位触发器的时钟信号通常由低位触发器的输出提供，高位触发器的翻转待低位触发器翻转后才能进行；每级触发器都存在传输延迟，位数越多计数器工作速度越慢，在大型数字设备中较少采用；对计数器状态进行译码时，由于触发器不同步，因此译码器输出会出现尖峰脉冲（位数越多，尖峰信号越宽），使仪器设备产生错误动作。

8.4　节拍发生器

节拍发生器也称"顺序脉冲发生器"，它的特点是在时钟信号的作用下，在每个循环周期内产生一组在时间上有一定先后顺序的脉冲信号，典型波形如图 8-24 所示。数字系统和计算机的控制部件利用这种顺序脉冲，形成所需要的各种控制信号，使一些设备按照事先规定的顺序进行运算或操作。

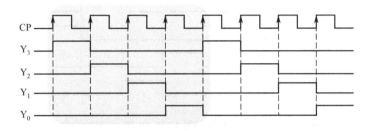

图 8-24　节拍发生器的典型波形

例如，有一系列操作：①将一个 4 位二进制数（如 1000）存入寄存器；②将寄存器中的数据右移 1 位；③读取寄存器中的数据；④将寄存器中的数据左移 1 位。以上操作自动循环进行。该寄存器可以按照图 8-24 所示的节拍完成以上操作：① 执行写入操作，Y_3 为写入使能信号，在 Y_3 是高电平期间，当时钟信号有效边沿到来时，1000 被写入寄存器；②执行右移操作，Y_2 为右移使能信号，在 Y_2 是高电平期间，当时钟信号有效边沿到来时，寄存器中的 1000 被右移后变为 0100；③执行读出操作，Y_1 为读出使能信号，在 Y_1 是高电平期间，可以读取寄存器的输出值；④执行左移操作，Y_0 为左移使能信号，在 Y_0 是高电平期间，当时钟信号有效边沿到来时，寄存器中的 0100 被左移后变为 1000，恢复原值。

节拍发生器是用来产生节拍电位信号和节拍脉冲信号，或者仅产生节拍电位信号的逻辑部件。下面介绍计数型节拍发生器和移位型节拍发生器。

8.4.1　计数型节拍发生器举例

【例 8-3】　分析如图 8-25 所示的时序逻辑电路的功能，R_D 是清零信号。

解：方法 1：根据异步时序逻辑电路的连接特点，对如图 8-26 所示电路分析如下。

（1）该电路是由 2 个 JK 触发器构成的摩尔型异步时序逻辑电路，直接以触发器的状态 Q_2Q_1 的组合逻辑为输出。

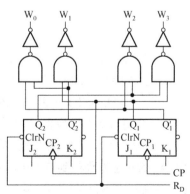

图 8-25　计数型节拍发生器

（2）由于 2 个触发器的 J 端和 K 端都悬空，对 TTL 电路而言，悬空相当于接高电平 1，因此两个触发器都是 T' 触发器，T' 触发器的特点是在时钟信号边沿具有翻转功能，即对时钟信号具有二分频功能。因此，从初始状态 00 开始绘制每个触发器的输出波形，如图 8-26 所示，可以得出电路的逻辑功能是能产生 4 个节拍电位信号 $W_0 W_1 W_2 W_3$ 的节拍发生器。

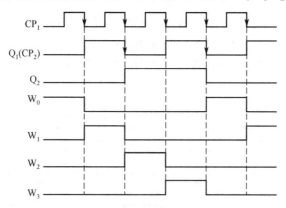

图 8-26　产生 4 个节拍电位信号 $W_0 W_1 W_2 W_3$ 的节拍发生器波形

方法 2：根据异步时序逻辑电路的分析方法，对电路分析如下。

（1）该电路是由 2 个 JK 触发器构成的异步时序逻辑电路，直接以触发器的状态 $Q_2 Q_1$ 的组合逻辑为输出。

（2）列驱动方程（控制函数）。

由于 2 个触发器的 J 端和 K 端都悬空，对 TTL 电路而言，悬空相当于接高电平 1，因此有

$$J_2 = K_2 = 1$$
$$J_1 = K_1 = 1$$

（3）列输出方程（输出函数）：

$$W_0 = Q_2' Q_1'$$
$$W_1 = Q_2' Q_1$$
$$W_2 = Q_2 Q_1'$$
$$W_3 = Q_2 Q_1$$

（4）列状态方程（次态方程）。

$Q_2^{n+1} = J_2 Q_2' + K_2' Q_2 = Q_2'$，在 Q_1 下降沿触发；

$Q_1^{n+1} = J_1 Q_1' + K_1' Q_1 = Q_1'$，在外接时钟源 CP 下降沿触发。

（5）列写状态转换表。方法是顺次递推。

① 从任意一个初始状态开始，此处选择 $Q_2^n Q_1^n = 00$。在时钟信号 CP 下降沿将其代入步骤（4）的状态方程得到 $Q_1^{n+1} = 1$。由于此时右侧的低位触发器的状态转换 $Y_1^n \rightarrow Y_1^{n+1}$ 是 $0 \rightarrow 1$，为上升沿，因此左侧的 JK 触发器是保持功能。因此 $Q_2^{n+1} Q_1^{n+1} = 01$，将其填写到表 8-8 中的第 1 行。

② 将每次计算得出的 $Q_2^{n+1} Q_1^{n+1}$ 的值作为新的现态，进入下一轮次态计算，直至将所有

可能出现的 4 种现态所对应的次态都计算完毕，结果如表 8-8 所示。

表 8-8 状态转换表

时钟 CP$_2$ CP$_1$		现态 Q$_2^n$Q$_1^n$	次态 Q$_2^{n+1}$Q$_1^{n+1}$
−	↓	00	01
↓	↓	01	10
−	↓	10	11
↓	↓	11	00

（6）画出状态图。

根据状态转换表，画出电路的状态图，如图 8-27 所示。

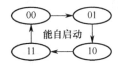

图 8-27 状态图

（7）画出波形。

由状态图绘制如图 8-26 所示的波形，得出电路的逻辑功能是能产生 4 个节拍电位信号 $W_0W_1W_2W_3$ 的节拍发生器。此节拍发生器建立在一个模 4 异步计数器的时序逻辑电路基础上，因此属于计数型节拍发生器。

8.4.2 移位型节拍发生器举例

【例 8-4】 分析如图 8-28 所示的时序逻辑电路的功能，R_D 是清零信号。

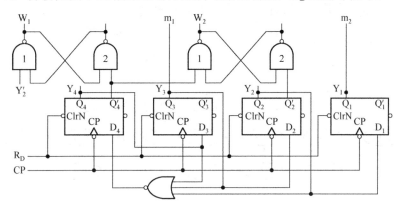

图 8-28 移位型节拍发生器

解： 根据时序逻辑电路分析方法，对电路分析如下。

（1）该电路是由 4 个 D 触发器构成的摩尔型同步时序逻辑电路，以触发器的状态 $Q_4Q_3Q_2Q_1$ 的组合逻辑为输出，记为 W_1、m_1、W_2、m_2。

（2）列驱动方程（控制函数）：

$$D_4 = (Y_4+Y_3+Y_2)'$$
$$D_3 = Y_4$$
$$D_2 = Y_3$$
$$D_1 = Y_2$$

（3）列状态方程（次态方程）：

$$Y_4^{n+1} = (Y_4+Y_3+Y_2)'$$

表 8-9　状态转换表

时钟 CP	现态 $Y_4^n Y_3^n Y_2^n Y_1^n$	次态 $Y_4^{n+1} Y_3^{n+1} Y_2^{n+1} Y_1^{n+1}$
↓	0000	1000
↓	0001	1000
↓	0010	0001
↓	0011	0001
↓	0100	0010
↓	0101	0010
↓	0110	0011
↓	0111	0011
↓	1000	0100
↓	1001	0100
↓	1010	0101
↓	1011	0101
↓	1100	0110
↓	1101	0110
↓	1110	0111
↓	1111	0111

$$Y_3^{n+1} = Y_4$$
$$Y_2^{n+1} = Y_3$$
$$Y_1^{n+1} = Y_2$$

（4）列写状态转换表。

方法 1：逐一计算。

① 从任意一个初始状态开始，此处选择 $Y_4^n Y_3^n Y_2^n Y_1^n = 0000$。先将其代入步骤（2）的驱动方程，获得 D_4、D_3、D_2、D_1 的值分别是 1、0、0、0，在时钟信号 CP 下降沿再将 D_4、D_3、D_2、D_1 的值代入步骤（3）的状态方程得到 $Y_4^{n+1} Y_3^{n+1} Y_2^{n+1} Y_1^{n+1}$ 的值为 1000，填写表 8-9 中的第 1 行。

② 当现态取值为 $Y_4^n Y_3^n Y_2^n Y_1^n = 0001$ 时，重复上面的步骤，得到 $Y_4^{n+1} Y_3^{n+1} Y_2^{n+1} Y_1^{n+1}$ 的值为 1000，直至将所有可能出现的 16 种现态所对应的次态都计算完毕，即获得如表 8-9 所示的状态转换表。

（5）画出状态图。

根据状态转换表，画出电路的状态图，如图 8-29 所示。

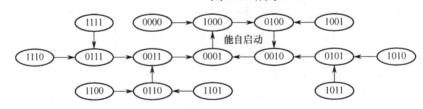

图 8-29　状态图

方法 2：顺次递推（略）。

（6）列输出方程（输出函数）。

电路的两个输出 W_2 和 W_1 分别是两个基本 RS 锁存器的 Q' 端，另两个输出 m_2 和 m_1 分别是触发器的状态输出，记为 Y_3、Y_1。显然，W_2 和 W_1 的值取决于基本 RS 锁存器的 R 和 S 的值。以 W_1 为例，它所在的基本 RS 锁存器的 R 端和 S 端分别连接的是 Y_4' 和 Y_2'，W_1 是基本 RS 锁存器的输出端 Q'，则 W_1 的值与 Y_4' 和 Y_2' 的取值如表 8-10 所示。同理，W_2 的值与 Y_2' 和 Y_4' 的取值如表 8-11 所示。

（7）画出波形。

根据 8-29 所示的状态图及表 8-10 和表 8-11 所示的 W_1、W_2 输出结果，以及 Y_4'、Y_2' 的取值绘制波形，如图 8-30 所示。

表 8-10　W_1 输出结果

R (Y_4')	S (Y_2')	Q_{n+1} ($W_1 = Q_{n+1}'$)	Q_{n+1}'
1	1	Q_n	Q_n'
0	1	0	1
1	0	1	0
0	0	—	—

表 8-11　W_2 输出结果

R (Y_2')	S (Y_4')	Q_{n+1} ($W_2 = Q_{n+1}'$)	Q_{n+1}'
1	1	Q_n	Q_n'
0	1	0	1
1	0	1	0
0	0	—	—

根据波形得出电路的逻辑功能是能产生 2 个节拍电位信号 W_1 和 W_2 及两个节拍脉冲信号 m_1 和 m_2 的节拍发生器。其中，$W_1\_m_1$ 构成一个节拍，$W_2\_m_2$ 构成一个节拍，它们的节拍电位信号都是高电平有效，节拍脉冲信号都是上升沿有效。

由图 8-29 所示的状态图可知，此节拍发生器建立在一个模 4 移位型计数器电路的基础上，因此属于移位型节拍发生器。

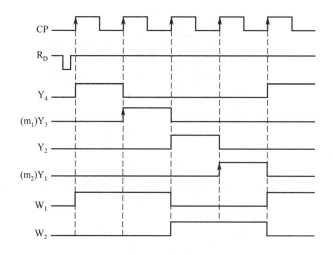

图 8-30　产生 2 个节拍电位信号和 2 个节拍脉冲信号的移位型节拍发生器波形

8.1.2 节介绍过环形计数器（如图 8-7 所示），它的输出波形（如图 8-10 所示）就是一个典型的节拍发生器的输出波形，只包含节拍电位信号而没有节拍脉冲信号。因此，环形计数器可以直接作为节拍发生器使用。

8.5　时序逻辑电路的分析

时序逻辑电路的分析主要包括同步时序逻辑电路的分析和异步时序逻辑电路的分析。两者时钟端连接方式不同，对它们的分析方法也有所不同。

8.5.1 同步时序逻辑电路的分析

同步时序逻辑电路的特点是所有触发器受控于同一个时钟源，因此电路中所有触发器状态的改变是同步的，这给电路分析带来了便利。对同步时序逻辑电路状态转换的分析可以采用逐一计算法，也可以采用顺次递推法。

【例 8-5】 分析图 8-31 所示同步时序逻辑电路的功能，并说明该电路是摩尔型还是米里型的。

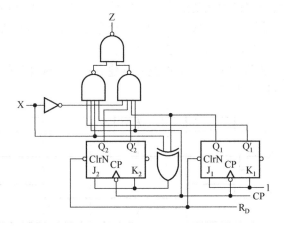

图 8-31　例 8-5 同步时序逻辑电路分析

解：根据时序逻辑电路分析方法，对电路分析如下。

（1）该电路是由 2 个 JK 触发器构成的米里型同步时序逻辑电路，X 为外接输入，Z 为输出。

（2）列驱动方程（控制函数）：

$$J_2 = K_2 = X \oplus Q_1$$
$$J_1 = K_1 = 1$$

（3）列输出方程（输出函数）：

$$Z = [(X \cdot CP \cdot Q_2' \cdot Q_1')' \cdot (X' \cdot CP \cdot Q_2 \cdot Q_1)']'$$

（4）列状态方程（次态方程）：

$$Q_2^{n+1} = J_2 Q_2' + K_2' Q_2$$
$$= (X \oplus Q_1) Q_2' + (X \oplus Q_1)' Q_2;$$
$$= X \oplus Q_1 \oplus Q_2$$
$$Q_1^{n+1} = J_1 Q_1' + K_1' Q_1 = Q_1'$$

（5）列写状态转换表。

方法 1：逐一计算。

如表 8-12 所示，从初始值 $XQ_2^n Q_1^n = 000$ 开始，直到 $XQ_2^n Q_1^n = 111$ 为止，将所有可能出现的 8 种输入及现态所对应的取值都代入步骤（2）、（3）、（4），经过计算分别得到所有可能的次态 $Q_2^{n+1} Q_1^{n+1}$ 的值和输出 Z 的值。进一步整理后，得到表 8-13 所示的状态转换表。

方法 2：顺次递推（略。）

<table>
<tr><td colspan="5">表 8-12　状态转换表</td></tr>
<tr><td>输入</td><td colspan="2">现态</td><td>次态</td><td>输出</td></tr>
<tr><td>X</td><td>Q_2^n</td><td>Q_1^n</td><td>$Q_2^{n+1}Q_1^{n+1}$</td><td>Z</td></tr>
<tr><td>0</td><td>0</td><td>0</td><td>01</td><td>0</td></tr>
<tr><td>0</td><td>0</td><td>1</td><td>10</td><td>0</td></tr>
<tr><td>0</td><td>1</td><td>0</td><td>11</td><td>0</td></tr>
<tr><td>0</td><td>1</td><td>1</td><td>00</td><td>1</td></tr>
<tr><td>1</td><td>0</td><td>0</td><td>11</td><td>1</td></tr>
<tr><td>1</td><td>0</td><td>1</td><td>00</td><td>0</td></tr>
<tr><td>1</td><td>1</td><td>0</td><td>01</td><td>0</td></tr>
<tr><td>1</td><td>1</td><td>1</td><td>10</td><td>0</td></tr>
</table>

表 8-13　整理后的状态转换表

现态 $Q_2^nQ_1^n$	$Q_2^{n+1}Q_1^{n+1}$ / Z	
	X = 0	X = 1
00	01 / 0	11 / 1
01	10 / 0	00 / 0
10	11 / 0	01 / 0
11	00 / 1	10 / 0

（6）画出状态图。

根据状态转换表，画出电路的状态图，如图 8-32 所示。需要注意的是，在米里型电路的状态图中，电路的输出 Z 要画在状态图中转换线的旁边，因为米里型电路的输出不仅与状态有关，还与电路的输入有直接关系。

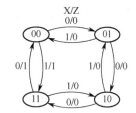

图 8-32　状态图

（7）根据状态图确定电路的逻辑功能。

该电路的功能是模 4 可逆计数器，当 X = 0 时做加计数；当 X = 1 时做减计数。Z 是计数器的进位和借位输出标志。

【例 8-6】　分析图 8-33 所示同步时序逻辑电路的功能，并说明该电路是摩尔型还是米里型的。Y_4 是输出最高位。

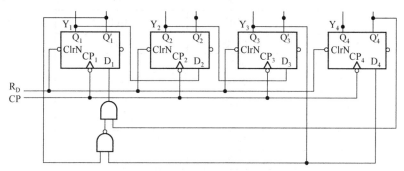

图 8-33　例 8-6 同步时序逻辑电路分析

解：根据时序逻辑电路分析方法，对电路分析如下。

（1）该电路是由 4 个 D 触发器构成的摩尔型同步时序逻辑电路，直接以触发器状态为输出，记为 $Y_4Y_3Y_2Y_1$。

（2）列驱动方程（控制函数）：

$$D_4 = Y_3$$

$$D_3 = Y_2$$

$$D_2 = Y_1$$
$$D_1 = (Y_3 Y_1')' \cdot Y_4' = Y_1 Y_4' + Y_3' Y_4'$$

（3）列输出方程（输出函数）。

电路直接以触发器的状态 $Q_4 Q_3 Q_2 Q_1$ 为输出，记为 $Y_4 Y_3 Y_2 Y_1$。

（4）列状态方程（次态方程）：

$$Y_4^{n+1} = D_4$$
$$Y_3^{n+1} = D_3$$
$$Y_2^{n+1} = D_2$$
$$Y_1^{n+1} = D_1$$

（5）列写状态转换表。

方法 1：逐一计算。

如表 8-14 所示，从初始值 $Y_4^n Y_3^n Y_2^n Y_1^n = 0000$ 开始，直到 $Y_4^n Y_3^n Y_2^n Y_1^n = 1111$ 为止，将所有可能出现的 16 种现态取值都代入步骤（2）～（4），经过计算分别得到所有可能的次态 $Y_4^{n+1} Y_3^{n+1} Y_2^{n+1} Y_1^{n+1}$ 的值。

表 8-14 状态转换表

序号	现态 $Y_4^n Y_3^n Y_2^n Y_1^n$	次态 $Y_4^{n+1} Y_3^{n+1} Y_2^{n+1} Y_1^{n+1}$
①	0000	0001
②	0001	0011
	0010	0101
③	0011	0111
	0100	1000
	0101	1011
	0110	1100
④	0111	1111
⑧	1000	0000
	1001	0010
	1010	0100
	1011	0110
⑦	1100	1000
	1101	1010
⑥	1110	1100
⑤	1111	1110

方法 2：顺次递推（略）。

（6）画出状态图。

根据状态转换表，画出电路的状态图，如图 8-34 所示。

（7）根据状态图确定电路的逻辑功能。

该电路的功能是同步模 8 计数器（格雷码输出），能够自启动。

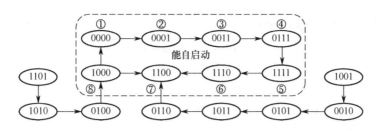

图 8-34　状态图

※ 总结

同步时序逻辑电路的分析方法如下。

① 确定系统变量（输入变量、输出变量、状态变量）。

② 列写三组方程：驱动方程（控制函数）、输出方程（输出函数）、状态方程（次态方程）。

③ 列写状态转换表：写出所有输入及现态的取值组合；将每种取值组合都带入次态方程和输出方程，计算后得出次态值和输出值；从表中第一行开始，寻找状态转换规律。

④ 画出完整的状态图。

⑤ 确定电路功能，并说明能否自启动。

8.5.2　异步时序逻辑电路的分析

相比于同步时序逻辑电路，异步时序逻辑电路的分析要复杂一些。在很多异步时序逻辑电路中，有些触发器的时钟信号是由其他触发器的状态输出提供的。因此，对每个触发器而言，都必须先确定它自己的时钟边沿是否到来，再确定该触发器状态的改变是否为其他触发器提供了时钟边沿。因此，对异步时序逻辑电路状态转换的分析，必须采取顺次递推法。

【例 8-7】　分析图 8-35 所示异步时序逻辑电路的功能，并说明该电路是摩尔型还是米里型的。

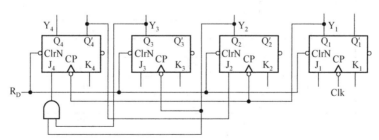

图 8-35　异步时序逻辑电路分析

解： 根据时序逻辑电路分析方法，对电路分析如下。

（1）该电路是由 4 个 JK 触发器构成的摩尔型异步时序逻辑电路，直接以触发器状态为输出，记为 $Y_4Y_3Y_2Y_1$。

（2）列驱动方程（控制函数）：

$$J_4 = Y_3Y_2, \quad K_4 = 1$$
$$J_3 = K_3 = 1$$
$$J_2 = Y_4', \quad K_2 = 1$$
$$J_1 = K_1 = 1$$

（3）列输出方程（输出函数）。

电路直接以触发器的状态 $Q_4Q_3Q_2Q_1$ 为输出，记为 $Y_4Y_3Y_2Y_1$。

（4）列状态方程（次态方程）。

$$Y_4^{n+1} = J_4Y_4' + K_4'Y_4 = Y_4'Y_3Y_2, \qquad 在 Y_1 下降沿触发；$$
$$Y_3^{n+1} = J_3Y_3' + K_3'Y_3 = Y_3', \qquad 在 Y_2 下降沿触发；$$
$$Y_2^{n+1} = J_2Y_2' + K_2'Y_2 = Y_4'Y_2', \qquad 在 Y_1 下降沿触发；$$
$$Y_1^{n+1} = J_1Y_1' + K_1'Y_1 = Y_1', \qquad 在外接时钟源 CP 下降沿触发。$$

（5）列写状态转换表。方法是顺次递推。

① 从任意一个初始状态开始，此处选择 $Y_4^nY_3^nY_2^nY_1^n = 0000$。在时钟信号 CP 下降沿将其代入步骤（4）的状态方程得到 $Y_1^{n+1} = 1$。由于此时右侧的低位 JK 触发器的状态转换 $Y_1^n \to Y_1^{n+1}$ 是 0→1，为上升沿，因此以 Y_1 下降沿为时钟信号的触发器是保持功能，即 Y_4^{n+1} 和 Y_2^{n+1} 都是 0。同理，以 Y_2 下降沿为时钟信号的触发器也是保持功能，即 Y_3^{n+1} 是 0。因此 $Y_4^nY_3^nY_2^nY_1^n = 0001$，将其填写到表 8-15 中的第 1 行。

② 将每次计算得出的 $Y_4^{n+1}Y_3^{n+1}Y_2^{n+1}Y_1^{n+1}$ 的值作为新的现态，进入下一轮次态计算，直至将所有可能出现的 16 种现态所对应的次态都计算完毕，结果如表 8-15 所示。

表 8-15　状态转换表

时钟				现态	次态
CP_4	CP_3	CP_2	CP_1	$Y_4^nY_3^nY_2^nY_1^n$	$Y_4^{n+1}Y_3^{n+1}Y_2^{n+1}Y_1^{n+1}$
—	—	—	↓	0000	0001
↓	—	↓	↓	0001	0010
—	—	—	↓	0010	0011
↓	↓	↓	↓	0011	0100
—	—	—	↓	0100	0101
↓	—	↓	↓	0101	0110
—	—	—	↓	0110	0111
↓	↓	↓	↓	0111	1000
—	—	—	↓	1000	1001
—	—	—	↓	1001	0000
—	—	—	↓	1010	1011
↓	↓	↓	↓	1011	0100
—	—	—	↓	1100	1101
↓	—	↓	↓	1101	0100
—	—	—	↓	1110	1111
↓	↓	↓	↓	1111	0000

（6）画出状态图。

根据状态转换表，画出电路的状态图，如图 8-36 所示。

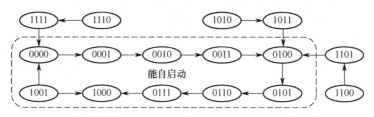

图 8-36　状态图

（7）根据状态图确定电路的逻辑功能。

该电路的功能是 8421BCD 码异步加法计数器，能够自启动。

 总结

异步时序逻辑电路的分析方法如下。

① 确定系统变量（输入变量、输出变量、状态变量）。

② 确定每个触发器的时钟由谁供给。

③ 列写三组方程：驱动方程（控制函数）、输出方程（输出函数）、状态方程（次态方程）。

④ 列写状态转换表。

首先，从假定（或给定）的某一个初始状态开始，每来一个外输入及外接时钟脉冲，都确定与之对应的触发器次态及输出。其次，确定该触发器的状态改变能否给其他触发器提供需要的时钟边沿。若能，则与之相应的其他触发器动作；否则，与之相应的其他触发器保持。重复该步骤，直到所有触发器的次态都确定为止。接着，该次态成为新的现态，来一个外输入及外接时钟脉冲，重复上述操作，直到所有 2^n 个现态到次态的转换都已计算完毕。最后，从表中第一行开始，寻找状态转换规律。

⑤ 画出完整的状态图。

⑥ 确定电路功能，并说明能否自启动。

8.6　应用案例——简易 I/O 电路

输入/输出（I/O）电路是计算机与其他设备之间的接口，是主机与被控对象进行信息交换的纽带。由于不同外部设备的信号形式、数据格式不相同，速度也比 CPU 慢得多，因此外部设备不能与 CPU 直接相连，需要通过相应的电路来完成它们之间的速度匹配、信号转换，并完成某些控制功能。常规的外部设备有键盘、显示器、打印机、扫描仪、磁盘机、鼠标等。下面介绍一个简易 I/O 电路，如图 8-37 所示。

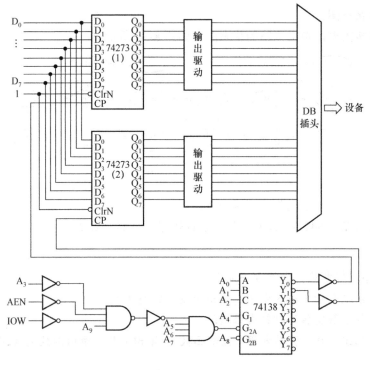

图 8-37　简易 I/O 电路

1．电路功能

对外部端口实现 I/O 写操作。

2．电路构成

主要由 2 片上升沿触发的 8D 触发器 74273 芯片和 1 片 3 线-8 线译码器 74138 芯片及少量逻辑门组成。电路输入信号包括 8 位数据线 $D_7 \sim D_0$，控制信号 AEN 及 IOW，地址线 $A_9 \sim A_0$。

3．原理分析

（1）初始状态

当译码器芯片 74138 不译码时，它的输出端都输出高电平 1。由于两个输出端 Y_0 和 Y_1 都通过反相器连接到两片 74273 芯片的时钟端，因此两片 74273 芯片的时钟信号 CP 初始都是低电平 0。

（2）74138 芯片译码状态

首先，译码器芯片 74138 的 3 个使能信号需要满足 $G_1 G_{2A} G_{2B} = 100$。

其次，若译码器译中 Y_0，根据电路中连接的逻辑门特点，各条地址线需要满足的电平取值如图 8-38 所示。译码器译中 Y_0 意味着 $Y_0 = 0$，反向后，它使 1 号 74273 芯片的时钟信号 CP 从初始的低电平 0 变为高电平 1，此时 1 号 74273 芯片的 CP 端产生一个上升沿↑。此刻，8 位数据 $D_7 \sim D_0$ 可以通过 1 号 74273 芯片送出给外围设备，即对 I/O 端口 2F0H 实现写操作。

2		F				0			
A_9	A_8	A_7	A_6	A_5	A_4	A_3	A_2	A_1	A_0
1	0	1	1	1	1	0	0	0	0

图 8-38 译码器译中 Y_0 时各条地址线需要满足的电平取值

同理，若译码器译中 Y_1，根据电路中连接的逻辑门特点，各条地址线需要满足的电平取值如图 8-39 所示。译码器译中 Y_1 意味着 $Y_1 = 0$，反向后，它使 2 号 74273 芯片的时钟信号 CP 从初始的低电平 0 变为高电平 1，此时 2 号 74273 芯片的 CP 端产生一个上升沿↑。此刻，8 位数据 $D_7 \sim D_0$ 可以通过 2 号 74273 芯片送出给外围设备，即对 I/O 端口 2F1H 实现写操作。

2		F				1			
A_9	A_8	A_7	A_6	A_5	A_4	A_3	A_2	A_1	A_0
1	0	1	1	1	1	0	0	0	1

图 8-39 译码器译中 Y_1 时各条地址线需要满足的电平取值

显然，这里译码器芯片 74138 的作用是使 2 片 74273 芯片实现分时操作。

8.7 研讨探究

问：对不能自启动的时序逻辑电路，在使用前需要预置操作，令其从有效循环中的某一个状态开始，防止电路进入错误状态无法返回。这样做感觉有些不便，是否可以通过设计让不能自启动的电路变成能自启动，从而省略预置操作呢？

答：可以针对无法自启动的电路重新进行设计。例如，令不能进入有效循环的状态强制进入有效循环，通过修改状态转换表可以实现设计。

8.8 深入思考

思考：左移寄存器如何设计？左移方式下从串行输入端送入数据，应该先送最低位还是先送最高位？

8.9 小故事大情怀

速度传奇

时速 350 千米的复兴号半日往返千里；首台千万亿次超算"天河一号"，运算 1 小时相当于 13 亿人同时计算 340 年以上；5G 开启商用，半秒下载一部影片。今日之中国，1 小时能完成的事：创造超百亿元国内生产总值，生产大约 1.5 亿斤粮食，新建近 500 米高速铁路，处理约 600 万件快递，往来货物贸易额超过 5 亿美元。

2019 年 5 月，设计时速 600 千米的高速磁浮试验样车在青岛下线，刷新了人们对速度的认知。寓意"凤凰展翅"的北京大兴国际机场航站楼不到 5 年竣工，建设者们用 10 个月浇筑了 105 万立方米混凝土，相当于每个月浇筑 25 栋 18 层大楼。

2019 年 3 月 10 日，"中星 6C"卫星发射升空，中国长征系列运载火箭的发射次数正式刷新为"300"。从 1970 年到 2007 年，长征系列运载火箭的第一个"100 次发射"用了整整 37 年，第二个"百发"用了不到 8 年，第三个"百发"用时仅 4 年多。速度传奇的背后体现了我国国家制度的优越性和综合国力的日益强大。

习 题 8

8.1 电路如题图 8-1 所示，设触发器的初态为 0，边沿触发，给定触发器的输入波形，画出输出 F 的波形。

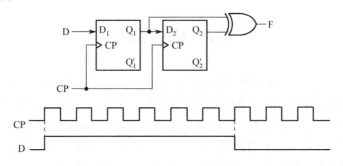

题图 8-1

8.2 电路如题图 8-2 所示，设触发器的初态为 0，边沿触发，R 是异步置 0 端。给定触发器的输入波形，画出输出 Q_1 和 Q_0 的波形。

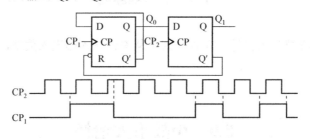

题图 8-2

8.3 电路如题图 8-3 所示，设触发器的初态为 0，边沿触发，R 是异步置 0 端。给定触发器的输入波形，画出输出 Q_1 和 Q_0 的波形。

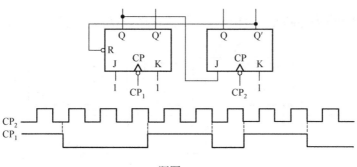

题图 8-3

8.4 分析如题图 8-4 所示电路的功能，画出状态图。

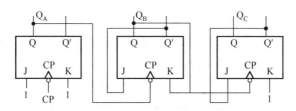

题图 8-4

8.5 电路如题图 8-5 所示，设触发器的初态为 0，边沿触发，ClrN 是异步置 0 端。给定触发器的输入波形，画出输出 Q_1 和 Q_2 的波形。

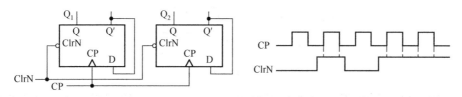

题图 8-5

8.6 画出如题图 8-6 所示电路的状态图。

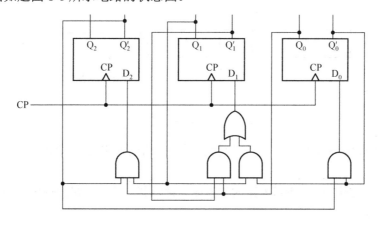

题图 8-6

8.7 当初始状态为 $Q_2Q_1Q_0 = 110$ 时，画出如题图 8-7 所示电路的状态图。

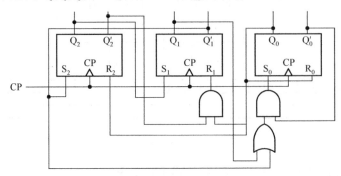

题图 8-7

8.8 电路如题图 8-8 所示，设触发器的初态为 0，均为边沿触发，R 是异步置 0 端。给定触发器的输入波形，画出输出 Q_1 和 Q_2 的波形。

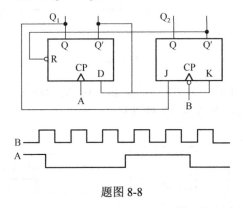

题图 8-8

8.9 电路如题图 8-9 所示，由 D 触发器构成的 6 位移位寄存器的输出为 $Q_6Q_5Q_4Q_3Q_2Q_1$，初态为 $Q_6Q_5Q_4Q_3Q_2Q_1 = 010100$，JK 触发器的初态为 0，边沿触发。右移串行输入端 $D_{SR} = 0$。画出经过 6 个时钟周期后 A、Q 及 B 的输出波形。

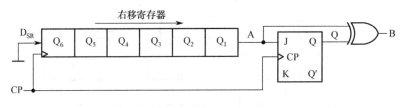

题图 8-9

8.10 画出如题图 8-10 所示电路的状态图。电路的输出为 $Q_CQ_BQ_A$，初态为 0，边沿触发。

8.11 画出如题图 8-11 所示电路的状态图，说明其功能。电路的输出为 $Q_CQ_BQ_A$，初态为 0，边沿触发。

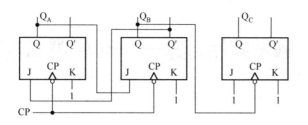

题图 8-10

题图 8-11

第9章 触发器用起来——时序逻辑电路设计（一）

📖 **内容导读**

从文字描述的设计需求出发，建立原始状态图和原始状态表，对状态表进行化简，之后进行状态分配，是利用触发器及逻辑门进行时序逻辑电路设计的三个关键步骤。本章围绕以下问题展开：

    ☑ 建立原始状态图和原始状态表

    ☑ 状态表化简方法

    ☑ 状态分配

📖 **本章案例**

    ❋ 时序逻辑电路故障诊断

9.1 时序逻辑电路设计方法概述

时序逻辑电路（如前面介绍的寄存器、计数器）的底层由触发器和逻辑门构成。利用触发器和逻辑门设计时序逻辑电路一般包括以下几个步骤：

（1）根据文字描述的设计需求，确定输入/输出，绘制系统框图；

（2）利用直接构图法获得原始状态图和原始状态表；

（3）对原始状态表进行化简得到最简状态；

（4）对最简状态进行状态编码；

（5）结合状态分配、最简状态表获得状态转移表及触发器激励；

（6）卡诺图化简，得到激励（输入）函数表达式、输出函数表达式；

（7）电路实现；

（8）检查无关项，给出电路能否自启动的结论。

9.1.1 开篇示例

下面通过一个例子，说明如何按照上述步骤利用触发器和逻辑门完成同步时序逻辑电路的完整设计过程，后续将针对其中的具体步骤展开详细介绍。

【例 9-1】 利用 JK 触发器设计"110"序列检测器，用于检测串行输入的序列信号是否含有"110"序列子串。

分析：（1）根据题意该电路需要一个串行输入端，用 X 表示；需要一个输出端，用 Z 表示；同步时钟信号为 CP，绘制系统框图如图 9-1 所示。

（2）利用直接构图法获得原始状态图和原始状态表。

状态设定如下：

S_0——初始状态，也表示检测器收到 1 位数据"0"；

S_1——表示检测器收到 1 位数据"1"；

S_2——表示检测器收到 2 位数据"11"；

S_3——表示检测器收到 3 位数据"110"，此时输出标志 $Z = 1$。

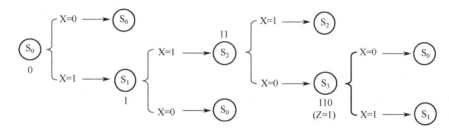

图 9-1　"110"序列检测器系统框图

分析状态转换情况，如图 9-2 所示。

图 9-2　"110"序列检测器状态转换情况分析

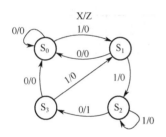

图 9-3　"110"序列检测器原始状态图

整理图 9-2 获得原始状态图（米里型），如图 9-3 所示。将其进一步整理为原始状态表，如表 9-1 所示。

（3）状态表化简。

对表 9-1 所示的原始状态表进行化简，表 9-1 中共包含 4 个状态 S_0、S_1、S_2、S_3，不难发现表中第一行（现态为 S_0）和最后一行（现态为 S_3）完全相同，因此可以去掉最后一行，得到包含 3 个状态 S_0、S_1、S_2 的最简状态表，如表 9-2 所示。

表 9-1　"110"序列检测器原始状态表

现态	Q^{n+1}/Z	
Q^n	X = 0	X = 1
S_0	$S_0 / 0$	$S_1 / 0$
S_1	$S_0 / 0$	$S_2 / 0$
S_2	$S_3 / 1$	$S_2 / 0$
S_3	$S_0 / 0$	$S_1 / 0$

表 9-2　"110"序列检测器最简状态表

现态	Q^{n+1}/Z	
Q^n	X = 0	X = 1
S_0	$S_0 / 0$	$S_1 / 0$
S_1	$S_0 / 0$	$S_2 / 0$
S_2	$S_0 / 1$	$S_2 / 0$

（4）状态分配。

对表 9-2 中的 3 个最简状态 S_0、S_1、S_2 进行状态编码，需要使用 2 个 JK 触发器。触发器输出端用 Y_2Y_1 表示，状态编码分配如下：

S_0——00；S_1——10；S_2——11。

（5）状态转移表。

结合状态分配及最简状态表获得状态转移表，如表 9-3 所示。

表 9-3 "110"序列检测器状态转移表

输入及现态 $X\ Y_2^n Y_1^n$	次态 $Y_2^{n+1} Y_1^{n+1}$	触发器				输出 Z
		J_2	K_2	J_1	K_1	
0 0 0	0 0	0	×	0	×	0
1 0 0	1 0	1	×	0	×	0
0 1 0	0 0	×	1	0	×	0
1 1 0	1 1	×	0	1	×	0
0 1 1	0 0	×	1	×	1	1
1 1 1	1 1	×	0	×	0	0
0 0 1	× ×	×	×	×	×	×
1 0 1	× ×	×	×	×	×	×

（6）卡诺图化简。

根据状态转移表进行卡诺图化简，如图 9-4 所示，得到触发器的输入控制表达式及电路输出表达式：

$$J_2 = X,\quad K_2 = X';\quad J_1 = XY_2^n,\quad K_1 = X';\quad Z = X'Y_1^n$$

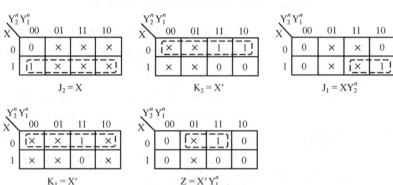

图 9-4　卡诺图化简

（7）电路实现。

绘制"110"序列检测器逻辑图，如图 9-5 所示。

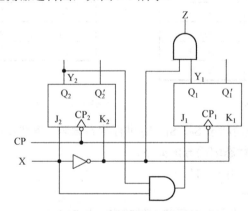

图 9-5　"110"序列检测器逻辑图

（8）检查无关项。

在第（4）步状态分配阶段，其中状态 $Y_2Y_1 = 01$ 没有使用，需要针对这个状态进行无关项检查。

根据以上设计，可以得到电路的次态方程及输出方程如下：

$$Y_2^{n+1} = J_2(Y_2^n)' + K_2'Y_2^n$$
$$= X(Y_2^n)' + XY_2^n$$
$$= X$$
$$Y_1^{n+1} = J_1(Y_1^n)' + K_1'Y_1^n$$
$$= XY_2^n(Y_1^n)' + XY_1^n$$
$$= X(Y_2^n + Y_1^n)$$
$$Z = X'Y_1^n$$

令电路现态为 $Y_2^nY_1^n = 01$，将其代入次态方程及输出方程，当输入 X 分别取值为 0 和 1 时，可以得到如图 9-6 所示的状态转换情况。因此，设计的电路可以自启动。

图 9-6　未使用状态的转换情况

9.1.2　建立原始状态图和原始状态表

利用触发器设计时序逻辑电路的第一步是建立原始状态图和原始状态表。原始状态图的建立一般采用直接构图法，包括以下步骤：

（1）根据文字描述的设计要求，先假定一个初态；

（2）从这个初态开始，每加入一个输入取值，都可确定其次态和输出；

（3）该次态可能是现态本身，也可能是已有的另一个状态，或者是新增加的一个状态；

（4）这个过程持续下去，直至每个现态向其次态的转换及输出情况都已被考虑到，并且不再构成新的状态。

下面介绍几种典型的时序逻辑电路的原始状态图和原始状态表的建立方法。

1. 计数器

【例 9-2】　给出同步模 5 可逆计数器的原始状态图和原始状态表。

分析：根据题意该电路需要一个选择控制端，用 X 表示。X 取不同的值，计数器可以做加法或减法计数。假设当 $X = 0$ 时做加计数，当 $X = 1$ 时做减计数。此外，计数器还需要给出一个已加满或减到 0 的标志输出，用 Z 表示。同步时钟信号为 CP，绘制系统框图如图 9-7 所示。

根据直接构图法，假定计数器的初始状态为 a，若输入 $X = 0$ 时计数器做加计数，则电路进入状态 b，此时计数器没有加满，因此输出 $Z = 0$；若输入 $X = 1$ 时计数器做减计数，则电路进入状态 e，此时计数器将产生溢出，因此输出 $Z = 1$。至此，当输入 X 取不同的值时，从初始状态 a 开始的所有可能的次态转换及输出都已考虑到，没有任何遗漏。

接着分析当输入 X 取不同的值时，从状态 b 开始的所有可能的次态转换及输出，依次类推，直到获得完整的原始状态图为止，如图 9-8 所示，并将其整理为原始状态表，如表 9-4 所示。

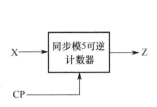

图 9-7　同步模 5 可逆计数器系统框图

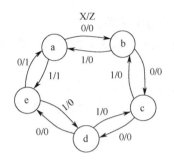

图 9-8　同步模 5 可逆计数器原始状态图

表 9-4　同步模 5 可逆计数器原始状态表

现态 Q^n	Q^{n+1}/Z	
	$X = 0$	$X = 1$
a	b / 0	e / 1
b	c / 0	a / 0
c	d / 0	b / 0
d	e / 0	c / 0
e	a / 1	d / 0

其实，同步模 5 可逆计数器的原始状态图完全可以直接画出。因为我们已经知道待设计的计数器的模值是 5，所以电路的状态总数就是 5，分别用 a、b、c、d、e 来表示，当输入 X 取不同的值时，计数器做加法或减法。

> **知识点**
>
> 通常，类似计数器的时序逻辑电路的原始状态图可以直接得出，因为多数情况下要设计的计数器的模值是已知的。

2. 串行加法器

【例 9-3】 给出同步二进制串行加法器的原始状态图和原始状态表。

分析：根据题意该电路需要两个串行输入端，用 X_1 和 X_2 表示；串行相加的和用 Z 表示；同步时钟信号为 CP，绘制系统框图如图 9-9 所示。

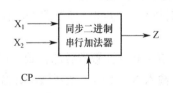

图 9-9　同步二进制串行加法器系统框图

对串行加法运算而言，当前输入的两个一位二进制数 X_1 和 X_2 相加，产生"和"及"进位"。"和"作为 Z 输出被取走，"进位"将留在运算器内部参与下一次运算。因此，加法器内部状态只有两种可能：无进位、有进位，分别用字符 a 和 b 表示，即

a——无进位；

b——有进位。

同时，状态 a 也代表加法器内部的初始状态，没有进位。

根据直接构图法，从没有进位的初始状态 a 开始，当输入 X_2X_1 分别为 00、01、10 时，

相加后都不产生进位，因此次态还是 a 本身，Z 输出分别是 0、1、1；当输入 X_2X_1 为 11 时，相加后将产生进位，因此次态将变成 b，Z 输出是 0。至此，当输入 X_2X_1 取不同的值时，从初始状态 a 出发的所有可能的次态转换及输出都已考虑到，没有任何遗漏。

接着分析当输入 X_2X_1 取不同的值时，从状态 b 开始的所有可能的次态转换及输出，获得如图 9-10 所示的原始状态图，并将其整理为原始状态表，如表 9-5 所示。

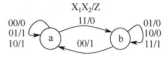

图 9-10　同步二进制串行加法器原始状态图

表 9-5　同步二进制串行加法器原始状态表

现态 Q^n	Q^{n+1}/Z			
	$X_2X_1 = 00$	$X_2X_1 = 01$	$X_2X_1 = 10$	$X_2X_1 = 11$
a	a / 0	a / 1	a / 1	b / 0
b	a / 1	b / 0	b / 0	b / 1

3．序列检测

【例 9-4】　给出同步米里型"101"序列检测器的原始状态图和原始状态表。

分析：（1）根据题意该电路需要一个串行输入端，用 X 表示；需要一个输出，用 Z 表示；同步时钟信号为 CP，绘制系统框图如图 9-11 所示。

"101"序列检测包括可重叠检测、不可重叠检测两种方式，如图 9-12 及图 9-13 所示。

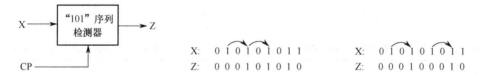

图 9-11　"101"序列检测器系统框图　　图 9-12　可重叠检测　　图 9-13　不可重叠检测

（2）进行状态设定。

S_0——表示收到 1 位数据"0"，同时也表示初始状态；

S_1——表示收到 1 位数据"1"；

S_2——表示收到 2 位数据"10"；

S_3——表示收到 3 位数据"101"，此时输出标志 Z = 1。

（3）利用直接构图法获得原始状态图。

利用直接构图法分别得到可重叠检测、不可重叠检测两种方式下的状态转换情况分析，如图 9-14 及图 9-15 所示。这两种检测的区别在于，一轮"101"序列检测结束后，当输入 X = 0 时，电路的次态是转为 S_2 状态还是返回 S_0 状态。

对状态转换分析进行整理，得到"101"序列检测的原始状态图（如图 9-16 及图 9-17 所示）和原始状态表（如表 9-6 及表 9-7 所示）。

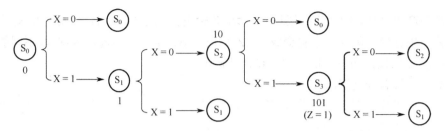

图 9-14　可重叠检测状态转换情况分析

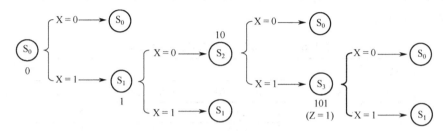

图 9-15　不可重叠检测状态转换情况分析

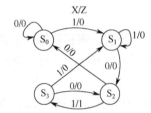

图 9-16　可重叠检测原始状态图

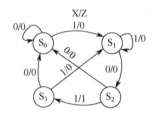

图 9-17　不可重叠检测原始状态图

表 9-6　"101"序列可重叠检测原始状态表

现态 Q^n	Q^{n+1}/Z	
	X = 0	X = 1
S_0	$S_0 / 0$	$S_1 / 0$
S_1	$S_2 / 0$	$S_1 / 0$
S_2	$S_0 / 0$	$S_3 / 1$
S_3	$S_2 / 0$	$S_1 / 0$

表 9-7　"101"序列不可重叠检测原始状态表

现态 Q^n	Q^{n+1}/Z	
	X = 0	X = 1
S_0	$S_0 / 0$	$S_1 / 0$
S_1	$S_2 / 0$	$S_1 / 0$
S_2	$S_0 / 0$	$S_3 / 1$
S_3	$S_0 / 0$	$S_1 / 0$

☀ 总结

　　序列检测器的原始状态图建立方法如下。

　　（1）序列检测器输入端收到 1 位数据时，有两种可能：0 或 1，分别用 S_0 和 S_1 标记这两个状态，通常 S_0 表示初始状态。

　　（2）收到 2 位数据时，只标记我们感兴趣的子串，用 S_2 表示（如 10）。

　　（3）同理，收到 3 位数据时，只标记我们感兴趣的子串，用 S_3 表示（如 101），直到把我们感兴趣的完整子串标记完为止。

　　（4）从初始状态开始，利用直接构图法，将每个当前状态在所有输入取值下的次态转换及输出情况都考虑到，并且没有遗漏。

4．码制检测

【例 9-5】 给出一个余 3 码误码检测器的原始状态图和原始状态表。要求：

（1）余 3 码高位在前、低位在后串行地加到检测器的输入端；

（2）电路每接收一组代码（即在收到第 4 位代码时）就给出判断，若是错误代码，则输出为 1；否则输出为 0，电路又回到初始状态并开始接收下一组代码。

分析：（1）根据题意该电路需要一个串行输入端，用 X 表示；需要一个输出，用 Z 表示；同步时钟信号为 CP，绘制系统框图如图 9-18 所示。

（2）利用直接构图法获得原始状态图。

从初始状态 S_0 开始，这个初始状态没有特殊含义，仅仅代表一个起点。利用直接构图法，每来一个输入，次态总是分成左右两种情况；直到收到第 4 位代码时电路给出判断，并返回初始状态 S_0 等待接收下一组代码。由此得到余 3 码误码检测器的原始状态图（如图 9-19 所示）和原始状态表（如表 9-8 所示）。

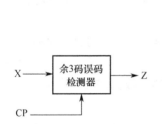

图 9-18　余 3 码误码检测器系统框图

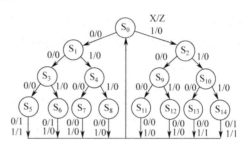

图 9-19　余 3 码误码检测器原始状态图

表 9-8　余 3 码误码检测器原始状态表

现态 Q^n	Q^{n+1}/Z	
	$X=0$	$X=1$
S_0	$S_1/0$	$S_2/0$
S_1	$S_3/0$	$S_4/0$
S_2	$S_9/0$	$S_{10}/0$
S_3	$S_5/0$	$S_6/0$
S_4	$S_7/0$	$S_8/0$
S_5	$S_0/1$	$S_0/1$
S_6	$S_0/1$	$S_0/0$
S_7	$S_0/0$	$S_0/0$
S_8	$S_0/0$	$S_0/0$
S_9	$S_{11}/0$	$S_{12}/0$
S_{10}	$S_{13}/0$	$S_{14}/0$
S_{11}	$S_0/0$	$S_0/0$
S_{12}	$S_0/0$	$S_0/0$
S_{13}	$S_0/0$	$S_0/1$
S_{14}	$S_0/1$	$S_0/1$

> **※ 总结**
>
> --
>
> N 位码制检测电路的原始状态图建立方法如下。
>
> （1）从初始状态 S_0 开始（这个初始状态没有特殊含义，仅仅代表一个起点），每来一个输入，次态总是分成左右两种情况。
>
> （2）状态图由上至下分为 N 层：第一层代表起点；第二层代表检测器收到 1 位数据时电路的状态情况；第三层代表检测器收到 2 位数据时电路的状态情况……直到第 N 层，代表检测器收到 $N-1$ 位数据时电路的状态情况。再来 1 位输入数据，则凑齐了 N 位待检测码制。此时，检测器可以给出判断，该码制是正确还是错误的。
>
> （3）一轮检测结束，回到初始状态，等待下一组输入。

以上设计的状态表中都不包含无关项，称之为完全定义状态表；反之，包含无关项的状态表称为不完全定义状态表。

【例 9-6】 给出一个起爆装置的原始状态表。装置不引爆时，输入总为 0；装置引爆时，则一定连续输入四个 1，其间肯定不再输入 0。

图 9-20 "1111" 序列检测器
系统框图

分析：（1）根据题意该电路是一个 "1111" 序列检测器，需要一个串行输入端，用 X 表示；需要一个输出，用 Z 表示；同步时钟信号为 CP，绘制系统框图如图 9-20 所示。

（2）进行状态设定。

S_0——表示收到 1 位数据 "0"，同时也表示初始状态；

S_1——表示收到 1 位数据 "1"；

S_2——表示收到 2 位数据 "11"；

S_3——表示收到 3 位数据 "111"，此时再收到一个 "1" 则输出标志 Z = 1。

（3）利用直接构图法获得原始状态图。

从初始状态 S_0 开始，利用直接构图法得到如图 9-21 所示的原始状态图，为了与输入变量 X 相区分，这里的无关项用 Φ 表示。

此装置的操作具有约束性，意味着如果操作不符合约束条件，那么装置的后续状态及输出将变得不确定。此外，装置一旦爆炸，后续状态就是没有意义的无关项了。原始状态表如表 9-9 所示。

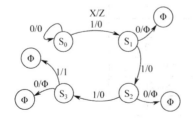

图 9-21 "1111" 序列检测器原始状态图

表 9-9 "1111" 序列检测器原始状态表

现态	Q^{n+1}/Z	
Q^n	X = 0	X = 1
S_0	S_0 / 0	S_1 / 0
S_1	Φ / Φ	S_2 / 0
S_2	Φ / Φ	S_3 / 0
S_3	Φ / Φ	Φ / 1

9.1.3　状态表化简

原始状态表中可能存在一些相互等价的冗余状态，因此需要对原始状态表进行化简。一般采取隐含表（也称蕴含表）的方法找到彼此等价的状态对。

1．几个概念

（1）等价状态。

等价状态是指时序逻辑电路中的两个状态 S_i 和 S_j，如果它们对每个输入所产生的输出都完全相同，且它们的次态等价（或相同），则这两个状态是等价的（即可以合并为一个状态），表示为 $S_i \equiv S_j$，记为 $\{S_i, S_j\}$。

（2）等价状态类。

等价状态具有传递性。如果状态 S_i 和 S_j 等价且同时状态 S_j 和 S_m 等价，则状态 S_i、S_j 和 S_m 是等价的，即由 $S_i \equiv S_j$、$S_j \equiv S_m$ 可以推出 $S_i \equiv S_j \equiv S_m$，并且它们构成一个等价状态类，记为 $\{S_i, S_j, S_m\}$。

最大等价状态类是指不包含在其他等价状态类中的等价类或状态。

（3）等价状态的判定条件。

若原始状态表中的任意两个状态 S_i 和 S_j 同时满足下列两个条件，它们可以合并为一个状态：

① 在所有不同的现输入下，现输出分别相同（这是状态合并的必要条件）；

② 在所有不同的现输入下，次态分别为下列情况之一：

- 两个次态完全相同；
- 两个次态为其现态本身或交错；
- 两个次态为状态对封闭链中的一个状态对；
- 两个次态的某一后续状态对可以合并。

> 📚 知识点
>
> "在所有不同的现输入下，现输出分别相同"是状态合并的必要条件，因此如果第一个判定条件不满足，那么两个状态就一定不是等价状态。

2．完全定义状态表的化简

采用隐含表化简完全定义状态表的基本步骤如下：

（1）两两比较原始状态表中的所有状态，找出能合并、不能合并、能否合并待定的状态对；

（2）追踪能否合并待定的状态对，直至确定它们能合并或不能合并，从而找到原始状态表中的所有等价状态对；

（3）基于这些等价状态对确定最大等价状态类，获得原始状态表的最小覆盖集，建立最简状态表。

表 9-10　给定的原始状态表

现态 Q^n	Q^{n+1}/Z	
	X = 0	X = 1
a	c / 0	b / 1
b	f / 0	a / 1
c	d / 0	g / 0
d	d / 1	e / 0
e	c / 0	e / 1
f	d / 0	g / 0
g	c / 1	d / 0

【例 9-7】　化简给定的原始状态表（如表 9-10 所示）。

解：（1）建立隐含表，顺序比较。

隐含表是直角三角形网格，横向从左至右依次标注 1～（n-1）个状态名，纵向从上至下依次标注 2～n 个状态名。

两两比较原始状态表中的所有状态，对能合并的等价状态对如 cf，在隐含表中的对应单元格里填写"√"；对不能合并的状态对如 ac，在隐含表中的对应单元格里填写"×"；对能否合并待定的状态对如 ab，在隐含表中的对应单元格里填写状态合并需要的隐含条件，如图 9-22 所示。

（2）关联比较，追踪能否合并待定的状态对。

追踪状态对 ab：由图 9-23 可知，状态对 ab 合并的条件取决于状态对 cf 能否合并，在第一轮比较中已经确定状态对 cf 是等价的，所以状态对 ab 满足等价状态判定条件中的"两个次态的某一后续状态对可以合并"，因此状态对 ab 是等价的，可以在对应单元格里填写"√"。

追踪状态对 ae：状态对 ae 能否合并取决于状态对 be 能否合并，因此需要进一步查看状态对 be 的情况。

追踪状态对 be：状态对 be 能否合并取决于状态对 ae 和 cf 能否合并。因为状态对 cf 是等价的，因此这里状态对 be 和 ae 构成状态对封闭链，符合等价状态判定条件。

追踪状态对 gd：状态对 gd 能否合并取决于状态对 de 和 cd 能否合并。由于状态对 de 和 cd 都不能合并，因此状态对 gd 不符合等价状态判定条件，不能合并，在隐含表中的对应单元格里填写"×"。

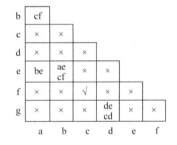

图 9-22　利用隐含表进行状态对比较

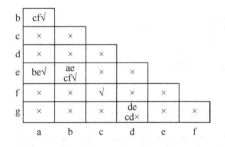

图 9-23　利用隐含表进行状态对追踪

（3）确定最大等价状态类。

经过进一步追踪，找出 4 个等价状态对 {a, b}，{c, f}，{a, e}，{b, e}。依据等价状态的传递性，可以确定两个最大等价状态类为 {a, b, e}，{c, f}。

（4）确定原始状态表最小覆盖集。

令 q_1 = {a, b, e}，q_2 = {c, f}，q_3 = d，q_4 = g。

在原始状态表中用 q_1 替换状态 a、b、e，用 q_2 替换状态 c、f，用 q_3 替换状态 d，用 q_4 替换状态 g，得到如表 9-11 所示的状态表。去除表中的冗余行，得到如表 9-12 所示的最简状态表。

表 9-11　状态替换后的原始状态表

现态 Q^n	Q^{n+1}/Z	
	X = 0	X = 1
q_1	q_2 / 0	q_1 / 1
q_1	q_2 / 0	q_1 / 1
q_2	q_3 / 0	q_4 / 0
q_3	q_3 / 1	q_1 / 0
q_1	q_2 / 0	q_1 / 1
q_2	q_3 / 0	q_4 / 0
q_4	q_2 / 1	q_3 / 0

表 9-12　最简状态表

现态 Q^n	Q^{n+1}/Z	
	X = 0	X = 1
q_1	q_2 / 0	q_1 / 1
q_2	q_3 / 0	q_4 / 0
q_3	q_3 / 1	q_1 / 0
q_4	q_2 / 1	q_3 / 0

【例 9-8】　化简给定的原始状态表（如表 9-13 所示）。

表 9-13　给定的原始状态表

现态 Q^n	Q^{n+1}/Z			
	$X_2X_1 = 00$	$X_2X_1 = 01$	$X_2X_1 = 10$	$X_2X_1 = 11$
a	b / 0	c / 0	b / 1	a / 0
b	e / 0	c / 0	b / 1	d / 1
c	a / 0	b / 0	c / 1	d / 1
d	c / 1	d / 0	a / 1	b / 0
e	c / 0	c / 0	c / 1	e / 0

解：（1）建立隐含表，顺序比较。

两两比较原始状态表中的所有状态，将能否合并待定的状态对 ae、bc 需要的隐含条件分别填写在对应的单元格里，其余不能合并的状态对在单元格里填写"×"，如图 9-24 所示。

（2）关联比较，追踪能否合并待定的状态对。

追踪状态对 ae：由图 9-25 可知，状态对 ae 能否合并取决于状态对 bc 能否合并。

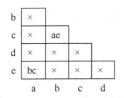

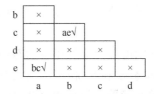

图 9-24　利用隐含表进行状态对比较　　图 9-25　利用隐含表进行状态对追踪

追踪状态对 bc：状态对 bc 能否合并取决于状态对 ae 能否合并。因此，状态对 bc 和 ae 构成状态对封闭链，符合等价状态判定条件。

（3）确定最大等价状态类。

经过进一步追踪，找出两个等价状态对{a, e}，{b, c}，如图 9-25 所示，它们也是两个最大等价状态类。

（4）确定原始状态表最小覆盖集。

令 $q_1 = \{a, e\}$，$q_2 = \{b, c\}$，$q_3 = d$。

在原始状态表中用 q_1 替换状态 a、e，用 q_2 替换状态 b、c，用 q_3 替换状态 d，得到如表 9-14 所示的状态表。去除表中的冗余行，得到如表 9-15 所示的最简状态表。

表 9-14　状态替换后的原始状态表

现态 Q^n	Q^{n+1}/Z			
	$X_2X_1 = 00$	$X_2X_1 = 01$	$X_2X_1 = 10$	$X_2X_1 = 11$
q_1	$q_2 / 0$	$q_2 / 0$	$q_2 / 1$	$q_1 / 0$
q_2	$q_1 / 0$	$q_2 / 0$	$q_2 / 1$	$q_3 / 1$
q_2	$q_1 / 0$	$q_2 / 0$	$q_2 / 1$	$q_3 / 1$
q_3	$q_2 / 1$	$q_3 / 0$	$q_1 / 1$	$q_2 / 0$
q_1	$q_2 / 0$	$q_2 / 0$	$q_2 / 1$	$q_1 / 0$

表 9-15　最简状态表

现态 Q^n	Q^{n+1}/Z			
	$X_2X_1 = 00$	$X_2X_1 = 01$	$X_2X_1 = 10$	$X_2X_1 = 11$
q_1	$q_2 / 0$	$q_2 / 0$	$q_2 / 1$	$q_1 / 0$
q_2	$q_1 / 0$	$q_2 / 0$	$q_2 / 1$	$q_3 / 1$
q_3	$q_2 / 1$	$q_3 / 0$	$q_1 / 1$	$q_2 / 0$

3. 不完全定义状态表的化简

采用隐含表化简不完全定义状态表的方法与化简完全定义状态表的方法类似，只是从寻找最大等价状态类转变为寻找最大相容状态类，并以此建立不完全定义状态表的最小闭合覆盖集。

输出与次态的确定部分满足合并条件的两个状态 S_i 和 S_j 称为相容状态，或称相容状态对，记为(S_i, S_j)。

相容状态无传递性，即若状态 S_i 和 S_j 相容，状态 S_j 和 S_m 相容，则状态 S_i 和 S_m 不一定相容。

两两相容的状态集合称为相容状态类，判定条件是，如果状态 S_i 和 S_j 相容且同时状态 S_i 和 S_m 相容、状态 S_j 和 S_m 相容，则状态 S_i、S_j、S_m 可以构成相容状态类。

如果状态关系简单，最大相容状态类可以通过直接观察得出；如果关系复杂，可以通过绘制相容关系图获得，其实质是找出"最大完全多边形"。完全多边形就是每个顶点都与其他顶点相连接的多边形。例如，一个三角形是完全多边形；一个四边形加上两条对角线也是完全多边形。

在相容关系图中，最大完全多边形的顶点集合就是最大相容状态类。此外，在相容关系图中，一个孤立结点及不是完全多边形的两个结点的连线也是最大相容状态类。

基于最大相容状态类建立的不完全定义状态表的最小闭合覆盖集应同时满足以下三个条件。

（1）满足覆盖性：覆盖全部原始状态，不得遗漏，即原始状态中的每个状态至少包含于该集的一个相容状态类（或最大相容状态类）。

（2）满足闭合性：该集的任一个相容状态类（或最大相容状态类）在任何输入下所产生的次态应属于该集的某个相容状态类（或最大相容状态类）。

（3）满足最小性：在满足上述两个条件的前提下，该集的相容状态类（或最大相容状态类）应为最小。

【例 9-9】 化简给定的原始状态表（如表 9-16 所示），Φ 表示无关项。

解：（1）建立隐含表，顺序比较。

两两比较原始状态表中的所有状态，将能否合并待定的状态对 ab、ac、ce、de 需要的隐含条件分别填写在对应的单元格里，其余不能合并的状态对在单元格里填写"×"，能合并的状态对在单元格里填写"√"，如图 9-26 所示。

表 9-16　给定的原始状态表

现态	Q^{n+1}/Z	
Q^n	X = 0	X = 1
a	a / Φ	Φ / Φ
b	c / 1	b / 0
c	d / 0	Φ / 1
d	Φ / Φ	b / Φ
e	a / 0	c / 1

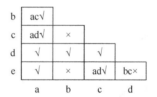

图 9-26　利用隐含表进行状态对比较　　　图 9-27　利用隐含表进行状态对追踪

（2）关联比较，追踪能否合并待定的状态对。

追踪状态对 ab：由图 9-27 可知，状态对 ab 能否合并取决于状态对 ac 能否合并。

追踪状态对 ac：状态对 ac 能否合并取决于状态对 ad 能否合并。由于 ad 能合并，因此状态对 ab 和 ac 都符合相容状态判定条件。

追踪状态对 ce：状态对 ce 能否合并取决于状态对 ad 能否合并。由于 ad 能合并，因此状态对 ce 符合相容状态判定条件。

追踪状态对 de：状态对 de 能否合并取决于状态对 bc 能否合并。由于 bc 不能合并，因此状态对 de 不符合相容状态判定条件。

（3）确定最大相容状态类。

经过进一步追踪，找出 7 个相容状态对 (a, b)，(a, c)，(a, d)，(a, e)，(b, d)，(c, d)，(c, e)，如图 9-27 所示。

最大相容状态类可以采取两种方法获得。

方法 1：直观法。

由相容状态对 (a, c)，(a, d)，(c, d)，可以得出相容状态类 (a, c, d)；

由相容状态对(a, b)，(a, d)，(b, d)，可以得出相容状态类(a, b, d)；

由相容状态对(a, c)，(a, e)，(c, e)，可以得出相容状态类(a, c, e)，以上三个相容状态类也是最大相容状态类。

方法 2：图形法。

根据相容状态对(a, b)，(a, c)，(a, d)，(a, e)，(b, d)，(c, d)，(c, e) 绘制如图 9-28 所示的相容关系图。在图 9-28 中可以找出 3 个最大完全多边形，此处是 3 个三角形，它们的顶点集合就是最大相容类，即(a, c, d)，(a, b, d)，(a, c, e)。

（4）确定原始状态表最小闭合覆盖集。

● 满足覆盖性：覆盖原始状态表中的所有状态。

基于最大相容状态类(a, c, d)，(a, b, d)，(a, c, e)及相容状态对(a, b)，(a, c)，(a, d)，(a, e)，(b, d)，(c, d)，(c, e)找出原始状态表的覆盖集，方案有很多种，例如：

[abd , ace]，[abd , ce]，[ace , bd]，[acd , ab , ae]，[acd , bd , ce]……

● 满足最小性：选取相容状态类（或最大相容状态类）个数最少的集合。

符合最小性要求的覆盖集有 3 个：[abd , ace]，[abd , ce]，[ace , bd]。

● 考察最小覆盖集是否满足闭合性。

分别考察 3 个最小覆盖集，其中最小覆盖集 [abd , ace]满足闭合性条件，如图 9-29 所示；最小覆盖集[abd , ce]和[ace , bd]都不满足闭合性条件，如图 9-30 及图 9-31 所示。

图 9-28　相容关系图
（圆周上的点代表状态；点与点之间的连线
　表示两个状态之间具有相容关系）

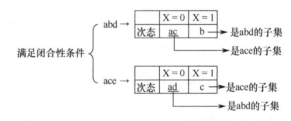

图 9-29　最小覆盖集[abd , ace]满足闭合性条件

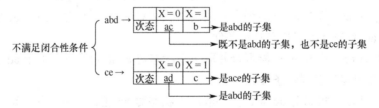

图 9-30　最小覆盖集[abd , ce]不满足闭合性条件

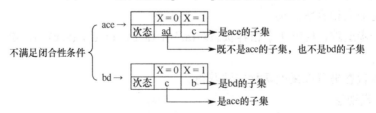

图 9-31　最小覆盖集[ace , bd]不满足闭合性条件

由此得出最小闭合覆盖集为[abd , ace]，令 q_1 = [abd]，q_2 = [ace]。

在原始状态表中用 q_1 替换状态 a、b、d，用 q_2 替换状态 c、e，得到如表 9-17 所示的状态表。保留表中不包含无关项的行，得到如表 9-18 所示的最简状态表。

表 9-17　状态替换后的原始状态表

现态 Q^n	Q^{n+1}/Z	
	X = 0	X = 1
q_1	q_1 / Φ	Φ / Φ
q_1	$q_2 / 1$	$q_1 / 0$
q_2	$q_1 / 0$	$\Phi / 1$
q_1	Φ / Φ	q_1 / Φ
q_2	$q_1 / 0$	$q_2 / 1$

表 9-18　最简状态表

现态 Q^n	Q^{n+1}/Z	
	X = 0	X = 1
q_1	$q_2 / 1$	$q_1 / 0$
q_2	$q_1 / 0$	$q_2 / 1$

📚 **知识点**

完全定义状态表的覆盖集一定满足闭合性条件，不完全定义状态表却不一定。在不完全定义状态表中，两个状态相容只对允许输入序列有效，而非对所有输入序列都有效。

9.1.4　状态分配

获得最简状态表后，首先可以根据最简状态的数量确定需要几个触发器，然后为每个用符号（如 a、b、c 等）表示的状态分配一个二进制编码，该编码就是由这些触发器构成的状态组合，也称状态编码。

状态编码的分配不是随意的，不同的编码方案使后续得出的电路设计繁简程度不同。例如，9.1.1 开篇示例"110"序列检测器设计，获得最简状态表后，使用 2 个 JK 触发器对表 9-2 中的 3 个最简状态 S_0、S_1、S_2 进行状态编码，触发器输出端用 Y_2Y_1 表示。

状态编码分配方案 1：S_0——00；S_1——10；S_2——11。

最终得到触发器的输入控制表达式及电路输出表达式如下：

$J_2 = X$，$K_2 = X'$；$J_1 = XY_2^n$，$K_1 = X'$；$Z = X'Y_1^n$

换一种状态编码方案，如状态编码分配方案 2：S_0——00；S_1——10；S_2——01。

最终得到触发器的输入控制表达式及电路输出表达式如下：

$J_2 = X(Y_1^n)'$，$K_2 = 1$；$J_1 = XY_2^n$，$K_1 = X'$；$Z = X'Y_1^n$

对比两个方案，显然方案 1 要简单一些。可见，电路实现代价与状态分配密切相关。

1. 状态编码要解决的问题

状态编码主要解决以下两个问题。

（1）确定需要的触发器数量 K。

最简状态数 N 与需要的触发器数量 K 满足以下关系：

$$2^{K-1} \leqslant N \leqslant 2^K$$

（2）为最简状态表中的每个状态分配一个二进制编码，力图获得一个最小代价的实现方案。

状态编码要解决的根本问题是根据最简状态表中的现态与次态及输出的关系，确定一组能使控制函数和输出函数尽可能简单的最佳状态编码。最佳状态编码是一种理论可能，目前尚未取得令人满意又实用的结果，所以一般采用次佳编码原则。

2. 次佳编码原则

次佳编码原则是一种经验法，其目的是尽量使次态和输出函数在卡诺图中有更多的"1"相邻。主要规则如下：

（1）状态表中同一输入下，相同的次态所对应的现态应该给予相邻编码（对应状态表中的某一竖列，其目的是力图使次态函数卡诺图纵向列上的"1"相邻分布）；

（2）状态表中同一现态在不同输入下所对应的次态应给予相邻编码（对应状态表中的某一横行，其目的是力图使次态函数卡诺图横向行上的"1"相邻分布）；

（3）状态表中给定输入下，输出完全相同的现态编码应相邻（其目的是力图使输出函数卡诺图上的"1"相邻分布）。

📚 注意

（1）初始状态一般可以放在卡诺图的 0 号单元格里；

（2）三个规则不可兼得时，优先满足规则（1）和规则（2）；

（3）状态编码尽量按照相邻原则给予；

（4）对多输出函数，规则（3）可以适当调高优先级。

表 9-19　给定的最简状态表

现态 Q^n	Q^{n+1}/Z	
	$X=0$	$X=1$
a	c / 0	d / 0
b	c / 0	a / 0
c	b / 0	d / 0
d	a / 1	b / 1

【例 9-10】已知最简状态表（如表 9-19 所示），采用次佳编码原则对其进行状态分配。

解：（1）相邻性检验。

依据规则（1）：次态相同，现态编码应相邻。

当 $X=0$ 时，状态表中第 1 行与第 2 行的次态都是 c，它们对应的现态 ab 应给予相邻编码；

当 $X=1$ 时，状态表中第 1 行与第 3 行的次态都是 d，它们对应的现态 ac 应给予相邻编码；

依据规则（2）：同一现态对应的次态应给予相邻编码。

现态 a 对应的次态是 cd；现态 b 对应的次态是 ac；现态 c 对应的次态是 bd；现态 d 对应的次态是 ab。因此，cd、ac、bd、ab 应给予相邻编码。

依据规则（3）：输出相同，现态编码应相邻。

状态表中第 1~3 行，当 X 分别取值为 0 和 1 时，输出都是 0，因此现态 a、b、c 编码相邻，即 ab、ac、bc 应给予相邻编码。

综合以上，都要求 ab、ac 必须给予相邻编码。

（2）状态分配。

4 个状态需要 2 个触发器，触发器的状态输出用 Y_2Y_1 表示。状态 a 一般为初始状态，可以分配 0 号单元格，如图 9-32 所示。最终分配结果为 a——00；b——01；c——10；d——11。

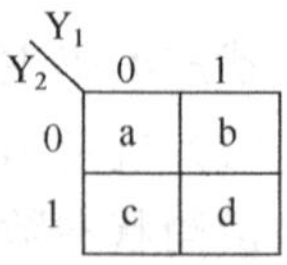

Y_1 / Y_2	0	1
0	a	b
1	c	d

图 9-32　状态分配结果

9.2 利用触发器设计同步时序逻辑电路典型案例

下面介绍几个利用触发器设计同步时序逻辑电路的典型案例。

9.2.1 模 8 可逆计数器

【例 9-11】 利用 T 触发器设计一个同步模 8 可逆计数器。

解：（1）确定输入/输出，绘制系统框图。

根据题意该电路需要一个选择控制端，用 X 表示。X
取不同的值，计数器可以做加法或减法计数。假设当 X = 0
时做加计数，当 X = 1 时做减计数。此外，计数器还需要给
出一个已加满或减到 0 的标志输出，用 Z 表示。同步时钟
信号为 CP，绘制系统框图如图 9-33 所示。

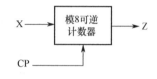

图 9-33　模 8 可逆计数器系统框图

（2）获得原始状态图和原始状态表。

模 8 计数器需要 3 个 T 触发器，根据直接构图法，得到如图 9-34 所示的原始状态图，
并将其整理为原始状态表，如表 9-20 所示。由于是模 8 计数器，该状态表不需要再化简。

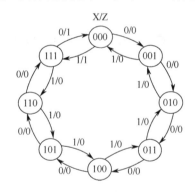

图 9-34　模 8 可逆计数器原始状态图

表 9-20　模 8 可逆计数器原始状态表

现态	Q^{n+1} / Z	
Q^n	X = 0	X = 1
000	001 / 0	111 / 1
001	010 / 0	000 / 0
010	011 / 0	001 / 0
011	100 / 0	010 / 0
100	101 / 0	011 / 0
101	110 / 0	100 / 0
110	111 / 0	101 / 0
111	000 / 1	110 / 0

（3）获得状态转移表及触发器激励。

结合状态分配、最简状态表获得状态转移表及触发器激励，如表 9-21 所示。其中，各
个触发器的激励是根据其现态到次态的转换情况确定的。以 T_3 为例，表中每一行的 T_3 值
是根据 $Q_3^n \rightarrow Q_3^{n+1}$ 的状态转换情况来确定的。例如，第一行 $Q_3^n \rightarrow Q_3^{n+1}$ 的状态转换是 0→0，
所以触发器 T_3 需要执行保持功能，因此 $T_3 = 0$；第四行 $Q_3^n \rightarrow Q_3^{n+1}$ 的状态转换是 0→1，所
以触发器 T_3 需要执行翻转功能，因此 $T_3 = 1$。

同理，可以根据表中各行 $Q_2^n \rightarrow Q_2^{n+1}$、$Q_1^n \rightarrow Q_1^{n+1}$ 的转换情况确定对应的 T_2 和 T_1 的值。

表 9-21　模 8 可逆计数器状态转移表及触发器激励

输入及现态 $XQ_3^n Q_2^n Q_1^n$	次态 $Q_3^{n+1} Q_2^{n+1} Q_1^{n+1}$	触发器 T_3 T_2 T_1	输出 Z
0 0 0 0	0 0 1	0　0　1	0
0 0 0 1	0 1 0	0　1　1	0
0 0 1 0	0 1 1	0　0　1	0
0 0 1 1	1 0 0	1　1　1	0
0 1 0 0	1 0 1	0　0　1	0
0 1 0 1	1 1 0	0　1　1	0
0 1 1 0	1 1 1	0　0　1	0
0 1 1 1	0 0 0	1　1　1	1
1 0 0 0	1 1 1	1　1　1	0
1 0 0 1	0 0 0	0　0　1	0
1 0 1 0	0 0 1	0　1　1	0
1 0 1 1	0 1 0	0　0　1	0
1 1 0 0	0 1 1	1　1　1	0
1 1 0 1	1 0 0	0　0　1	0
1 1 1 0	1 0 1	0　1　1	0
1 1 1 1	1 1 0	0　0　1	0

（4）卡诺图化简。

根据表 9-21 进行卡诺图化简，如图 9-35 所示，得到激励（输入）函数表达式、输出函数表达式如下：

$$T_3 = X'Q_2^n Q_1^n + X(Q_2^n)'(Q_1^n)'$$

$$T_2 = X'Q_1^n + X(Q_1^n)'$$

$$T_1 = 1$$

$$Z = X(Q_3^n)'(Q_2^n)'(Q_1^n)' + X'Q_3^n Q_2^n Q_1^n$$

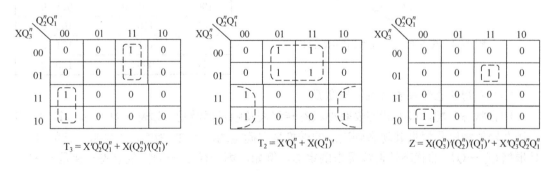

图 9-35　卡诺图化简

（5）电路实现。

根据激励（输入）函数表达式及输出函数表达式，画出逻辑图，如图 9-36 所示。该电路没有无关项，不需要检查自启动。

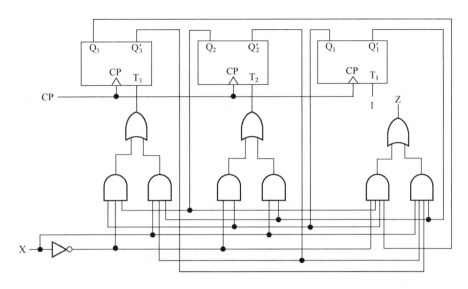

图 9-36　模 8 可逆计数器逻辑图

9.2.2　自动售卖机

【例 9-12】　利用 D 触发器设计一个自动售卖机。设计要求如下：

（1）该售卖机只接收 0.5 元和 1 元两种硬币；

（2）每次投币只接收一枚硬币；

（3）机器收到 1.5 元，给出一瓶饮料；

（4）机器收到 2 元，给出一瓶饮料，找回 0.5 元。

解：（1）确定输入/输出，绘制系统框图。

根据题意该电路需要两个输入端，用 X_1 和 $X_{0.5}$ 分别表示 1 元和 0.5 元两个硬币输入。需要两个输出，分别用 Y 和 Z 表示是否给出饮料和是否找零。同步时钟信号为 CP，绘制系统框图如图 9-37 所示。

下面分别设计米里型和摩尔型两种类型的时序逻辑电路。

方法 1：米里型。

（2）利用直接构图法获得原始状态图和原始状态表。

状态设定如下：

S_0——初始状态，表示无投币；

图 9-37　自动售卖机系统框图

S_1——表示机器收到 0.5 元；

S_2——表示机器收到 1 元（2 个 0.5 元硬币，或者 1 个 1 元硬币）；如果此时机器又收到 0.5 元，则 Y = 1，Z = 0，表示给出一瓶饮料，不找零；否则，如果此时机器又收到 1 元，则 Y = 1，Z = 1，表示给出一瓶饮料，找回 0.5 元。

分析状态转换情况，如图 9-38 所示。

整理图 9-38 获得原始状态图（米里型），如图 9-39 所示。将其进一步整理为原始状态表，如表 9-22 所示，其中 Φ 表示任意项。

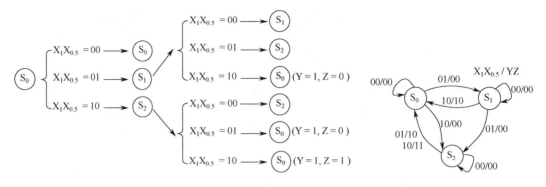

图 9-38　自动售卖机状态转换情况分析（米里型）　　　图 9-39　自动售卖机原始
　　　　　　　　　　　　　　　　　　　　　　　　　　　　　状态图（米里型）

表 9-22　自动售卖机原始状态表（米里型）

现态	Q^{n+1}/ YZ			
Q^n	$X_1 X_{0.5} = 00$	$X_1 X_{0.5} = 01$	$X_1 X_{0.5} = 10$	$X_1 X_{0.5} = 11$
S_0	S_0 / 00	S_1 / 00	S_2 / 00	Φ / ΦΦ
S_1	S_1 / 00	S_2 / 00	S_0 / 10	Φ / ΦΦ
S_2	S_2 / 00	S_0 / 10	S_0 / 11	Φ / ΦΦ

（3）状态化简。

表 9-22 已经是最简状态表，不需要再化简。

（4）状态分配。

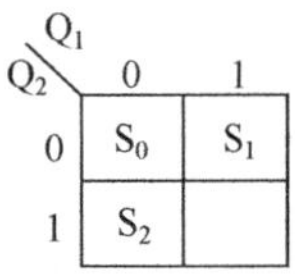

Q_1 Q_2	0	1
0	S_0	S_1
1	S_2	

图 9-40　分配相邻编码

对表 9-22 中的 3 个最简状态 S_0、S_1、S_2 进行状态编码，需要使用 2 个 D 触发器。触发器输出端用 $Q_2 Q_1$ 表示，如图 9-40 所示，状态编码分配如下：

S_0——00；S_1——01；S_2——10。

（5）获得状态转移表及触发器激励。

结合状态分配、最简状态表获得状态转移表及触发器激励，如表 9-23 所示。其中，各个 D 触发器的激励是直接根据其次态情况确定的。

表 9-23　自动售卖机状态转移表及触发器激励（米里型）

输入及现态 X_1 $X_{0.5}^n$ Q_2^n Q_1^n				次态 $Q_2^{n+1} Q_1^{n+1}$		触发器 D_2 D_1		输出 Y	输出 Z
0	0	0	0	0	0	0	0	0	0
0	0	0	1	0	1	0	1	0	0
0	0	1	0	1	0	1	0	0	0
0	0	1	1	Φ	Φ	Φ	Φ	Φ	Φ
0	1	0	0	0	1	0	1	0	0
0	1	0	1	1	0	1	0	0	0
0	1	1	0	0	0	0	0	1	0
0	1	1	1	Φ	Φ	Φ	Φ	Φ	Φ

（续表）

输入及现态 $X_1\ X_{0.5}^n\ Q_2^n\ Q_1^n$	次态 $Q_2^{n+1}Q_1^{n+1}$	触发器 $D_2\ \ D_1$	输出 Y	输出 Z
1　0　0　0	1　0	1　0	0	0
1　0　0　1	0　0	0　0	1	0
1　0　1　0	0　0	0　0	1	1
1　0　1　1	Φ　Φ	Φ　Φ	Φ	Φ
1　1　0　0	Φ　Φ	Φ　Φ	Φ	Φ
1　1　0　1	Φ　Φ	Φ　Φ	Φ	Φ
1　1　1　0	Φ　Φ	Φ　Φ	Φ	Φ
1　1　1　1	Φ　Φ	Φ　Φ	Φ	Φ

（6）卡诺图化简。

根据表 9-23 进行卡诺图化简，如图 9-41 所示，得到激励（输入）函数表达式、输出函数表达式如下：

$$D_2 = X_1'X_{0.5}'\ Q_2^n + Q_1^n X_{0.5} + X_1(Q_2^n)'(Q_1^n)'$$

$$D_1 = X_1'X_{0.5}'Q_1^n + X_{0.5}(Q_2^n)'(Q_1^n)'$$

$$Y = X_{0.5}Q_2^n + X_1Q_1^n + X_1Q_2^n$$

$$Z = X_1Q_2^n$$

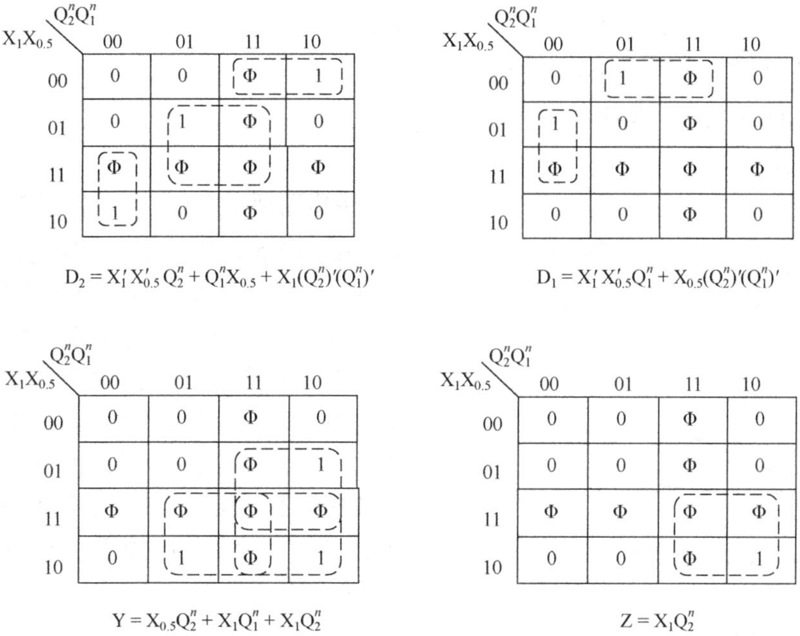

$D_2 = X_1'X_{0.5}'Q_2^n + Q_1^nX_{0.5} + X_1(Q_2^n)'(Q_1^n)'$　　$D_1 = X_1'X_{0.5}'Q_1^n + X_{0.5}(Q_2^n)'(Q_1^n)'$

$Y = X_{0.5}Q_2^n + X_1Q_1^n + X_1Q_2^n$　　$Z = X_1Q_2^n$

图 9-41　卡诺图化简

（7）电路实现。

根据激励（输入）函数表达式及输出函数表达式，画出逻辑图，如图 9-42 所示。

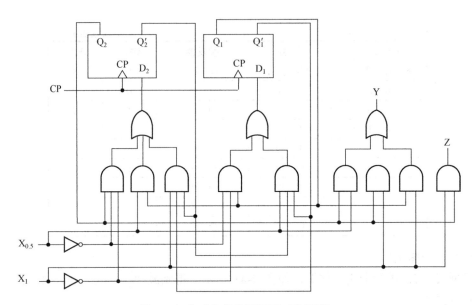

图 9-42　自动售卖机逻辑图（米里型）

（8）检查无关项。

在第（4）步状态分配阶段，状态 $Y_2Y_1 = 11$ 没有使用，需要针对这个状态进行无关项检查。

根据以上设计，可以得到电路的次态方程及输出方程如下：

$$Q_2^{n+1} = D_2 = X_1'X_{0.5}'Q_2^n + Q_1^nX_{0.5} + X_1(Q_2^n)'(Q_1^n)'$$

$$Q_1^{n+1} = D_1 = X_1'X_{0.5}'Q_1^n + X_{0.5}(Q_2^n)'(Q_1^n)'$$

$$Y = X_{0.5}Q_2^n + X_1Q_1^n + X_1Q_2^n$$

$$Z = X_1Q_2^n$$

令电路现态为 $Q_2^nQ_1^n = 11$，当 $X_1X_{0.5}$ 分别为 00、01、10 时，代入以上方程进行计算，可以得到如图 9-43 所示的完整状态转换图。由图 9-43 可知，当电路处于未分配使用的状态"11"时，若输入 0.5 元或者 1 元，系统都能进入有效循环，可以自启动，但是售卖机收费出错。因为这两种情况下系统的输出分别是给出 1 瓶饮料、不找钱及给出 1 瓶饮料、找回 0.5 元。因此，本例设计的自动售卖机电路在最初使用时需要预置。

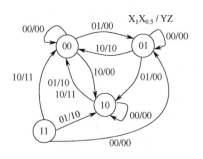

图 9-43　自动售卖机完整状态转换图（米里型）

方法 2：摩尔型。

（2）利用直接构图法获得原始状态图和原始状态表。

状态设定如下：

S_0——初始状态，表示无投币；

S_1——表示机器收到 0.5 元；

S_2——表示机器收到 1 元（2 个 0.5 元硬币，或者 1 个 1 元硬币）；

S_3——表示机器收到 1.5 元，此时输出为 Y = 1，Z = 0，表示给出一瓶饮料，不找零。

S_4——表示机器收到 2 元，此时输出为 Y = 1，Z = 1，表示给出一瓶饮料，找回 0.5 元。

分析状态转换情况，如图 9-44 所示。

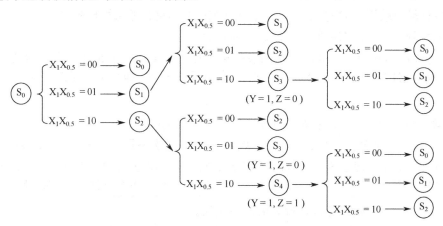

图 9-44　自动售卖机状态转换情况分析（摩尔型）

整理图 9-44 获得原始状态图（摩尔型），如图 9-45 所示。将其进一步整理为原始状态表，如表 9-24 所示，其中 Φ 表示任意项。

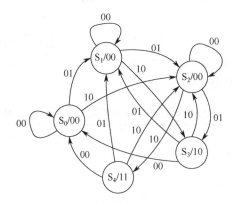

图 9-45　自动售卖机原始状态图（摩尔型）

表 9-24　自动售卖机原始状态表（摩尔型）

| 现态 | Q^{n+1} | | | | 输出 |
Q^n	$X_1X_{0.5} = 00$	$X_1X_{0.5} = 01$	$X_1X_{0.5} = 10$	$X_1X_{0.5} = 11$	Y Z
S_0	S_0	S_1	S_2	Φ	0 0
S_1	S_1	S_2	S_3	Φ	0 0
S_2	S_2	S_3	S_4	Φ	0 0
S_3	S_0	S_1	S_2	Φ	1 0
S_4	S_0	S_1	S_2	Φ	1 1

（3）状态化简。

表 9-24 已经是最简状态表，不需要再化简。

（4）状态分配。

对表 9-24 中的 5 个最简状态 S_0、S_1、S_2、S_3、S_4 进行状态编码，需要使用 3 个 D 触发器，触发器输出端用 $Q_3Q_2Q_1$ 表示。基于次佳编码原则进行相邻性检验如下。

依据规则（1）：次态相同，现态编码应相邻。

当 $X_1X_{0.5}$ = 00、01、10 时，状态表中第 1 行与第 4 行、第 5 行的次态相同，分别是 S_0、S_1、S_2，它们对应的现态 S_0、S_3、S_4 应给予相邻编码，即 $\underline{S_0S_4}$、$\underline{S_0S_3}$、$\underline{S_3S_4}$ 应给予相邻编码。

依据规则（2）：同一现态对应的次态应给予相邻编码。

现态 S_0 对应的次态是 S_0、S_1、S_2；现态 S_1 对应的次态是 S_1、S_2、S_3；现态 S_2 对应的次态是 S_2、S_3、S_4；现态 S_3 对应的次态是 S_0、S_1、S_2；现态 S_4 对应的次态是 S_0、S_1、S_2。因此，$\underline{S_0S_1}$、$\underline{S_1S_2}$、$\underline{S_0S_2}$ 应给予相邻编码，$\underline{S_2S_3}$、$\underline{S_2S_4}$、$\underline{S_3S_4}$ 应给予相邻编码。

依据规则（3）：输出相同，现态编码应相邻。

状态表中第 1~3 行，当 $X_1X_{0.5}$ 分别取值为 00、01、10 时，输出都是 00，因此现态 S_0、S_1、S_2 编码应相邻，即 $\underline{S_0S_1}$、$\underline{S_1S_2}$、$\underline{S_0S_2}$ 应给予相邻编码。

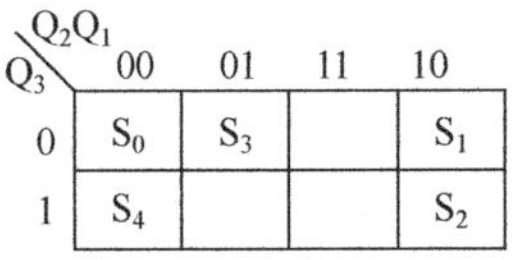

图 9-46 分配相邻编码

如图 9-46 所示，状态编码分配如下：

S_0——000；S_1——010；S_2——110；S_3——001；S_4——100。

（5）获得状态转移表及触发器激励。

结合状态分配、最简状态表获得状态转移表及触发器激励，如表 9-25 所示。其中，各个 D 触发器的激励是直接根据其次态情况确定的。

表 9-25　自动售卖机状态转移表及触发器激励（摩尔型）

输入及现态					次态			触发器			输出	输出
X_1	$X_{0.5}^n$	Q_3^n	Q_2^n	Q_1^n	Q_3^{n+1}	Q_2^{n+1}	Q_1^{n+1}	D_3	D_2	D_1	Y	Z
0	0	0	0	0	0	0	0	0	0	0	0	0
0	0	0	0	1	0	0	0	0	0	0	1	0
0	0	0	1	0	0	1	0	0	1	0	0	0
0	0	1	0	0	0	0	0	0	0	0	1	1
0	0	1	1	0	1	1	0	1	1	0	0	0
0	1	1	1	0	0	0	1	0	0	1	0	0
0	1	0	0	0	0	1	0	0	1	0	0	0
0	1	0	1	0	1	1	0	1	1	0	0	0
0	1	0	0	1	0	1	0	0	1	0	1	0
0	1	1	0	0	0	1	0	0	1	0	1	1
1	0	0	0	0	1	1	0	1	1	0	0	0
1	0	0	1	0	0	0	1	0	0	1	0	0

（续表）

输入及现态					次态			触发器			输出	输出
X_1	$X_{0.5}^n$	Q_3^n	Q_2^n	Q_1^n	Q_3^{n+1}	Q_2^{n+1}	Q_1^{n+1}	D_3	D_2	D_1	Y	Z
1	0	1	1	0	1	0	0	1	0	0	0	0
1	0	0	0	1	1	1	0	1	1	0	1	0
1	0	1	0	0	1	1	0	1	1	0	1	1
1	1	Φ	Φ	Φ	Φ	Φ	Φ	Φ	Φ	Φ	Φ	Φ

（6）卡诺图化简。

根据表 9-25 进行卡诺图化简，如图 9-47 所示，得到激励（输入）函数表达式、输出函数表达式如下：

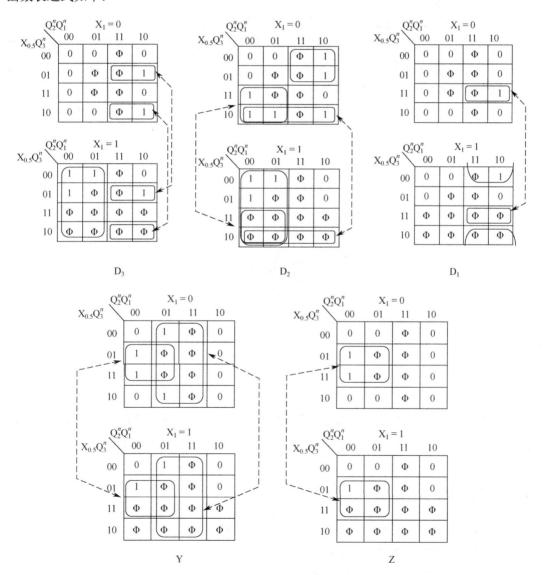

图 9-47　卡诺图化简

$$D_3 = X'_{0.5}Q_3^n Q_2^n + X_{0.5}(Q_3^n)'Q_2^n + X_1(Q_2^n)'$$

$$D_2 = X_{0.5}(Q_3^n)' + X_{0.5}(Q_2^n)' + X_1(Q_2^n)' + X_1'X'_{0.5}Q_2^n$$

$$D_1 = X_{0.5}Q_3^n Q_2^n + X_1(Q_3^n)'Q_2^n$$

$$Y = Q_3^n(Q_2^n)' + Q_1^n$$

$$Z = Q_3^n(Q_2^n)'$$

（7）电路实现。

电路逻辑图（略）。

（8）检查无关项。

在第（4）步状态分配阶段，状态 $Q_3Q_2Q_1 = 011$、101、111 没有使用，需要针对这些状态在不同输入取值下进行无关项检查。

由图 9-48 可知，当电路处于未分配使用的状态 011、101、111 时，若输入 0.5 元或者 1 元，系统都能进入有效循环，可以自启动，但是售卖机收费出错。因为这些种情况下系统的输出分别是给出 1 瓶饮料、不找钱及给出 1 瓶饮料、找回 0.5 元。因此，本例设计的自动售卖机电路在最初使用时需要预置。

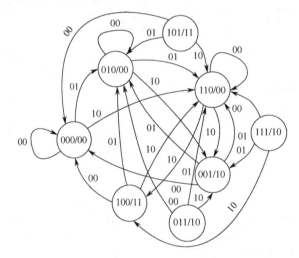

图 9-48　自动售卖机完整状态转换图（摩尔型）

✳ **总结**

摩尔型电路与米里型电路比较，摩尔型电路中的状态总数相对多一些，需要使用较多的触发器资源；但摩尔型电路的输出只与状态有关，输出没有毛刺。

9.2.3　时序锁

【例 9-13】 利用 JK 触发器设计一个时序锁。设计要求如下：

（1）时序锁有两个输入端 X_1 和 X_2，一个输出端 Z；

（2）时序锁内部有四个状态 R、B、C、E；

（3）依次输入 00、01、11，时序锁状态变化为 R→B→C，并开锁（Z = 1）；

（4）若不是上述序列，则进入错误状态 E（Error）；

（5）任何时候只要输入 00，都将返回初始状态 R。

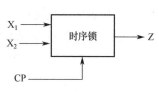

图9-49　时序锁系统框图

解：（1）确定输入/输出，绘制系统框图。

根据题意设同步时钟信号为 CP，绘制系统框图如图 9-49 所示。

（2）利用直接构图法获得原始状态图和原始状态表。

状态设定如下：

R——初始状态，也表示输入 00 后的状态；

B——先输入 00 再输入 01 后系统的状态；

C——先输入 00、01 再输入 11 后系统的状态，且开锁即 Z = 1；

E——错误状态。

分析状态转换情况，如图 9-50 所示。

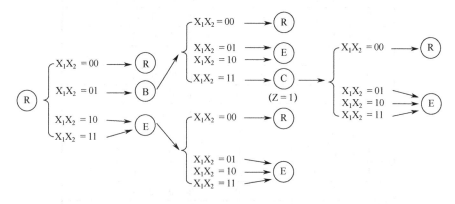

图 9-50　时序锁状态转换情况分析（摩尔型）

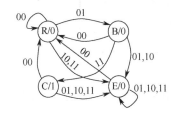

图 9-51　时序锁原始状态图（摩尔型）

整理图 9-50 获得原始状态图（摩尔型），如图 9-51 所示。将其进一步整理为原始状态表，如表 9-26 所示。

（3）状态化简。

表 9-26 已经是最简状态表，不需要再化简。

表 9-26　时序锁原始状态表（摩尔型）

现态	Q^{n+1}				输出
Q^n	$X_1X_2 = 00$	$X_1X_2 = 01$	$X_1X_2 = 11$	$X_1X_2 = 10$	Z
R	R	B	E	E	0
B	R	E	C	E	0
C	R	E	E	E	1
E	R	E	E	E	0

（4）状态分配。

对表 9-26 中的 4 个最简状态 R、B、C、E 进行状态编码，需要使用 2 个 JK 触发器，触发器输出端用 Q_2Q_1 表示。基于次佳编码原则进行相邻性检验，给予如图 9-52 所示的状态分配：R——00；B——01；E——10；C——11。

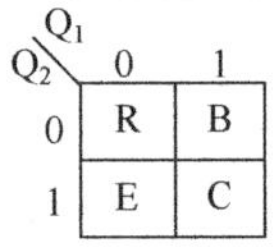

（5）获得状态转移表及触发器激励。

结合状态分配、最简状态表获得状态转移表及触发器激励，如表 9-27 所示。其中，各个 JK 触发器的激励是直接根据其现态到次态的转换情况确定的，其中"Φ"代表任意项。

图 9-52 分配相邻编码

表 9-27 时序锁状态转移表及触发器激励（摩尔型）

| 输入及现态 | | | | 次态 | | 触发器 | | | | 输出 |
X_1	X_2	Q_2^n	Q_1^n	Q_2^{n+1}	Q_1^{n+1}	J_2	K_2	J_1	K_1	Z
0	0	0	0	0	0	0	Φ	0	Φ	0
0	0	0	1	0	0	0	Φ	Φ	1	0
0	0	1	0	0	0	Φ	1	0	Φ	0
0	0	1	1	0	0	Φ	1	Φ	1	1
0	1	0	0	0	1	0	Φ	1	Φ	0
0	1	0	1	1	0	1	Φ	Φ	1	0
0	1	1	0	1	0	Φ	0	0	Φ	0
0	1	1	1	1	0	Φ	0	Φ	1	1
1	0	0	0	1	0	1	Φ	0	Φ	0
1	0	0	1	1	0	1	Φ	Φ	1	0
1	0	1	0	1	0	Φ	0	0	Φ	0
1	0	1	1	1	0	Φ	0	Φ	1	1
1	1	0	0	1	0	1	Φ	0	Φ	0
1	1	0	1	1	1	1	Φ	Φ	0	0
1	1	1	0	1	0	Φ	0	0	Φ	0
1	1	1	1	1	0	Φ	0	Φ	1	1

（6）卡诺图化简。

根据表 9-27 进行卡诺图化简，如图 9-53 所示，得到激励（输入）函数表达式、输出函数表达式如下：

$$J_2 = X_2Q_1^n + X_1$$
$$K_2 = X_2'X_1'$$
$$J_1 = X_1'X_2(Q_2^n)'$$
$$K_1 = Q_2^n + X_1' + X_2'$$
$$Z = Q_2^nQ_1^n$$

（7）电路实现。

根据激励（输入）函数表达式及输出函数表达式，画出逻辑图，如图 9-54 所示。该电路没有无关项，不需要检查自启动。

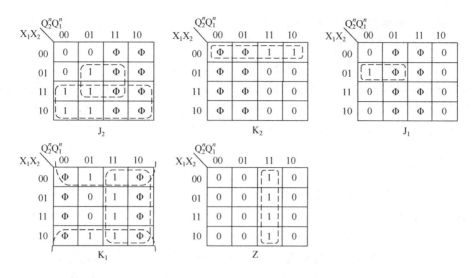

图 9-53 卡诺图化简

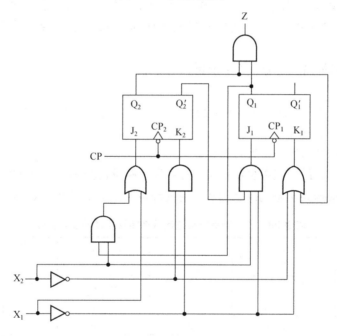

图 9-54 时序锁逻辑图（摩尔型）

9.2.4 二进制串行加法器

【例 9-14】 利用触发器设计一个同步二进制串行加法器。

解： 9.1.2 小节介绍了如何获得同步二进制串行加法器的原始状态图和原始状态表，下面给出它的完整设计过程，并采用两种方法实现。

方法 1：利用 JK 触发器实现。

（1）确定输入/输出，绘制系统框图。

根据题意该电路需要两个串行输入端，用 X_1 和 X_2 表示；串行相加的和用 Z 表示；同步时钟信号为 CP，绘制系统框图如图 9-9 所示。

（2）利用直接构图法获得原始状态图和原始状态表。

对串行加法运算而言，当前输入的两个一位二进制数 X_1 和 X_2 相加，产生"和"及"进位"。"和"作为 Z 输出被取走，"进位"将留在运算器内部参与下一次运算。因此，加法器内部状态只有两种可能：无进位、有进位，分别用字符 a 和 b 表示，即

　　a——无进位；

　　b——有进位。

同时，状态 a 也代表加法器内部的初始状态，没有进位。

根据直接构图法，从没有进位的初始状态 a 开始，当输入 X_2X_1 分别为 00、01、10 时，相加后都不产生进位，因此次态还是 a 本身，Z 输出分别是 0、1、1；当输入 X_2X_1 为 11 时，相加后将产生进位，因此次态将变成 b，Z 输出是 0。至此，当输入 X_2X_1 取不同的值时，从初始状态 a 出发的所有可能的次态转换及输出都已考虑到，没有任何遗漏。

接着分析当输入 X_2X_1 取不同的值时，从状态 b 开始的所有可能的次态转换及输出，获得如图 9-10 所示的原始状态图，并将其整理为原始状态表，如表 9-5 所示。

（3）状态化简。

表 9-5 已经是最简状态表，不需要再化简。

（4）状态分配。

对表 9-5 中的 2 个最简状态 a 和 b 进行状态编码，需要使用 1 个 JK 触发器，触发器输出端用 Q 表示。状态分配：初始状态 a——0；b——1。

（5）获得状态转移表及触发器激励。

结合状态分配、最简状态表获得状态转移表及触发器激励，如表 9-28 所示。其中，JK 触发器的激励是根据其现态到次态的转换情况确定的，其中"Φ"代表任意项。

表 9-28　二进制串行加法器状态转移表及触发器激励

输入及现态 X_1 X_2 Q	次态 Q^{n+1}	触发器 J K	输出 Z
0　0　0	0	0　Φ	0
0　0　1	0	Φ　1	1
0　1　0	0	0　Φ	1
0　1　1	1	Φ　0	0
1　0　0	0	0　Φ	1
1　0　1	1	Φ　0	0
1　1　0	1	1　Φ	0
1　1　1	1	Φ　0	1

（6）卡诺图化简。

根据表 9-28 进行卡诺图化简，如图 9-55 所示，得到激励（输入）函数表达式、输出函数表达式如下：

$$J = X_2 X_1$$
$$K = X_2' X_1'$$
$$Z = X_2 \oplus X_1 \oplus Q^n$$

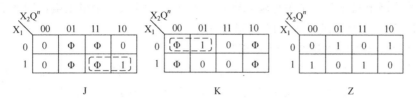

图 9-55　卡诺图化简

（7）电路实现。

根据激励（输入）函数表达式及输出函数表达式，画出逻辑图，如图 9-56 所示。该电路没有无关项，不需要检查自启动。

方法 2：利用一位全加器和 D 触发器实现。

回想一下，在组合逻辑电路中我们学过一个专门用来对两个一位二进制数执行加法运算的逻辑部件——全加器。对两个 n 位二进制数的加法运算，在串行输入方式下，每次输入全加器 a_i 和 b_i 的两个低位数相加产生"和"S_i 和"进位"C_i。需要把"进位"C_i 保存下来使其参与下一次的高位运算。因此，这里需要一个能把进位值 C_i 原样保留并能传递回全加器输入端 C_{i-1} 的时序逻辑部件——D 触发器，具体实现电路逻辑图如图 9-57 所示。

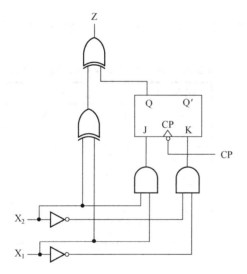

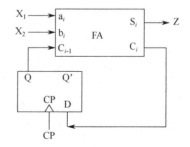

图 9-56　二进制串行加法器逻辑图（方法 1）　　图 9-57　二进制串行加法器逻辑图（方法 2）

9.2.5　串行输入的 8421BCD 码检测器

【例 9-15】利用 D 触发器设计一个串行输入的 8421BCD 码误码检测器，设计要求如下：

（1）将 8421BCD 码低位在前、高位在后串行地加到检测器的输入端；

（2）电路每接收一组代码，即在收到第 4 位代码时都给出判断。若是错误代码，则输出为 1；否则，输出为 0，电路又回到初始状态并开始接收下一组代码。

解：（1）确定输入/输出，绘制系统框图。

根据题意该电路需要一个串行输入端，用 X 表示；需要一个输出端，用 Z 表示；同步时钟信号为 CP，绘制系统框图如图 9-58 所示。

（2）利用直接构图法获得原始状态图。

从初始状态 A 开始，这个初始状态没有特殊含义，仅仅代表一个起点。利用直接构图法，每来一个输入，次态都分成左右两种情况；直到收到第 4 位代码时电路给出判断，并返回初始状态 A 等待接收下一组代码。由此得到 8421BCD 码误码检测器原始状态图（如图 9-59 所示）和原始状态表（如表 9-29 所示）。

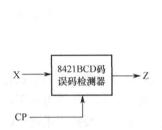 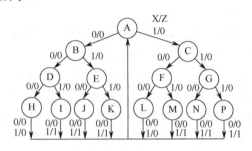

图 9-58　8421BCD 码误码检测器系统框图　　图 9-59　8421BCD 码误码检测器原始状态图

（3）状态化简。

对表 9-29 所示的原始状态表利用隐含表进行化简，最后得到包含 6 个状态的最简状态表，如表 9-30 所示。

表 9-29　8421BCD 码误码检测器原始状态表

现态	Q^{n+1}/Z	
Q^n	X = 0	X = 1
A	B / 0	C / 0
B	D / 0	E / 0
C	F / 0	G / 0
D	H / 0	I / 0
E	J / 0	K / 0
F	L / 0	M / 0
G	N / 0	P / 0
H	A / 0	A / 0
I	A / 0	A / 1
J	A / 0	A / 1
K	A / 0	A / 1
L	A / 0	A / 0
M	A / 0	A / 1
N	A / 0	A / 1
P	A / 0	A / 1

表 9-30　8421BCD 码误码检测器最简状态表

现态	Q^{n+1}/Z	
Q^n	X = 0	X = 1
A	B / 0	B / 0
B	D / 0	E / 0
D	H / 0	I / 0
E	I / 0	I / 0
H	A / 0	A / 0
I	A / 0	A / 1

（4）状态分配。

对表 9-30 中的 6 个最简状态进行状态编码，需要使用 3 个 D 触发器，触发器输出端用 $Q_3Q_2Q_1$ 表示。基于次佳编码原则进行相邻性检验。

规则（1）：次态相同，现态编码应相邻，所以 HI、DE 应给予相邻编码；

规则（2）：同一现态对应的次态应给予相邻编码，所以 DE、HI 应给予相邻编码；

规则（3）：输出相同，现态编码应相邻，所以 ABDEH 应给予相邻编码；

具体状态分配如图 9-60 所示，即 A——000；B——001；D——011；I——010；E——111；H——110。

（5）获得状态转移表及触发器激励。

结合状态分配、最简状态表获得状态转移表及触发器激励，如表 9-31 所示。其中，各个 D 触发器的激励是直接根据其次态情况确定的，其中 Φ 代表任意项。

图 9-60　分配相邻编码

表 9-31　8421BCD 码误码检测器状态转移表及触发器激励

输入及现态				次态			触发器			输出
X	Q_3^n	Q_2^n	Q_1^n	Q_3^{n+1}	Q_2^{n+1}	Q_1^{n+1}	D_3	D_2	D_1	Z
0	0	0	0	0	0	1	0	0	1	0
0	0	0	1	0	1	1	0	1	1	0
0	0	1	0	0	0	0	0	0	0	0
0	0	1	1	1	1	0	1	1	0	0
0	1	0	0	Φ	Φ	Φ	Φ	Φ	Φ	Φ
0	1	0	1	Φ	Φ	Φ	Φ	Φ	Φ	Φ
0	1	1	0	0	0	0	0	0	0	0
0	1	1	1	0	1	0	0	1	0	0
1	0	0	0	0	0	0	0	0	1	0
1	0	0	1	1	1	1	1	1	1	0
1	0	1	0	0	0	0	0	0	0	1
1	0	1	1	0	1	0	0	1	0	0
1	1	0	0	Φ	Φ	Φ	Φ	Φ	Φ	Φ
1	1	0	1	Φ	Φ	Φ	Φ	Φ	Φ	Φ
1	1	1	0	0	0	0	0	0	0	0
1	1	1	1	0	1	0	0	1	0	0

（6）卡诺图化简。

根据表 9-31 进行卡诺图化简，如图 9-61 所示，得到激励（输入）函数表达式、输出函数表达式如下：

$D_3 = (Q_3^n)'Q_2^nQ_1^nX' + X(Q_2^n)'Q_1^n$

$D_2 = Q_1^n$

$D_1 = (Q_2^n)'$

$Z = X(Q_3^n)'Q_2^n(Q_1^n)'$

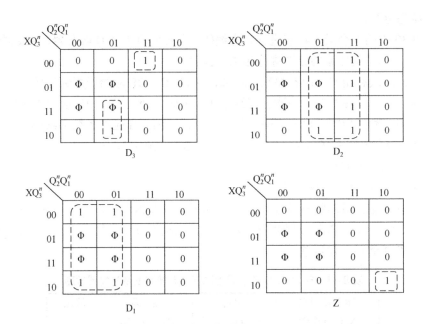

图 9-61　卡诺图化简

（7）电路实现。

根据激励（输入）函数表达式及输出函数表达式，画出逻辑图，如图 9-62 所示。

（8）检查无关项。

在第（4）步状态分配阶段，状态 $Q_3Q_2Q_1 = 100$ 和 101 没有使用，在不同输入取值下将无关状态 $Q_3Q_2Q_1 = 100$ 和 101 分别代入次态方程和输出方程进行计算，该系统可以自启动，如图 9-63 所示。

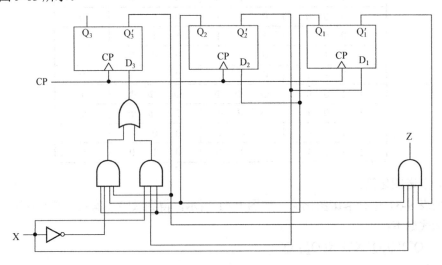

图 9-62　8421BCD 码误码检测器逻辑图

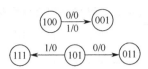

图 9-63　8421BCD 码误码检测器未使用状态的转换情况检查

9.2.6　奇偶校验器

【例 9-16】　利用 T 触发器设计一个串行输入奇校验检测器。

解：（1）确定输入/输出，绘制系统框图。

根据题意该电路需要一个串行输入端，用 X 表示；需要一个输出端，用 Z 表示；同步时钟信号为 CP，绘制系统框图如图 9-64 所示。

（2）利用直接构图法获得原始状态图。

状态设定如下：

S_0——表示收到偶数个"1"，也表示初始状态 0 个"1"；

S_1——表示收到奇数个"1"，且输出 Z = 1。

分析状态转换情况，得到串行输入的奇校验检测器的原始状态图（如图 9-65 所示）和原始状态表（如表 9-32 所示）。

图 9-64　串行输入奇校验检测器系统框图　　图 9-65　串行输入奇校验检测器原始状态图

表 9-32　串行输入奇校验检测器原始状态表

现态 Q^n	Q^{n+1}/Z		输出
	X = 0	X = 1	Z
S_0	S_0	S_1	0
S_1	S_1	S_0	1

（3）状态化简。

表 9-32 已经是最简状态表，不需要再化简。

（4）状态分配。

对表 9-32 中的 2 个最简状态 S_0 和 S_1 进行状态编码，需要使用 1 个 T 触发器，触发器输出端用 Q 表示。状态分配：初始状态 S_0——0；S_1——1。

（5）获得状态转移表及触发器激励。

结合状态分配、最简状态表获得状态转移表及触发器激励，如表 9-33 所示。其中，T 触发器的激励是根据其现态到次态的转换情况确定的。

表 9-33 串行输入奇校验检测器状态转移表及触发器激励

输入及现态 X Q^n	次态 Q^{n+1}	触发器 T	输出 Z
0 0	0	0	0
0 1	1	0	1
1 0	1	1	0
1 1	0	1	1

（6）卡诺图化简。

根据表 9-33 进行卡诺图化简（略），得到激励（输入）函数表达式、输出函数表达式如下：

$$T = X$$

$$Z = Q^n$$

（7）电路实现。

根据激励（输入）函数表达式及输出函数表达式，画出逻辑图，如图 9-66 所示。该电路没有无关项，不需要检查自启动。

图 9-66 串行输入奇校验检测器
逻辑图

9.3 复杂时序逻辑电路的设计

9.3.1 码制转换器

【例 9-17】 利用 D 触发器设计一个同步时序的码制转换器，将串行输入的 8421BCD 码转换为余 3 码。转换器的输入和输出都是最低位优先。

解：（1）确定输入/输出，绘制系统框图。

根据题意该电路需要一个串行输入端，用 X 表示；需要一个输出端，用 Z 表示；同步时钟信号为 CP，绘制系统框图如图 9-67 所示。

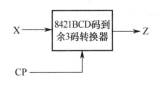

图 9-67 串行输入的 8421BCD 码到
余 3 码转换器系统框图

因为该系统是串行输入/串行输出，所以需要在 $t_0 \sim t_3$ 时刻从低位开始依次送入 8421BCD 码的各位，输出端则从低位开始依次对应给出转换后的余 3 码的各位。

观察表 9-34 所示的转换真值表（Φ 为任意项），很容看出 t_0 时刻的转换规律：输入为 0，输出为 1；输入为 1，输出为 0。

$t_1 \sim t_3$ 时刻单纯看没有规律，需要联合前一时刻的输入一起看。例如，$t_1 t_0$ 时刻输入为 00，则输出为 11；$t_1 t_0$ 时刻输入为 01，则输出为 00；$t_1 t_0$ 时刻输入为 10，则输出为 01；$t_1 t_0$ 时刻输入为 11，则输出为 10，如图 9-68 所示。同理，也可以分别看出高位在 t_2、t_3 时刻的输入/输出规律，如图 9-69 所示。

表 9-34 转换真值表

输入及现态				输出及次态			
t_3	t_2	t_1	t_0	t_3	t_2	t_1	t_0
0	0	0	0	0	0	1	1
0	0	0	1	0	1	0	0
0	0	1	0	0	1	0	1
0	0	1	1	0	1	1	0
0	1	0	0	0	1	1	1
0	1	0	1	1	0	0	0
0	1	1	0	1	0	0	1
0	1	1	1	1	0	1	0
1	0	0	0	1	0	1	1
1	0	0	1	1	1	0	0
1	0	1	0	Φ	Φ	Φ	Φ
1	0	1	1	Φ	Φ	Φ	Φ
1	1	0	0	Φ	Φ	Φ	Φ
1	1	0	1	Φ	Φ	Φ	Φ
1	1	1	0	Φ	Φ	Φ	Φ
1	1	1	1	Φ	Φ	Φ	Φ

输入及现态				输出及次态			
t_3	t_2	t_1	t_0	t_3	t_2	t_1	t_0
0	0	0	0	0	0	1	1
0	0	0	1	0	1	0	0
0	0	1	0	0	1	0	1
0	0	1	1	0	1	1	0
0	1	0	1	0	1	1	1
0	1	0	1	1	0	0	0
0	1	1	0	1	0	0	1
0	1	1	1	1	0	1	0
1	0	0	1	1	0	1	1
1	0	0	1	1	1	0	0

图 9-68 t_1t_0 时刻输入/输出转换规律

t_1t_0时刻输入	t_1t_0时刻输出	$t_2t_1t_0$时刻输入	$t_2t_1t_0$时刻输出	$t_3t_2t_1t_0$时刻输入	$t_3t_2t_1t_0$时刻输出
00	11	000	011	0000	0011
01	00	001	100	0001	0100
10	01	010	101	0010	0101
11	10	011	110	0011	0110
		100	111	0100	0111
		101	000	0101	1000
		110	001	0110	1001
		111	010	0111	1010
				1000	1011
				1001	1100

图 9-69 $t_3t_2t_1t_0$ 时刻输入/输出转换规律

（2）利用直接构图法获得原始状态图。

依据上述分析，从初始状态 A 开始，这个初始状态没有特殊含义，仅仅代表一个起点。利用直接构图法，每来一个输入，次态都分成左右两种情况，并给出转换输出；直到收到第 4 位代码时返回初始状态 A 等待接收下一组代码。由此得到串行输入的 8421BCD 码到余 3 码转换器的原始状态图（如图 9-70 所示）和原始状态表（如表 9-35 所示）。

（3）状态化简。

对表 9-35 所示的原始状态表利用隐含表进行化简，最后得到包含 7 个状态的最简状态表，如表 9-36 所示。

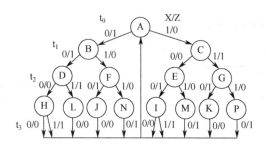

图 9-70　串行输入的 8421BCD 码到余 3 码转换器原始状态转换图

表 9-35　串行输入的 8421BCD 码到余 3 码转换器原始状态表

现态 Q^n	Q^{n+1}/Z	
	X = 0	X = 1
A	B / 1	C / 0
B	D / 1	F / 0
C	E / 0	G / 1
D	H / 0	L / 1
E	I / 1	M / 0
F	J / 1	N / 0
G	K / 1	P / 0
H	A / 0	A / 1
I	A / 0	A / 1
J	A / 0	Φ / Φ
K	A / 0	Φ / Φ
L	A / 0	Φ / Φ
M	A / 1	Φ / Φ
N	A / 1	Φ / Φ
P	A / 1	Φ / Φ

表 9-36　串行输入的 8421BCD 码到余 3 码转换器最简状态表

现态 Q^n	Q^{n+1}/Z	
	X = 0	X = 1
A	B / 1	C / 0
B	D / 1	E / 0
C	E / 0	E / 1
D	H / 0	H / 1
E	H / 1	M / 0
H	A / 0	A / 1
M	A / 1	Φ / Φ

（4）状态分配。

对表 9-36 中的 7 个最简状态进行状态编码，需要使用 3 个 D 触发器，触发器输出端用 $Q_3Q_2Q_1$ 表示。基于次佳编码原则进行相邻性检验，给予如图 9-71 所示的状态分配：初始状态 A——000；B——001；C——101；D——111；E——011；H——110；M——010。

Q_3＼Q_2Q_1	00	01	11	10
0	A	B	E	M
1		C	D	H

图 9-71　分配相邻编码

（5）获得状态转移表及触发器激励。

结合状态分配、最简状态表获得状态转移表及触发器激励，如表 9-37 所示。其中，D 触发器的激励是根据其次态直接确定的，其中 Φ 代表任意项。

表 9-37　8421BCD 码到余 3 码转换器状态转移表及触发器激励

输入及现态				次态			触发器			输出
X	Q_3^n	Q_2^n	Q_1^n	Q_3^{n+1}	Q_2^{n+1}	Q_1^{n+1}	D_3	D_2	D_1	Z
0	0	0	0	0	0	1	0	0	1	1
0	0	0	1	1	1	1	1	1	1	1
0	0	1	0	0	0	0	0	0	0	1
0	0	1	1	1	1	0	1	1	0	1
0	1	0	0	Φ	Φ	Φ	Φ	Φ	Φ	Φ
0	1	0	1	0	1	1	0	1	1	0
0	1	1	0	0	0	0	0	0	0	0
0	1	1	1	1	1	0	1	1	0	0
1	0	0	0	1	0	1	1	0	1	0
1	0	0	1	0	1	1	0	1	1	0
1	0	1	0	Φ	Φ	Φ	Φ	Φ	Φ	Φ
1	0	1	1	0	1	0	0	1	0	0
1	1	0	0	Φ	Φ	Φ	Φ	Φ	Φ	Φ
1	1	0	1	0	1	1	0	1	1	1
1	1	1	0	0	0	0	0	0	0	1
1	1	1	1	1	1	0	1	1	0	1

（6）卡诺图化简。

根据表 9-37 进行卡诺图化简，如图 9-72 所示，得到激励（输入）函数表达式、输出函数表达式如下：

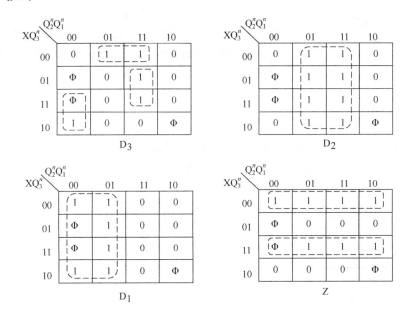

图 9-72　卡诺图化简

$$D_3 = X'(Q_3^n)'(Q_1^n)' + X(Q_2^n)'(Q_1^n)' + Q_3^n Q_2^n Q_1^n$$

$$D_2 = Q_1^n$$

$$D_1 = (Q_2^n)'$$

$$Z = X Q_3^n + X'(Q_3^n)'$$

（7）电路实现。

根据激励（输入）函数表达式及输出函数表达式，画出逻辑图，如图 9-73 所示。

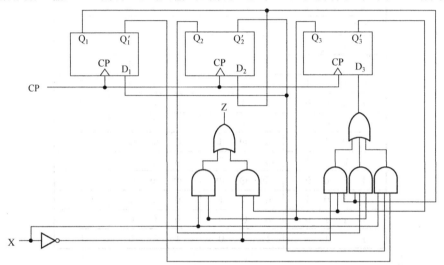

图 9-73　串行输入的 8421BCD 码到余 3 码转换器逻辑图

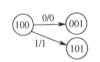

图 9-74　未使用状态的转换情况检查

（8）检查无关项。

在第（4）步状态分配阶段，状态 $Q_3 Q_2 Q_1 = 100$ 没有使用，在不同输入取值下将无关状态 $Q_3 Q_2 Q_1 = 100$ 分别代入次态方程和输出方程进行计算，该系统可以自启动，但输出错误，如图 9-74 所示。

9.3.2　多序列检测器

【例 9-18】　利用 D 触发器设计一个同步时序逻辑电路，当输入序列以 010 或 1001 结尾时（允许重叠检测），输出 $Z = 1$；否则，$Z = 0$。

解：（1）确定输入/输出，绘制系统框图。

根据题意该电路需要一个串行输入端，用 X 表示；需要一个输出端，用 Z 表示；同步时钟信号为 CP，绘制系统框图如图 9-75 所示。根据题意，可重叠检测方式下输入/输出对应关系如图 9-76 所示。

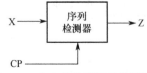

图 9-75　多序列检测器系统框图

图 9-76　可重叠检测输入/输出对应关系

（2）利用直接构图法获得原始状态图。

本例需要检测"010"和"1001"两个子序列，因此分别针对二者进行状态设定。

① 子序列"010"检测的状态设定：

S_0——表示没有任何输入，也表示初始状态；

S_1——表示序列以"0"结束；

S_2——表示序列以"01"结束；

S_3——表示序列以"010"结束，此时输出标志 $Z = 1$。

利用直接构图法，获得如图 9-77 所示的"010"子序列的局部原始状态图。

② 子序列"1001"检测的状态设定（"010"中的 10 可以被"1001"检测重用）：

S_0——表示没有任何输入，也表示初始状态；

S_1——表示序列以"0"结束；

S_2——表示序列以"01"结束；

S_3——表示序列以"010"结束，此时输出标志 $Z = 1$；

S_4——表示接收到 1001 序列的第一个"1"；（"1001 中"的 01 可以被"010"检测重用）；

S_5——表示序列以"100"结束。

利用直接构图法，获得如图 9-78 所示的"010"及"1001"子序列的完整状态图。

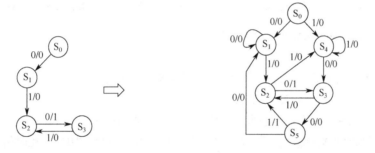

图 9-77　"010"子序列的局部原始状态图　　　图 9-78　"010"及"1001"子序列的完整状态图

在此基础上进行状态化简、状态分配，得到状态转移表及触发器激励，进行卡诺图化简后得到电路实现，同时对无关项进行检查以确定自启动情况。后续这些设计留给读者自行完成。

9.4　利用触发器设计异步时序逻辑电路

9.4.1　利用触发器设计异步时序逻辑电路的方法

在异步时序逻辑电路中没有统一的时钟信号，利用触发器设计异步时序逻辑电路具有如下特点：

（1）异步时序逻辑电路中要求每次输入信号发生变化后，必须等电路进入稳定状态，才允许输入信号再次发生改变；

（2）时钟脉冲也要作为一个输入变量加以考虑；

（3）为避免电路中出现险象，异步时序逻辑电路中每一时刻仅允许一个输入信号发生变化，不允许两个脉冲同时输入。因此，n 个输入端有 $n+1$ 个输入取值组合。

例如，在异步时序逻辑电路中，$X_1X_2X_3$ 是三个输入端，则电路共有 4 个输入组合：000、001、010、100。其中，000 表示没有脉冲输入，011、101、110、111 是不允许出现的输入取值组合。

【例 9-19】 用 D 触发器设计一个"X_1-X_2-X_2"脉冲序列检测器，其中，X_1、X_2 为不同时出现的脉冲。

分析：（1）根据题意该电路需要两个串行输入端，用 X_1 和 X_2 表示；需要一个输出端，用 Z 表示；时钟信号为 CP_1 和 CP_2，"X_1-X_2-X_2"脉冲序列检测器的系统框图及输入/输出关系分别如图 9-79 及图 9-80 所示。

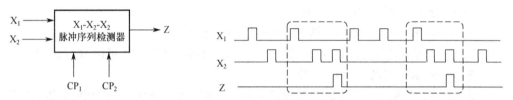

图 9-79 "X_1-X_2-X_2"脉冲序列检测器系统框图　　图 9-80 "X_1-X_2-X_2"脉冲序列检测器输入/输出关系

（2）利用直接构图法获得原始状态图。

状态设定：

S_0——表示没有输入，也表示初始状态，即 $X_1X_2 = 00$；

S_1——表示先收到一个 X_1，即 $X_1X_2 = 10$；

S_2——表示收到 X_1-X_2，即收到"10"后，又收到"01"；

S_3——表示收到 X_1-X_2-X_2，即收到"10""01"后，又收到"01"，此时输出标志 Z = 1。

分析状态转换情况，如图 9-81 所示。

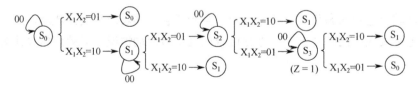

图 9-81 "X_1-X_2-X_2"脉冲序列检测器状态转换情况分析

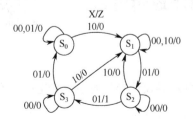

图 9-82 "X_1-X_2-X_2"脉冲序列检测器原始状态图（米里型）

整理图 9-81 获得原始状态图（米里型），如图 9-82 所示。将其进一步整理为原始状态表，如表 9-38 所示，其中 Φ 代表任意项。

（3）状态化简。

对表 9-38 所示的原始状态表利用隐含表进行化简，最后得到包含 3 个状态的最简状态表，如表 9-39 所示。

表9-38　"X_1-X_2-X_2"脉冲序列检测器原始状态表

现态 Q^n	Q^{n+1}			
	$X_1X_2 = 00$	$X_1X_2 = 01$	$X_1X_2 = 10$	$X_1X_2 = 11$
S_0	$S_0 / 0$	$S_0 / 0$	$S_1 / 0$	Φ
S_1	$S_1 / 0$	$S_2 / 0$	$S_1 / 0$	Φ
S_2	$S_2 / 0$	$S_3 / 1$	$S_1 / 0$	Φ
S_3	$S_3 / 0$	$S_0 / 0$	$S_1 / 0$	Φ

表9-39　"X_1-X_2-X_2"脉冲序列检测器最简状态表

现态 Q^n	Q^{n+1}			
	$X_1X_2 = 00$	$X_1X_2 = 01$	$X_1X_2 = 10$	$X_1X_2 = 11$
S_0	$S_0 / 0$	$S_0 / 0$	$S_1 / 0$	Φ
S_1	$S_1 / 0$	$S_2 / 0$	$S_1 / 0$	Φ
S_2	$S_2 / 0$	$S_0 / 1$	$S_1 / 0$	Φ

（4）状态分配。

对表9-39中的3个最简状态进行状态编码，需要使用2个D触发器，触发器输出端用Q_2Q_1表示。基于次佳编码原则进行相邻性检验。

规则（1）：次态相同，现态编码应相邻，所以S_0S_2、S_0S_1、S_1S_2应给予相邻编码。

规则（2）：同一现态对应的次态应给予相邻编码，所以S_0S_1、S_1S_2、S_0S_2应给予相邻编码。

规则（3）：输出相同，现态编码应相邻，所以S_0S_2、S_0S_1应给予相邻编码。

具体状态分配为：初始状态S_0——00；S_1——01；S_2——10；

（5）D触发器的激励表。

如果将CP看成控制函数，D触发器的特征表达式（即次态方程）可以描述为

$$Q^{n+1} = D \cdot CP + Q^n \cdot CP'$$

若CP = 1，则$Q^{n+1} = D$，表示有时钟脉冲边沿时，正常执行D触发器的功能。

若CP = 0，则$Q^{n+1} = Q^n$，表示没有时钟脉冲边沿时，D触发器执行保持功能。

因此，在时钟信号的控制下，D触发器的激励表如表9-40所示。其中，Φ代表任意项。显然，对一个触发器而言，如果不需要它改变状态，那么只要不给它提供时钟信号即可，此时触发器的输入端就不需要任何控制了，可以随意。

表9-40　D触发器的激励表

Q_n → Q_{n+1}	CP	D
0 → 0	0	Φ
0 → 1	1	1
1 → 0	1	0
1 → 1	0	Φ

（6）获得状态转移表及触发器激励。

结合状态分配、最简状态表获得状态转移表及触发器激励，如图9-83所示。其中，D触发器的激励是根据其现态到次态的转换情况及时钟信号共同确定的。

（7）卡诺图化简。

卡诺图化简如图9-84所示，得到激励（输入）函数表达式、输出函数表达式如下：

$$CP_2 = X_2Q_1^n + X_2Q_2^n + X_1Q_2^n$$

$$CP_1 = X_2Q_1^n + X_1(Q_1^n)'$$

$$D_2 = Q_1^n$$

$$D_1 = (Q_1^n)'$$

$$Z = X_2Q_2^n$$

| 确定CP₂: 看$Q_2^n \to Q_2^{n+1}$ | 确定D₂: 看CP₂和Q_2^{n+1} |
| 确定CP₁: 看$Q_1^n \to Q_1^{n+1}$ | 确定D₁: 看CP₁和Q_1^{n+1} |

输入及现态				次态		输入				输出
X_1	X_2	Q_2^n	Q_1^n	Q_2^{n+1}	Q_1^{n+1}	CP_2	D_2	CP_1	D_1	Z
0	0	0	0	0	0	0	Φ	0	Φ	0
0	0	0	1	0	1	0	Φ	0	Φ	0
0	0	1	0	1	0	0	Φ	0	Φ	0
0	0	1	1	Φ	Φ	Φ	Φ	Φ	Φ	Φ
0	1	0	0	0	0	0	Φ	0	Φ	0
0	1	0	1	1	0	1	1	1	0	0
0	1	1	0	0	0	1	0	0	Φ	1
0	1	1	1	Φ	Φ	Φ	Φ	Φ	Φ	Φ
1	0	0	0	0	1	0	Φ	1	1	0
1	0	0	1	0	1	0	Φ	0	Φ	0
1	0	1	0	0	1	1	0	1	1	0
1	0	1	1	Φ	Φ	Φ	Φ	Φ	Φ	Φ
1	1	0	0	Φ	Φ	Φ	Φ	Φ	Φ	Φ
1	1	0	1	Φ	Φ	Φ	Φ	Φ	Φ	Φ
1	1	1	0	Φ	Φ	Φ	Φ	Φ	Φ	Φ
1	1	1	1	Φ	Φ	Φ	Φ	Φ	Φ	Φ

图 9-83 "X_1-X_2-X_2" 脉冲序列检测器状态转移表及触发器激励

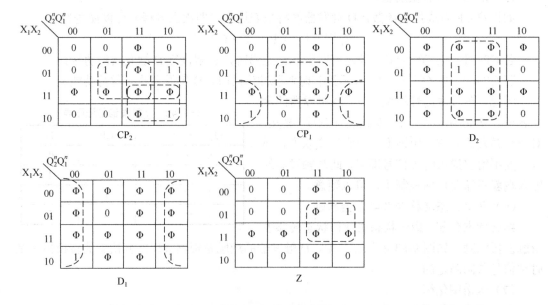

图 9-84 卡诺图化简

（8）电路实现。

根据激励（输入）函数表达式及输出函数表达式画出逻辑图，如图 9-85 所示。

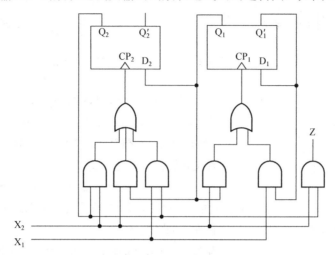

图 9-85 "X_1-X_2-X_2" 脉冲序列检测器逻辑图

（9）检查无关项。

在第（4）步状态分配阶段，状态 $Q_2Q_1 = 11$ 没有使用，在不同输入取值下将其代入次态方程进行计算，该系统不能自启动，如图 9-86 所示。

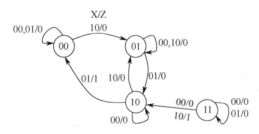

图 9-86 未使用状态的转换情况检查

9.4.2 利用触发器设计异步计数器

利用触发器设计异步计数器的原则如下。

（1）在时序图中，凡是触发器状态翻转的地方，都必须为其提供时钟脉冲。

（2）在满足触发器状态翻转的前提下，时钟脉冲的数量越少越好。

【例 9-20】 试用下降沿触发的 JK 触发器设计异步模 5 加法计数器。

分析：（1）确定输入/输出，绘制系统框图。

根据题意该电路需要一个外接时钟输入，用 CP 表示；需要一个输出，用 Z 表示，代表进位，系统框图如图 9-87 所示。

（2）确定触发器数量，画状态图。

异步模 5 加法计数器需要 3 个 JK 触发器，直接画出状态图，如图 9-88 所示。

图 9-87 异步模 5 加法计数器系统框图

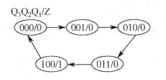

图 9-88 异步模 5 加法计数器状态图

Q_3	Q_2	Q_1
0	0	0
0	0	1
0	1	0
0	1	1
1	0	0
0	0	0

图 9-89 各触发器状态翻转及产生
下降沿情况

（实线箭头表示可以产生下降沿）

（3）确定各触发器时钟信号的接法。

各触发器状态翻转及产生下降沿情况如图 9-89 所示。

确定 CP_1：Q_1 翻转了 4 次，所以触发器 1 只能由外接时钟源 CP 提供下降沿，即 $CP_1 = CP$。

确定 CP_2：Q_2 翻转了 2 次，需两个下降沿，恰好此时 Q_1 有两个下降沿，所以触发器 2 可以由触发器 1 的 Q_1 提供下降沿，即 $CP_2 = Q_1$。

确定 CP_3：Q_3 翻转了 2 次，需两个下降沿，但此时 Q_2、Q_1 及 Q_2'、Q_1' 都不能提供，所以 CP_3 只能接 CP，即 $CP_3 = CP$。

（4）获得状态转移表及触发器激励。

结合异步时序逻辑电路设计原则、异步模 5 加法计数器状态图及各触发器时钟信号分配，获得状态转移表及触发器激励，如图 9-90 所示。其中，JK 触发器的激励是根据其现态到次态的转换情况及时钟信号共同确定的。

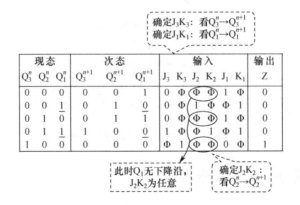

图 9-90 状态转移表及触发器激励

（5）卡诺图化简。

卡诺图化简如图 9-91 所示，得到激励（输入）函数表达式、输出函数表达式如下：

$J_3 = Q_2^n Q_1^n$，$K_3 = 1$

$J_2 = 1$，$K_2 = 1$

$J_1 = (Q_3^n)'$，$K_1 = 1$

$Z = Q_3^n$

$$CP_2 = Q_1^n \downarrow$$

$$CP_3 = CP_1 = CP \downarrow$$

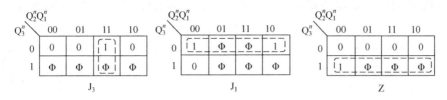

图 9-91　卡诺图化简

（6）电路实现。

根据激励（输入）函数表达式及输出函数表达式画出逻辑图，如图 9-92 所示。

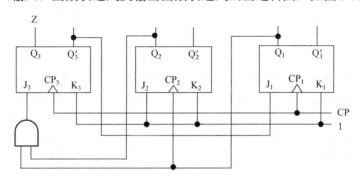

图 9-92　异步模 5 加法计数器逻辑图

（7）检查无关项。

状态 $Q_3Q_2Q_1 = 101$、110、111 没有使用，将其代入次态方程进行计算，结果如图 9-93 所示。该计数器可以自启动，完整状态图如图 9-94 所示。

现态			次态			输入			输出
Q_3^n	Q_2^n	Q_1^n	Q_3^{n+1}	Q_2^{n+1}	Q_1^{n+1}	CP_3	CP_2	CP_1	Z
1	0	1	0	1	0	↓	↓	↓	1
1	1	0	0	1	0	↓	0	↓	1
1	1	1	0	0	0	↓	↓	↓	1

图 9-93　异步模 5 加法计数器未使用状态的转换情况检查

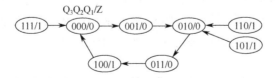

图 9-94　异步模 5 加法计数器完整状态图

【例 9-21】　试用上升沿触发的 D 触发器设计实现异步模 10 加法计数器。

分析：（1）确定输入/输出，绘制系统框图。

根据题意该电路需要一个外接时钟输入，用 CP 表示；需要一个输出，用 Z 表示，代表进位，系统框图如图 9-95 所示。

（2）确定触发器数量，画状态图。

异步模 10 加法计数器需要 4 个 D 触发器，直接画出状态图，如图 9-96 所示。

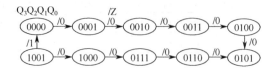

图 9-95　异步模 10 加法计数器系统框图　　　　图 9-96　异步模 10 加法计数器状态图

（3）确定各触发器时钟信号的接法。

各触发器状态翻转及产生下降沿情况如图 9-97 所示。

确定 CP_0：Q_0 翻转了 10 次，所以触发器 0 只能由外接时钟源 CP 提供上升沿，即 $CP_0 = CP$。

确定 CP_1：Q_1 翻转了 4 次，需 4 个上升沿，恰好此时 Q_0 有 5 个下降沿（意味着 Q_0' 有 5 个上升沿），所以触发器 1 可以由触发器 0 的 Q_0' 提供上升沿，即 $CP_1 = Q_0'$。

确定 CP_2：Q_2 翻转了 2 次，需 2 个上升沿，恰好此时 Q_1 有 2 下降沿（意味着 Q_1' 有 2 个上升沿），所以触发器 2 可以由触发器 1 的 Q_1' 提供上升沿，即 $CP_2 = Q_1'$。

确定 CP_3：Q_3 翻转了 2 次，需 2 个上升沿，此时恰好 Q_0 可以提供下降沿（意味着 Q_0' 可以提供上升沿），所以触发器 3 可以由触发器 0 的 Q_0' 提供上升沿，即 $CP_3 = Q_0'$。

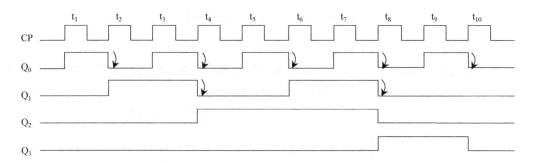

图 9-97　各触发器状态翻转及产生下降沿情况

（4）获得状态转移表及触发器激励。

结合异步时序逻辑电路设计原则、异步模 10 加法计数器状态图及各触发器时钟信号分配，获得状态转移表及触发器激励，如图 9-98 所示。其中，D 触发器的激励是根据其现态到次态的转换情况及时钟信号共同确定的，"Φ" 为任意项。

（5）卡诺图化简。

卡诺图化简如图 9-99 所示，得到激励（输入）函数表达式、输出函数表达式如下：

$D_3 = Q_2^n Q_1^n$

$D_2 = (Q_2^n)'$

$D_1 = (Q_3^n)'(Q_1^n)'$

$$D_0 = (Q_0^n)'$$
$$Z = Q_3^n Q_0^n$$

确定CP₃和CP₁：
看$(Q_0^n)' \to (Q_0^{n+1})'$

现态				次态				输入								输出
Q_3^n	Q_2^n	Q_1^n	Q_0^n	Q_3^{n+1}	Q_2^{n+1}	Q_1^{n+1}	Q_0^{n+1}	CP_3	CP_2	CP_1	CP_0	D_3	D_2	D_1	D_0	Z
0	0	0	0	0	0	0	1	0	0	0	↑	Φ	Φ	Φ	1	0
0	0	0	1	0	0	1	0	↑	0	↑	↑	0	Φ	1	0	0
0	0	1	0	0	0	1	1	0	0	0	↑	Φ	Φ	Φ	1	0
0	0	1	1	0	1	0	0	↑	0	↑	↑	0	1	0	0	0
0	1	0	0	0	1	0	1	0	0	0	↑	Φ	Φ	Φ	1	0
0	1	0	1	0	1	1	0	0	0	↑	↑	0	Φ	1	0	0
0	1	1	0	0	1	1	1	0	0	0	↑	Φ	Φ	Φ	1	0
0	1	1	1	1	0	0	0	↑	↑	↑	↑	1	0	0	0	0
1	0	0	0	1	0	0	1	0	0	0	↑	Φ	Φ	Φ	1	0
1	0	0	1	0	0	0	0	↑	0	↑	↑	0	Φ	0	0	1

确定CP₂：
看$(Q_1^n)' \to (Q_1^{n+1})'$

图 9-98　状态转移表及触发器激励

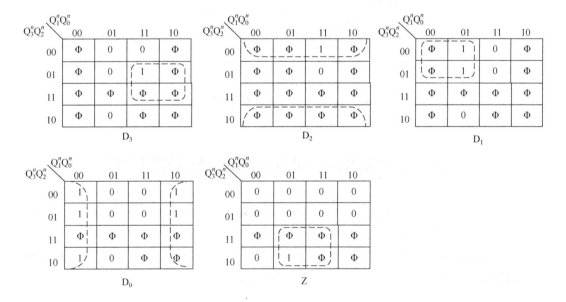

图 9-99　卡诺图化简

（6）电路实现。

根据激励（输入）函数表达式及输出函数表达式画出逻辑图，如图 9-100 所示。

（7）检查无关项。

$Q_3Q_2Q_1Q_0 = 1010$、1011、1100、1101、1110、1111 等 6 个状态没有使用，将其代入次态方程进行计算，结果如图 9-101 所示。该计数器可以自启动，完整状态图如图 9-102 所示。

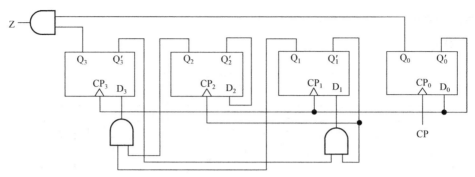

图 9-100　异步模 10 加法计数器逻辑图

现态				次态				输入				输出
Q_3^n	Q_2^n	Q_1^n	Q_0^n	Q_3^{n+1}	Q_2^{n+1}	Q_1^{n+1}	Q_0^{n+1}	CP_3	CP_2	CP_1	CP_0	Z
1	0	1	0	0	0	1	1	↑	0	0	↑	1
1	0	1	1	0	1	0	0	↑	↑	↑	↑	1
1	1	0	0	0	1	0	1	0	0	0	↑	0
1	1	0	1	0	1	0	0	↑	↑	↑	↑	1
1	1	1	0	1	1	1	1	0	0	0	↑	0
1	1	1	1	1	0	0	0	↑	↑	↑	↑	1

图 9-101　异步模 10 加法计数器未使用状态的转换情况检查

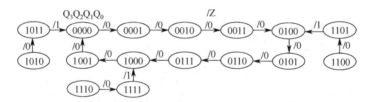

图 9-102　异步模 10 加法计数器完整状态图

9.5　应用案例——时序逻辑电路故障诊断

在实际应用中，时序逻辑电路出现问题首先要检查触发器是否正常工作。在确认触发器没有问题后，再按照触发器状态转换情况分析具体问题所在。

【例 9-22】某同步时序 TTL 电路如图 9-103 所示，按图接线后得到如图 9-104 所示的循环状态图。经检查，触发器工作正常，试分析故障所在。

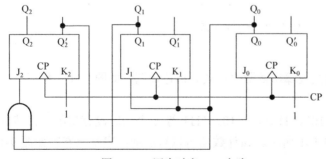

图 9-103　同步时序 TTL 电路

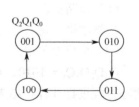

图 9-104　接线后实测状态图

分析：（1）根据给定的逻辑图获得正确的状态图。根据给定的逻辑图，可以列写如下方程。

① 输入方程：

$$J_0 = (Q_2^n)', \quad K_0 = 1$$
$$J_1 = K_1 = Q_0^n$$
$$J_2 = Q_0^n Q_1^n, \quad K_2 = 1$$

② 次态方程：

$$Q_0^{n+1} = (Q_0^n)'(Q_2^n)'$$
$$Q_1^{n+1} = Q_0^n \oplus Q_1^n$$
$$Q_2^{n+1} = Q_0^n Q_1^n (Q_2^n)'$$

③ 正确的状态图。

根据次态方程绘制给定电路正确的状态图，此电路功能是可以自启动的模 5 加法计数器，如图 9-105 所示。

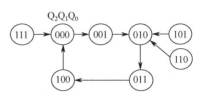

图 9-105　给定电路正确的状态图

（2）故障分析。

① 已知触发器工作正常说明电源和地线接触良好，时钟信号 CP 送入正常，故障只可能在进位链或驱动回路中。

② 分析各触发器状态。

根据图 9-104 所示实测状态图，令触发器的现态 $Q_2^n Q_1^n Q_0^n$ 分别为 001、010、011、100，将其分别代入各触发器的次态方程进行计算。

检查触发器 2：

将触发器的现态 $Q_2^n Q_1^n Q_0^n$ 分别取值 001、010、011、100，代入触发器 2 的次态方程 $Q_2^{n+1} = Q_0^n Q_1^n (Q_2^n)'$ 进行计算，得出次态 Q_2^{n+1} 分别为 0、0、1、0，如图 9-106（a）所示，所以触发器 2 没有问题。

检查触发器 1：

将触发器的现态 $Q_2^n Q_1^n Q_0^n$ 分别取值 001、010、011、100，代入触发器 1 的次态方程 $Q_1^{n+1} = Q_0^n \oplus Q_1^n$ 进行计算，得出次态 Q_1^{n+1} 分别为 1、1、0、0，如图 9-106（b）所示，所以触发器 1 没有问题。

检查触发器 0：

将触发器的现态 $Q_2^n Q_1^n Q_0^n$ 分别取值 001、010、011、100，代入触发器 0 的次态方程 $Q_1^{n+1} = (Q_0^n)'(Q_2^n)'$ 进行计算，得出次态 Q_0^{n+1} 分别为 0、1、0、0。但是，实测状态图显示，当 $Q_2^n Q_1^n Q_0^n =$ 100 时，其次态 Q_0^{n+1} 为 1，如图 9-106（c）所示，所以触发器 0 存在问题。

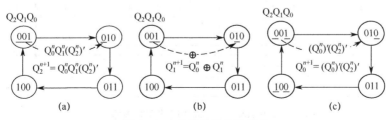

图 9-106　分析各触发器状态

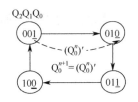

$Q_2Q_1Q_0$

图 9-107 分析故障触发器 0 的
状态转换

③ 针对触发器 0 进一步分析。

是否 K_0 接触不良？根据常识，TTL 电路引脚悬空等效为高电平 1，可以排除 K_0 接触不良。

是否 J_0 接触不良？若$(Q_2^n)'$没有接入，则 J_0 引脚悬空等效为高电平 1，此时 JK 触发器变成 T' 触发器的功能，符合故障现象，如图 9-107 所示。

结论：$(Q_2^n)'$没有接入导致 J_0 引脚悬空，使状态转换出错。

9.6 研讨探究

问：从本质上来讲，序列检测器与代码检测器都是对输入序列进行检测，它们有何不同？

答：序列检测器是一种从随机输入信号中识别出指定序列的时序逻辑电路，通常用需要识别发现的序列命名，如"101"序列检测器。设计序列检测器时，需要的状态数与序列长度有关。序列越长，需要记忆的信息越多，状态数就越多。当序列的首尾相同时，还要考虑是否允许重叠检测的问题。

代码检测器是一种对串行输入代码进行检测的时序逻辑电路。它与序列检测器的一个重要区别在于，对输入信号的检测是根据代码位长分组进行的，组与组之间不能交叉。例如，BCD 码以 4 位为一组，ASCII 码以 7 位为一组。设计代码检测器时，需要的状态数与代码的位长有关。代码的位数越长，需要的状态数越多。

9.7 深入思考

思考：某同步时序逻辑电路如图 9-108 所示，在电路状态转换图保持不变的前提下，把电路中的 JK 触发器换成 D 触发器，应该怎样设计？如果将电路改成模 8 计数器，最简单的实现方法是什么？

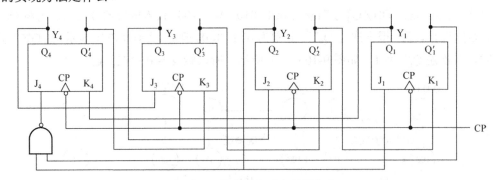

图 9-108 给定同步时序逻辑电路

9.8　小故事大情怀

巅峰之上

珠穆朗玛峰高度长期以来受到全世界关注。1975 年，我国首次测得珠穆朗玛峰高程数据，之后我国测量队又继续对珠穆朗玛峰高度进行过 5 次测量。精确测定珠穆朗玛峰高程并向全世界公布，是我国国家综合实力和科技水平的重要体现。

2020 年 5 月，我国科学家团队综合运用多种现代测绘技术测量珠穆朗玛峰高程，获得了历史上最高精度的珠峰高程成果，历史上首次确定了基于全球高程基准的珠穆朗玛峰雪面高程为 8848.86 米。此次测量使用我国自主测绘数据，国产仪器全面担纲，一些关键测量装备如北斗卫星导航系统、GNSS 接收机、超长距离光电测距仪、天顶仪、雪深雷达、峰顶重力仪、峰顶觇标等均由我国自主研制。我国首次实现珠穆朗玛峰峰顶及周边区域 1.27 万平方千米的航空重力、光学和激光遥感测量的历史性突破，获取了人类历史上第一个珠穆朗玛峰峰顶的重力测量结果，填补了珠穆朗玛峰地区重力资料空白。与 2005 年珠穆朗玛峰高程测量相比，珠穆朗玛峰地区大地水准面精度提升幅度达 300%。此次北斗珠穆朗玛峰高程测量是中国高度和中国精度的实力展现。

习　题　9

9.1　根据给出的原始状态表（如题表 9-1 和题表 9-2 所示），填写隐含表。

题表 9-1　原始状态表（1）

现态	Q^{n+1}/Z	
Q^n	$X=0$	$X=1$
a	a / 0	b / 0
b	d / 0	a / 1
c	a / 0	b / 1
d	g / 0	f / 0
f	d / 0	g / 1
g	d / 0	f / 1

题表 9-2　原始状态表（2）

现态	Q^{n+1}/Z	
Q^n	$X=0$	$X=1$
a	d / 0	b / 0
b	c / 1	a / 0
c	b / 1	e / 0
d	a / 0	b / 0
e	d / 0	a / 0

9.2　利用隐含表找出题表 9-3 中所有等价状态对，并化简。

9.3　利用隐含表找出如题表 9-4 所示的不完全定义状态表中所有最大相容状态类。

9.4　化简如题表 9-5 所示的原始状态表。

9.5　某时序逻辑电路有两个输入 X_1、X_2 和一个输出 Z，题图 9-1 所示为该电路的原始状态图，利用隐含表的方法将其化简为最简状态图。

题表 9-3　原始状态表

现态 Q^n	Q^{n+1}/Z	
	X = 0	X = 1
a	b / 0	c / 1
b	d / 0	b / 0
c	e / 0	a / 1
d	d / 0	e / 0
e	e / 0	e / 0

题表 9-4　不完全定义状态表

现态 Q^n	Q^{n+1}/Z	
	X = 0	X = 1
S_0	$S_1 / 0$	S_3 / Φ
S_1	S_2 / Φ	$S_3 / 0$
S_2	$S_1 / 1$	$S_0 / 0$
S_3	$S_2 / 0$	$S_3 / 1$

题表 9-5　原始状态表

现态 Q^n	Q^{n+1}/Z	
	X = 0	X = 1
A	A / 1	E / 0
B	C / 0	F / 0
C	B / 0	H / 0
D	E / 0	F / 0
E	D / 0	A / 0
F	B / 1	F / 0
G	D / 0	H / 0
H	H / 1	G / 0

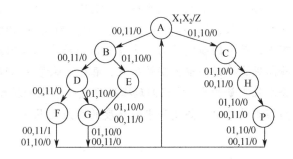

题图 9-1

9.6　画出如题图 9-2 所示时序逻辑电路的状态表，并指出该时序逻辑电路的类型。

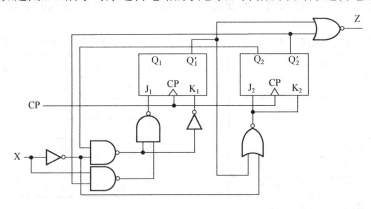

题图 9-2

9.7　某时序逻辑电路的输出表达式为 $Z = X'B' + XB$，其中 X 为输入信号，该时序逻辑电路属于哪种类型？题表 9-6 给出的该时序逻辑电路的状态表缺少输出，请完善该状态表，并画出状态图。

9.8　设计一个串行数据检测器，当串行输入数据 X 连续输入三个 0 时，输出 Y 为 1，否则输出 Y 为 0。在任何情况下，若 X 输入 1，则电路回到初始状态。设初始状态为 $S_0 = 00$，输入一个 0 后，变为状态 $S_1 = 01$；输入两个 0 后，变为状态 $S_2 = 10$；输入三个 0 后，变为状态 $S_3 = 11$，输出 Y 为高电平。利用 JK 触发器设计一个同步摩尔型时序逻辑电路。

题表 9-6　状态表

现态 ABC	$A^{n+1}B^{n+1}C^{n+1}$		输出 Z	
	X = 0	X = 1	X = 0	X = 1
000	011	010	?	?
000	000	100	?	?
010	100	100	?	?
011	010	000	?	?
100	100	001	?	?

9.9　A、B 是某同步时序逻辑电路的 2 个输入端，Z 为输出端。题表 9-7 所示为该电路的最简状态表，设状态分配为 S_1——11；S_2——10；S_3——01。现有某触发器（下降沿工作），该触发器有两个输入端 L 和 M，功能表如题表 9-8 所示。现利用该触发器及最少的逻辑门设计实现上述同步时序逻辑电路。

题表 9-7　最简状态表

现态 Q^n	Q^{n+1}/Z			
	AB = 00	AB = 01	AB = 10	AB = 11
S_1	$S_1 / 0$	$S_2 / 0$	$S_1 / 0$	Φ
S_2	$S_1 / 0$	$S_3 / 1$	$S_2 / 0$	Φ
S_3	$S_1 / 0$	$S_3 / 0$	$S_3 / 0$	Φ

题表 9-8　触发器功能表

时钟	L	M	Q^{n+1}	功能说明
↓	0	0	$(Q^n)'$	翻转
↓	0	1	1	置 1
↓	1	0	0	置 0
↓	1	1	Q^n	保持

9.10　设计一个串行数据检测电路，当连续输入 3 个或 3 个以上 1 时，电路的输出为 1，其他情况下输出为 0。例如，若输入 X = 101100111011110，则输出 Y = 000000001000110。用 D 触发器及相应的逻辑门实现同步时序逻辑电路设计。为简单起见，化简后的状态编码分配可以按照自然顺序依次给定（例如，若有 5 个状态 S_0、S_1、S_2、S_3、S_4，则编码分别为 000、001、010、011、100）。

9.11　用 JK 触发器设计一个米里型"1011"序列检测器，X 为输入端，Z 为输出端，画出原始状态图和原始状态表。

9.12 用 JK 触发器设计一个可控计数器，当控制端 $X = 1$ 时，实现 $000 \to 100 \to 110 \to 111 \to 011 \to 000$；当控制端 $X = 0$ 时，实现 $000 \to 100 \to 110 \to 010 \to 011 \to 000$。

9.13 用 JK 触发器及相应的逻辑门设计实现一个异步模 6 加法计数器电路，其计数规律为 $000 \to 001 \to 010 \to 011 \to 100 \to 101 \to 000$，画出状态转移表及触发器激励。异步计数器设计的原则是，在每个触发器状态翻转的地方必须提供时钟脉冲，并且提供给每个触发器的时钟脉冲数量越少越好。

9.14 已知某异步时序逻辑电路的最简状态表如题表 9-9 所示，其中，X_1 和 X_2 为两个输入端，Z 为输出端。设状态分配为 S_1——11，S_2——01，S_3——10。试用上升沿触发的 D 触发器及相应的逻辑门设计实现该异步时序逻辑电路的最简电路。

题表 9-9　最简状态表

现态 Q^n	Q^{n+1}/Z			
	$X_1X_2 = 00$	$X_1X_2 = 01$	$X_1X_2 = 10$	$X_1X_2 = 11$
S_1	$S_1 / 0$	$S_2 / 0$	$S_1 / 0$	Φ
S_2	$S_1 / 0$	$S_3 / 1$	$S_2 / 0$	Φ
S_3	$S_1 / 0$	$S_3 / 0$	$S_3 / 0$	Φ

第 10 章　中规模芯片显身手——时序逻辑电路设计（二）

📖 **内容导读**

利用典型的时序逻辑部件及由其构成的中规模芯片可以设计更复杂的时序逻辑电路。本章围绕以下问题展开：

　✍ 计数器芯片

　✍ 寄存器芯片

　✍ 利用中规模芯片设计时序逻辑电路

📖 **本章案例**

　❀ 数字密码锁

10.1　计数器芯片

中规模计数器芯片的产品种类多、应用广泛，这些计数器芯片通常具有置数、清零、计数和保持等功能，如表 10-1 所示。下面以几种典型的中规模计数器芯片如 74LS160/74LS161、74LS162/74LS163 等为例，介绍中规模计数器芯片的功能、级联方法及任意进制计数器的设计。其中，74LS160/74LS161、74LS162/74LS163 芯片的逻辑框图及功能表分别如图 10-1、图 10-2 和表 10-2、表 10-3 所示。

表 10-1　几种典型的中规模计数器芯片

类　　型	芯片型号	计数进制	输出特点	置数方式	清零方式
集成同步加法计数器	74LS160	十进制	8421BCD 码	同步	异步
	74LS161	十六进制	4 位二进制码	同步	异步
	74LS162	十进制	8421BCD 码	同步	同步
	74LS163	十六进制	4 位二进制码	同步	同步
集成异步加法计数器	74LS90/74LS290	二-五-十进制	8421BCD 码/5421BCD 码	异步	异步
单时钟集成加减计数器	74LS190	十进制	8421BCD 码	异步	—
	74LS191	十六进制	4 位二进制码	异步	—
双时钟集成加减计数器	74LS192	十进制	8421BCD 码	异步	异步
	74LS193	十六进制	4 位二进制码	异步	异步

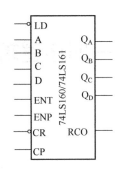

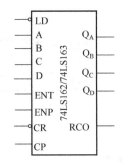

图 10-1　74LS160/74LS161 逻辑框图　　　图 10-2　74LS162/74LS163 逻辑框图

表 10-2　74LS160 /74LS161 芯片的功能表

输　入									输　出
CP	CR	LD	ENT	ENP	D	C	B	A	$Q_D Q_C Q_B Q_A$
×	0	×	×	×	×	×	×	×	0　0　0　0
↑	1	0	×	×	D	C	B	A	D　C　B　A
×	1	1	0	×	×	×	×	×	保持
×	1	1	×	0	×	×	×	×	保持
↑	1	1	1	1	×	×	×	×	计数，计满时 RCO = 1

表 10-3　74LS162 /74LS163 芯片的功能表

输　入									输　出
CP	CR	LD	ENT	ENP	D	C	B	A	$Q_D Q_C Q_B Q_A$
↑	0	×	×	×	×	×	×	×	0　0　0　0
↑	1	0	×	×	D	C	B	A	D　C　B　A
×	1	1	0	×	×	×	×	×	保持
×	1	1	×	0	×	×	×	×	保持
↑	1	1	1	1	×	×	×	×	计数，计满时 RCO = 1

1. 清零

中规模计数器芯片的清零有异步清零和同步清零两种方式。异步清零只需要 1 个条件：清零端给有效信号计数器就立即回零。异步清零操作的优先级最高，当异步清零信号有效时，其他输入信号不起作用，清零操作不受时钟控制。同步清零需要 2 个条件同时具备：清零端给有效信号，同时需要时钟边沿到达，二者缺一不可。

例如，计数器芯片 74LS160/74LS161 是异步清零的，当清零端 CR = 0 时，计数器立刻清零，即 $Q_D Q_C Q_B Q_A$ = 0000。而计数器芯片 74LS162/74LS163 是同步清零的，当清零端 CR = 0 且时钟上升沿到达时，计数器清零，$Q_D Q_C Q_B Q_A$ = 0000。

2. 置数

中规模计数器芯片的置数有同步置数和异步置数两种方式。同步置数方式指在置数使能信号有效的同时，计数时钟边沿到达，才能向计数器装入指定的数据。异步置数方式下，只需置数使能信号有效即可，置数操作不受时钟控制。

例如，计数器芯片 74LS160/74LS161 和 74LS162/74LS163 均为同步置数的，当置数端 LD = 0 且时钟上升沿到达时，计数器执行同步置数，即 $Q_D Q_C Q_B Q_A$ = DCBA。

计数器芯片 74LS190/74LS191 和 74LS192/74LS193 均为异步置数的，当置数端 LD = 0 时，计数器执行置数功能，即 $Q_D Q_C Q_B Q_A$ = DCBA。

3. 计数

以计数器芯片 74LS160/74LS161 和 74LS162/74LS163 为例，在计数状态下，不能执行清零和置数功能，即 CR = 1 且 LD = 1。同时，令计数使能信号有效，即 ENP = ENT = 1，每当时钟上升沿到达，计数器就按照 4 位二进制码或 8421BCD 码计数，即 $Q_D^{n+1} Q_C^{n+1} Q_B^{n+1} Q_A^{n+1}$ = $Q_D^n Q_C^n Q_B^n Q_A^n$ + 1，达到计数模值，则进位端 RCO = 1（表示计满）。其他类型的计数器芯片类似。

4. 保持

仍然以计数器芯片 74LS160/74LS161 和 74LS162/74LS163 为例，当 CR = 1、LD = 1 且 ENP · ENT = 0，计数器执行保持功能，即 $Q_D^{n+1} Q_C^{n+1} Q_B^{n+1} Q_A^{n+1}$ = $Q_D^n Q_C^n Q_B^n Q_A^n$。其他类型的计数器芯片类似。

10.1.1　采用清零法设计计数器

计数器的工作特点是在时钟信号的作用下，先从 0 开始计数到模值（即计满），再重新从 0 开始计数，整个过程周而复始，不需要人为干涉。如果要计数器在计数到中间某个值时返回 0 重新计数，就需外在干预，迫使它回零。一种方法就是使用计数器的清零端设计指定模值的计数器，称为清零法。

【例 10-1】 利用中规模计数器芯片 74LS161 采用清零法设计模 10 计数器，芯片功能表如表 10-2 所示，逻辑框图如图 10-1 所示。

解：（1）确定回零状态。

74LS161 芯片是模 16 计数器，题目要求采用清零法设计模 10 计数器，因此需要使用清零端 CR 让 74LS161 芯片在计数中途回零。由于该芯片采用异步清零方式，因此需要用第 11 个状态即 "1010" 作为回零信号。因此，在异步清零的模 10 计数器的状态图中会多出一个回零状态，如图 10-3 所示。因为是异步清零，"1010" 只在极短的瞬态出现，表现为 "毛刺"，不包括在稳定的循环中。如图 10-4 所示的仿真波形中，异步清零方式下，用 "1001" 回零时将产生毛刺，导致 "1001" 状态无法维持一个时钟周期。

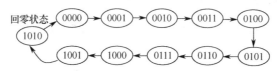

图 10-3　采用异步清零法的模 10 计数器状态图

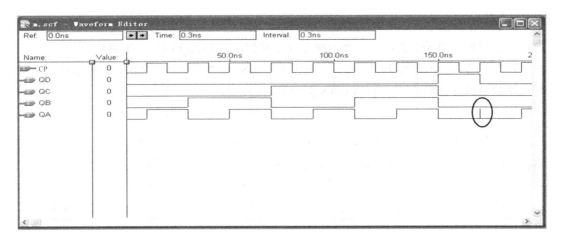

图 10-4　采用异步清零时产生毛刺

（2）芯片连线。

利用 74LS161 芯片采用异步清零法设计模 10 计数器，芯片连线如图 10-5 所示，其中，CP 为外接时钟源。

【例 10-2】　利用中规模计数器芯片 74LS163 采用清零法设计模 10 计数器，芯片功能表如表 10-3 所示，逻辑框图如图 10-2 所示。

解：（1）确定回零状态。

74LS163 芯片也是模 16 计数器，题目要求采用清零法设计模 10 计数器，因此需要使用清零端让 74LS161 芯片在计数中途回零。由于该芯片采用同步清零方式，清零条件不仅要求 CR = 0，还需要 CP 端来上升沿，因此计数器的输出不会产生毛刺。因此，正常使用第 10 个状态即"1001"作为回零信号，如图 10-6 所示。

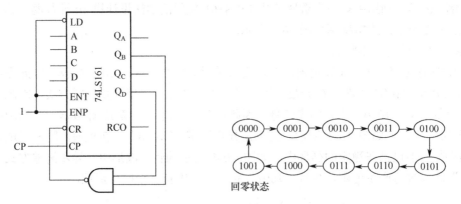

图 10-5　采用异步清零法设计模 10 计数器　　图 10-6　采用同步清零法的模 10 计数器状态图

（2）芯片连线。

利用 74LS163 芯片采用同步清零法设计模 10 计数器，芯片连线如图 10-7 所示，其中，CP 为外接时钟源。

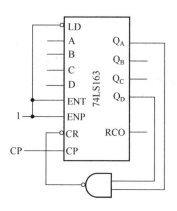

图 10-7 采用同步清零法设计模 10 计数器

📖 **知识点**

利用中规模计数器芯片设计 M 进制计数器，采用异步清零法需要用第 $M+1$ 个状态回零；采用同步清零法需要用第 M 个状态回零。

10.1.2 采用置数法设计计数器

如果计数器芯片有置数端，在设计指定模值计数器时，可以在计数器需要回零时从置数端送入一个 0 值达到设计目的，称为置数法。

【例 10-3】 利用中规模计数器芯片 74LS161 采用置数法设计模 10 计数器，芯片功能表如表 10-2 所示，逻辑框图如图 10-1 所示。

解：（1）确定回零状态。

74LS161 芯片是模 16 计数器，题目要求采用置数法设计模 10 计数器。由于置数功能的实现是同步方式的，因此当计数器计到第 10 个状态"1001"时令置数使能信号 LD 有效，即 LD = 0，同时当时钟信号 CP 的上升沿到来时，计数器将把置数端 ABCD 上的 4 位数据"0000"送往输出端 $Q_AQ_BQ_CQ_D$，使计数器回零。

（2）芯片连线。

利用 74LS161 芯片采用置数法设计模 10 计数器，芯片连线如图 10-8 所示，CP 为外接时钟源。

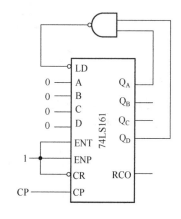

图 10-8 采用置数法设计模 10 计数器

10.1.3 计数器级联

在实际应用中如果需要使用更大模值的计数器，则用一片集成计数器芯片无法满足要求，需要将多片集成计数器芯片级联起来。计数器的级联需要利用进位信号，有同步并行进位连接和异步串行进位连接两种方式。

知识点

同步并行进位连接方式的特点是用前一级计数器的进位控制后一级计数器的计数使能；异步串行进位连接方式的特点是用前一级计数器的进位作为后一级计数器的时钟信号。

【例 10-4】 利用中规模计数器芯片 74LS161 设计模 256 加法计数器，芯片功能表如表 10-2 所示，逻辑框图如图 10-1 所示。

解：74LS161 芯片是模 16 计数器，用其设计模 256 加法计数器需要两片芯片级联，下面分别采用两种方式设计实现。

方式 1：

采用同步并行进位连接方式的芯片连线如图 10-9 所示，低位芯片的进位信号 RCO 作为高位芯片的计数使能信号，当高位芯片的 RCO 端出现高电平"1"时，计数器计满 256 个数。

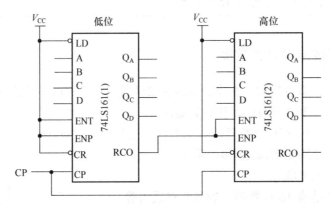

图 10-9　采用同步并行进位连接方式设计模 256 计数器

方式 2：

采用异步串行进位连接方式的芯片连线如图 10-10 所示，低位芯片的进位信号 RCO 作为高位芯片的时钟信号，当高位芯片的 RCO 端出现高电平"1"时，计数器计满 256 个数。

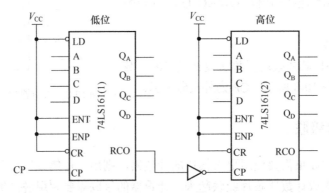

图 10-10　采用异步串行进位连接方式设计模 256 计数器

【例 10-5】 数字钟表需要使用模 60 计数器，利用中规模计数器芯片 74LS160 采用置数法设计一个模 60 计数器，芯片功能表如表 10-2 所示，逻辑框图如图 10-1 所示。

解： 74LS160 芯片是模 10 计数器，用其设计模 60 计数器需要两片芯片级联，这里采用同步并行进位连接方式。

由于题目要求采用置数法，因此当计数器计到 59 时回零，即高位芯片计到"0101"、低位芯片计满（RCO = 1）时，两片芯片同时令置数端 LD = 0，当时钟信号上升沿到达时，两片芯片执行同步置数功能，即 $Q_D Q_C Q_B Q_A = 0000$。芯片连线如图 10-11 所示，CP 为外接时钟源。

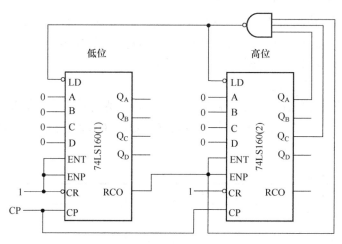

图 10-11 采用置数设计模 60 计数器

【例 10-6】 利用中规模计数器芯片 74LS90 分别设计 8421BCD 码输出、5421BCD 码输出的模 10 计数器，芯片功能表如表 10-4 所示，逻辑框图如图 10-12 所示。

表 10-4 74LS90 /74LS290 芯片功能表

输　　入					输　　出
CP	$R_{0(1)}$	$R_{0(2)}$	$S_{9(1)}$	$S_{9(2)}$	$Q_D\ Q_C\ Q_B\ Q_A$
×	1	1	×	0	0　0　0　0
×	1	1	0	×	0　0　0　0
×	×	×	1	1	1　0　0　1
↓	×	0	×	0	计数
↓	0	×	0	×	计数
↓	0	×	×	0	计数
↓	×	0	0	×	计数

解： 中规模计数器芯片 74LS90 中集成了两个计数器：一个模 2 计数器和一个模 5 计数器。如果将其内部的两个计数器级联，最大可以获得模 10 计数器，因此 74LS90 又称"二-五-十进制"计数器。

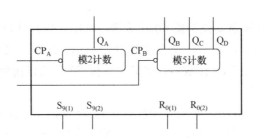

图 10-12　74LS90/74LS290 逻辑框图

（1）8421BCD 码输出的模 10 计数器。

将模 2 计数器的输出信号 Q_A 提供给模 5 计数器作为时钟信号，级联成 8421BCD 码输出的模 10 计数器，此时，整个计数器的最高位是 Q_D，最低位是 Q_A，$Q_DQ_CQ_BQ_A$ 的值依次取值 0000～1001，具体连线如图 10-13（a）所示。

（2）5421BCD 码输出的模 10 计数器。

将模 5 计数器的输出信号 Q_D 提供给模 2 计数器作为时钟信号，级联成 5421BCD 码输出的模 10 计数器，此时，整个计数器的最高位是 Q_A，最低位是 Q_B，具体连线如图 10-13（b）所示。

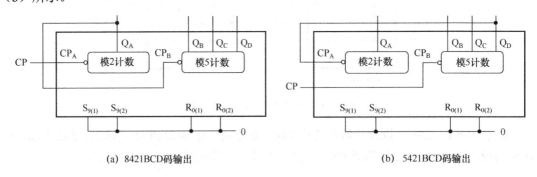

(a)　8421BCD码输出　　　　　　　　　　　(b)　5421BCD码输出

图 10-13　利用 74LS90 芯片设计模 10 计数器

【例 10-7】 利用中规模计数器芯片 74LS90 设计 8421BCD 码输出的模 45 计数器，芯片功能表如表 10-4 所示，逻辑框图如图 10-12 所示。

解：（1）确定芯片数量及回零状态。

一片 74LS90 芯片的最大模值是 10，设计模 45 的计数器需要两片 74LS90 芯片级联。74LS90 芯片有两个异步置 0 端：$R_{0(1)}$ 和 $R_{0(2)}$，如果 $R_{0(1)} = R_{0(2)} = 1$，则计数器输出 0，即 $Q_DQ_CQ_BQ_A = 0000$。因为是异步清零方式，所以整个计数器需要计数到 45，使两片芯片的清零端 $R_{0(1)}$ 和 $R_{0(2)}$ 有效，则计数器立刻回零。

（2）芯片连线。

首先，将每片 74LS90 芯片内部都级联为 8421BCD 码输出的模 10 计数器。

其次，将低位芯片（1）的输出信号 Q_D 提供给高位芯片（2）的 CP_A 端作为时钟信号，使两片芯片级联成模 100 计数器。

最后，当高位芯片（2）计数到 4（即"0100"）、低位芯片（1）计数到 5（即"0101"）时，使两片芯片的异步置 0 端 $R_{0(1)}$ 和 $R_{0(2)}$ 同时为高电平 1，两个计数器的输出端为全 0，具体连线如图 10-14 所示。

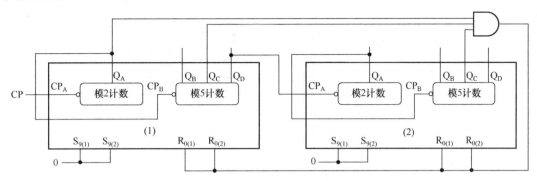

图 10-14　利用 74LS90 芯片设计模 45 计数器

10.1.4　计数器的应用

计数器的一个典型应用是分频。模值是 N 的计数器，可以对输入的时钟信号 CP 进行 N 分频。此外，利用计数器还可以设计节拍发生器，下面举例说明。

【例 10-8】 利用 74LS163 芯片设计实现波形如图 10-15 所示的 8 节拍发生器，芯片功能表如表 10-3 所示，逻辑框图如图 10-2 所示。

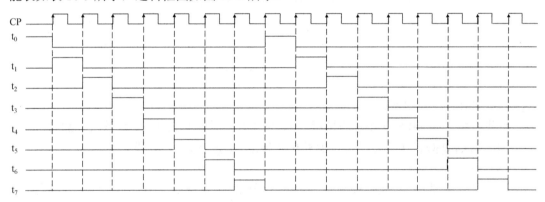

图 10-15　8 节拍发生器波形

解： 分析给定波形，此节拍发生器在一个循环周期内的波形与二进制译码器的输出相同，因此这部分波形可以用一片 74LS138 芯片配合反相器实现。要把一个周期内的波形循环实现，还需利用 74LS163 芯片设计一个模 8 计数器。计数器的输出为译码器依次提供 000～111 的译码输入，以实现 8 节拍发生器的功能，芯片连线如图 10-16 所示。

【例 10-9】 利用 74LS90 芯片及逻辑门设计实现波形如图 10-17 所示的 7 节拍发生器，芯片功能表如表 10-4 所示，逻辑框图如图 10-12 所示。

解： 分析给定波形，此节拍发生器在一个循环周期内的波形与二进制译码器的输出相同，因此这部分波形可以用逻辑门设计一个译码器实现。要把一个周期内的波形循环实现，还需利用 74LS90 芯片设计一个模 7 计数器。计数器的输出为译码器依次提供 000～110 的译码输入，以实现 7 节拍发生器的功能。

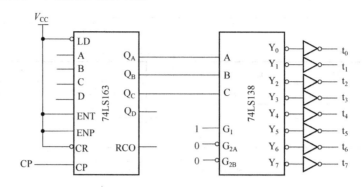

图 10-16　利用 74LS163 芯片设计 8 节拍发生器

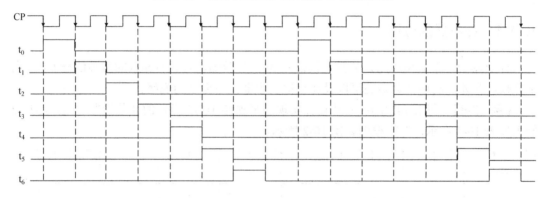

图 10-17　7 节拍发生器波形

（1）设计模 7 计数器。

首先，将一片 74LS90 芯片内部级联为 8421BCD 码输出的模 10 计数器。然后，当计数器输出端 $Q_C Q_B Q_A = 111$ 时，使异步置 0 端 $R_{0(1)} = R_{0(2)} = 1$，计数器清零。

（2）设计译码器。

以模 7 计数器的输出 $Q_C Q_B Q_A$ 作为输入，译码器真值表如表 10-5 所示。7 节拍发生器的电路实现如图 10-18 所示。

表 10-5　译码器真值表

译码输入			译码输出						
Q_C	Q_B	Q_A	t_0	t_1	t_2	t_3	t_4	t_5	t_6
0	0	0	1	0	0	0	0	0	0
0	0	1	0	1	0	0	0	0	0
0	1	0	0	0	1	0	0	0	0
0	1	1	0	0	0	1	0	0	0
1	0	0	0	0	0	0	1	0	0
1	0	1	0	0	0	0	0	1	0
1	1	0	0	0	0	0	0	0	1

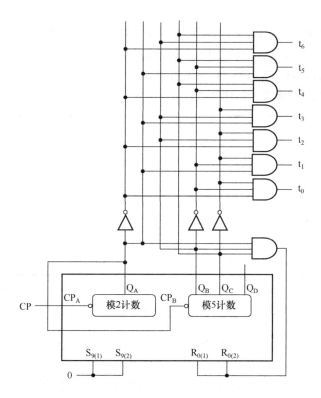

图 10-18 利用 74LS90 芯片设计 7 节拍发生器

10.1.5 可变模值计数器设计

【例 10-10】 利用一片 4 位数码比较器芯片 74LS85 及一片模 16 计数器芯片 74LS193 设计一个模 10 计数器。74LS193 芯片的逻辑框图如图 10-19 所示，功能表如表 10-6 所示。74LS85 芯片的逻辑框图如图 6-20 所示，功能表如表 6-4 所示。

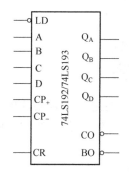

图 10-19 74LS192/74LS193 逻辑框图

表 10-6 74LS192 /74LS193 芯片的功能表

输　　入								输　　出			
CR	LD	CP_+	CP_-	D	C	B	A	Q_D	Q_C	Q_B	Q_A
1	×	×	×	×	×	×	×	0	0	0	0
0	0	×	×	D	C	B	A	D	C	B	A
0	1	↑	1	×	×	×	×	加计数，达到模值且 $CP_+ = 0$ 时，进位端 $CO = 0$			
0	1	1	↑	×	×	×	×	减计数，减到 0 值且 $CP_- = 0$ 时，借位端 $BO = 0$			
0	1	1	1	×	×	×	×	保持			

解：令比较器做等值比较。比较器的一组输入端 $A_3 \sim A_0$：输入计数器模值 N。比较器的另一组输入端 $B_3 \sim B_0$：连接计数器当前计数输出端。

如果计数器当前输出 $Q_D Q_C Q_B Q_A =$ 模值 N，则比较器输出 $Y_{A=B} = 1$，该信号使计数器清零端 $CR = 1$，计数器清零。具体连线如图 10-20 所示。

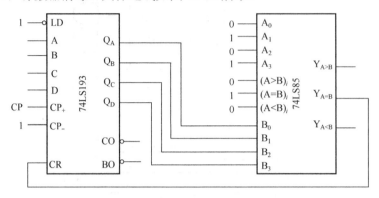

图 10-20　可变模值计数器设计

注意，因为 74LS193 芯片采用异步清零，所以比较器的 $A_3 \sim A_0$ 输入的计数器模值是 $N +$ 1，即"1010"。

在本例中，通过修改比较器 $A_3 \sim A_0$ 的输入取值，可以得到模值在 16 以内的任意模值计数器，使模值的修改很方便。

10.2　寄存器芯片

中规模寄存器芯片也有很多种类，广泛应用于时序逻辑电路中的数码、指令或运算结果的存储。下面以典型的中规模寄存器芯片 74LS194 为例，介绍中规模寄存器芯片的功能、级联方法及典型应用。

10.2.1　寄存器芯片 74LS194 概述

双向移位寄存器芯片 74LS194 通过方式控制字 $S_1 S_0$ 的不同取值，实现保持、左移、右移和并行输入等功能。逻辑框图如图 10-21 所示，功能表如表 10-7 所示。

1. 清零

74LS194 芯片采用异步清零，当清零端 $CR = 0$ 时，寄存器输出全为 0；当进行其他操作时，$CR = 1$。

2. 方式控制字

方式控制端 $S_1 S_0$ 取不同值，寄存器实现不同的功能，具体如下。

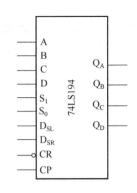

图 10-21　74LS194 芯片逻辑框图

表 10-7　74LS194 芯片的功能表

输　　入			输　　出			
CP	S_1　S_0	CR	Q_A^{n+1}	Q_B^{n+1}	Q_C^{n+1}	Q_D^{n+1}
$\times$	$\times$　$\times$	0	0	0	0	0
0	$\times$　$\times$	1	Q_A^n	Q_B^n	Q_C^n	Q_D^n
$\times$	0　0	1	Q_A^n	Q_B^n	Q_C^n	Q_D^n
$\uparrow$	0　1	1	D_{SR}	Q_A^n	Q_B^n	Q_C^n
$\uparrow$	1　0	1	Q_B^n	Q_C^n	Q_D^n	D_{SL}
$\uparrow$	1　1	1	A	B	C	D

$S_1S_0 = 00$：保持功能。

$S_1S_0 = 10$：左移功能。

$S_1S_0 = 01$：右移功能。

$S_1S_0 = 11$：并行输入。

3．保持

当 CR = 1 且 CP = 0，或者方式控制字 S_1S_0 = 00 时，寄存器处于保持状态，即 $Q_A^{n+1}Q_B^{n+1}Q_C^{n+1}Q_D^{n+1} = Q_A^nQ_B^nQ_C^nQ_D^n$。

4．并行输入

当方式控制字 S_1S_0 = 11，CR = 1，且时钟上升沿到达时，寄存器将并行输入端 ABCD 的数据送往输出端 $Q_AQ_BQ_CQ_D$。

5．左移

当方式控制字 S_1S_0 = 10，CR = 1，且时钟上升沿到达时，寄存器将执行左移功能，输出端 $Q_AQ_BQ_CQ_D$ 上的数据依次向左移动一位，Q_D 上的数据从左移串行输入端 D_{SL} 获得，即 $Q_A \leftarrow Q_B \leftarrow Q_C \leftarrow Q_D \leftarrow D_{SL}$。

6．右移

当方式控制字 S_1S_0 = 01，CR = 1，且时钟上升沿到达时，寄存器将执行右移功能，输出端 $Q_AQ_BQ_CQ_D$ 上的数据依次向右移动一位，Q_A 上的数据从右移串行输入端 D_{SR} 获得，即 $D_{SR} \rightarrow Q_A \rightarrow Q_B \rightarrow Q_C \rightarrow Q_D$。

10.2.2　寄存器芯片的典型应用

【例 10-11】　利用 74LS194 芯片设计 4 位扭环形计数器。

解：（1）设置寄存器芯片 74LS194 为并行输入方式，进行初始化。

令控制字 S_1S_0 = 11，CR = 1，并行输入端 ABCD = 1000，当时钟上升沿到达时，寄存器将 ABCD 端的"1000"并行送往输出端，即 $Q_AQ_BQ_CQ_D$ = 1000。

（2）设置寄存器芯片 74LS194 为右移方式，完成扭环形计数器设计。

令控制字 $S_1S_0 = 01$，CR = 1，同时将 Q_D 的输出经反相器反馈给右移串行输入端 D_{SR}。当时钟上升沿到达时，寄存器输出端 $Q_AQ_BQ_CQ_D$ 右移，实现 4 位扭环形计数器，如图 10-22 所示。

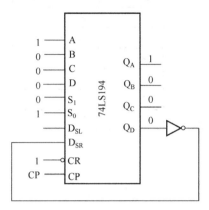

图 10-22　利用 74LS194 芯片设计 4 位扭环形计数器

【例 10-12】 寄存器级联——利用 74LS194 芯片设计 8 位双向移位寄存器。

解： 一片 74LS194 芯片有 4 位输出，需要两片 74LS194 芯片级联可以得到 8 位双向移位寄存器。

首先，两片 74LS194 芯片需同步工作，所以它们的时钟端要互连。其次，两片芯片的工作方式要保持一致，因此它们的方式控制端要彼此互连。

在左移方式下，输出端 Y_4 上的数据需要左移至 Y_3，因此需要把芯片（2）的 Q_A 端与芯片（1）的 D_{SL} 端互连。同理，在右移方式下，输出端 Y_3 上的数据需要右移至 Y_4，因此需要把芯片（1）的 Q_D 端与芯片（2）的 D_{SR} 端互连，如图 10-23 所示。

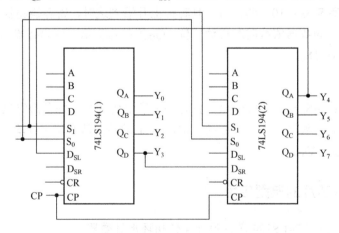

图 10-23　两片 74LS194 芯片级联

【例 10-13】 寄存器级联——利用 74LS194 芯片设计 7 位串/并行转换器。

分析： 利用两片 74LS194 芯片级联设计的 7 位串/并行转换器如图 10-24 所示。该电路为同步时序逻辑电路，两块芯片工作方式一致，电路的工作原理如下。

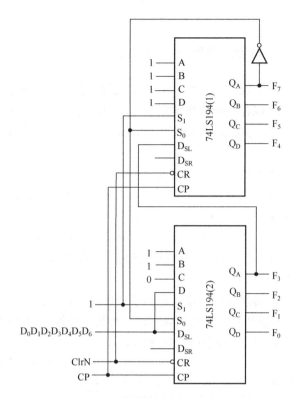

图 10-24 利用 74LS194 芯片设计 7 位串/并行转换器

（1）电路初始化。

令清零端 CR = 0，寄存器清零，则 $F_7F_6F_5F_4F_3F_2F_1F_0 = 00000000$。输出端 F_7 上的低电平 0 经反相器送至两片芯片的 S_0 端，则 $S_1S_0 = 11$，说明此时电路做好了并行输入的准备。

（2）并行输入。

当第 1 个时钟上升沿到达时，两片 74LS194 芯片执行并行输入功能，电路的输出为 $F_7F_6F_5F_4F_3F_2F_1F_0 = 1111110 D_6$。输出端 F_7 上的高电平 1 经反相器送至两片芯片的 S_0 端，则 $S_1S_0 = 10$，说明此时电路做好了左移的准备。

（3）左移。

当第 2 个时钟上升沿到达时，两片 74LS194 芯片执行左移操作，电路的输出为 $F_7F_6F_5F_4F_3F_2F_1F_0 = 111110D_6D_5$。输出端 F_7 上仍然保持高电平 1，所以 $S_1S_0 = 10$，说明电路下一步继续左移。

同理，当第 3 个时钟上升沿到达时，电路的输出为 $F_7F_6F_5F_4F_3F_2F_1F_0 = 11110D_6D_5D_4$。

依此类推，当第 7 个时钟上升沿到达时，电路的输出为 $F_7F_6F_5F_4F_3F_2F_1F_0 = 0D_6D_5D_4D_3D_2D_1D_0$，此时输出端已凑齐 7 位并行数据 $D_6D_5D_4D_3D_2D_1D_0$，至此已完成一组 7 位串/并行转换。

（4）回到初始状态，准备下一组数据转换。

当电路的输出 $F_7F_6F_5F_4F_3F_2F_1F_0 = 0D_6D_5D_4 D_3D_2D_1D_0$ 时，输出端 F_7 上再次出现低电平 0，则电路重新做好了并行输入的准备，从步骤（2）开始重复以上操作。

10.2.3　应用案例——同步二进制串行加法器

在例 9-14 中，用一个 1 位全加器和一个 D 触发器设计实现了一个同步二进制串行加法器，但是相加的结果无法保存。能否用这章学过的知识解决这个问题呢？

【例 10-14】　利用寄存器芯片 74LS194 设计 n 位同步二进制串行加法器，并能将计算结果保存在寄存器中。

解：（1）确定所需 74LS194 芯片的数量。

一片 74LS194 芯片最多能存储 4 位二进制数，要存储两个 n 位二进制数假设至少需要 $2 \times m$ 个 74LS194 芯片，其中，$n/4 + 1 \geqslant m \geqslant n/4$ 。

（2）将 $2 \times m$ 片 74LS194 芯片级联成两个 n 位输出的右移寄存器。

将 $2 \times m$ 片 74LS194 芯片分成两组，每组有 m 个 74LS194 芯片，将两组芯片分别级联成两个 n 位输出的右移寄存器。

（3）添加运算单元，实现 n 位同步二进制串行加法器。

以例 9-14 方法 2 中设计的电路为运算单元，将其与步骤（2）中的两个 n 位右移寄存器共同构成同步时序逻辑电路，如图 10-25 所示。

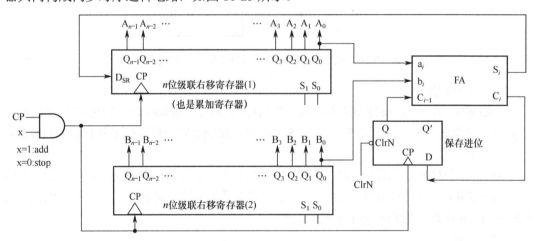

图 10-25　利用 74LS194 芯片设计 n 位同步二进制串行加法器

（4）电路的工作原理。

电路初始化：首先，让两个 n 位右移寄存器的方式控制字均为 $S_1S_0 = 11$，同时令时钟控制信号 x=1，当时钟信号 CP 的上升沿到达时，将两个 n 位二进制数 $A_{n-1}A_{n-2} \cdots A_1A_0$ 和 $B_{n-1}B_{n-2} \cdots B_1B_0$ 分别存储在两个 n 位右移寄存器中。然后，令 x=0，ClrN=0，使 D 触发器清零，目的是保证初始状态的进位 C_{i-1} 为 0，即 $a_i = B_0$，$b_i = A_0$，$C_{i-1} = 0$。

此时，相加产生的和 S_0 被送至被加数寄存器（1）的右移串行输入端 D_{SR}，进位 C_i 经 D 触发器保存，准备参与下一次运算。恢复 ClrN=1，x=1，同时令方式控制字均为 $S_1S_0 = 01$，为右移串行加法做好准备。

执行右移串行相加并存储相加结果：每当时钟信号 CP 的上升沿到达时，两个 n 位右移寄存器都执行右移操作，即 $S_i \rightarrow A_{n-1} \rightarrow A_{n-2} \rightarrow \cdots \rightarrow A_1 \rightarrow A_0$，$B_{n-1} \rightarrow B_{n-2} \rightarrow \cdots \rightarrow B_1 \rightarrow B_0$。经过 n 个时钟周期，最后的结果被存储在 n 位寄存器（1）中。

10.3　应用案例——数字密码锁

数字密码锁通过密码输入实现开锁、闭锁控制，与普通的机械锁相比具有操作方便、保密性好的优点。下面介绍简易数字密码锁的设计。

1．电路功能

密码锁具有 11 位密码输入按键，其中有效按键 7 位，伪码按键 4 位，有效按键可重复使用。开锁预设密码为 302706429。

2．电路构成

由具有译码输出特点的十进制计数器 CD4017 芯片及三极管构成。

3．电路原理

简易数字密码锁的逻辑电路如图 10-26 所示，其中，$SC_0 \sim SC_{10}$ 是 11 位密码输入按键，SA 是总控开关，CLR 是清零按钮。CD4017 芯片的 Q_9 端是开锁控制，$Q_9 = 1$ 代表开锁，$Q_9 = 0$ 表示闭锁。十进制计数器 CD4017 芯片的功能表如表 10-8 所示。

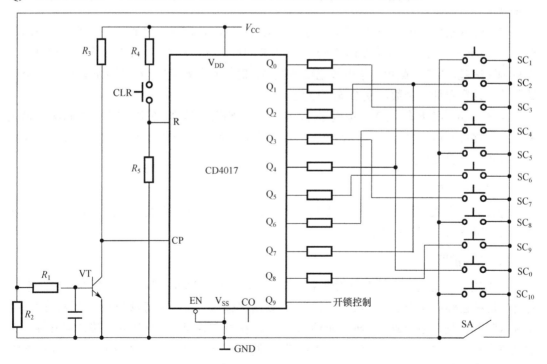

图 10-26　简易数字密码锁逻辑电路

表 10-8　CD4017 芯片的功能表

输　入			输　　出	
CP	EN	R	$Q_0\ Q_1\ Q_2\ Q_3\ Q_4\ Q_5\ Q_6\ Q_7\ Q_8\ Q_9$	CO
×	×	1	1　0　0　0　0　0　0　0　0　0	1
↑	0	0	0　1　0　0　0　0　0　0　0　0	1
↑	0	0	0　0　1　0　0　0　0　0　0　0	1
↑	0	0	0　0　0　1　0　0　0　0　0　0	1
↑	0	0	0　0　0　0　1　0　0　0　0　0	1
↑	0	0	0　0　0　0　0　1　0　0　0　0	0
↑	0	0	0　0　0　0　0　0　1　0　0　0	0
↑	0	0	0　0　0　0　0　0　0　1　0　0	0
↑	0	0	0　0　0　0　0　0　0　0　1　0	0
↑	0	0	0　0　0　0　0　0　0　0　0　1	0
×	1	0	保持	保持
0 或 ↓	×	1	保持	保持

（1）电路初始化操作：闭合总控开关 SA，此时三极管 VT 截止、计数器芯片 CD4017 的清零端 R = 0，时钟端 CP = 1。按下清零按钮 CLR，通过合理设置电阻 R_4 和 R_5 的值，分压后令清零端为高电平 1，即 R = 1，则计数器执行清零操作，计数器的输出为 $Q_0Q_1Q_2Q_3$ $Q_4Q_5Q_6Q_7Q_8Q_9$ = 1000000000，此时只有 Q_0 端输出高电平 1，其余计数引脚输出都是低电平 0。

（2）输入密码：由于 Q_0 端连接的是 3 号按键 SC_3，因此输入的第一个正确密码按键是 SC_3。当按下 SC_3 后，三极管 VT 将导通，则 VT 的集电极电压被拉低，时钟输入端 CP = 0。之后 SC_3 抬起，VT 将截止，集电极电压被拉高，时钟输入端 CP = 1，使 CP 端产生一个计数脉冲，计数器计一个数，使 Q_1 输出为 1。

同理，Q_1 端连接的是 0 号按键 SC_0，下一个正确密码是 0。依次按照 302706429 输入密码，最终会正确开锁。反之，如果密码输入不对，则不会产生计数脉冲，计数器不能执行计数操作，就无法开锁。

4．原理总结

每按对一个数字键，计数器就获得一个计数脉冲，并计一个数，计到最后一个数，使 Q_9 输出高电平 1（开锁标志）。

5．功能扩展

不难发现，上面设计的密码锁保密性并不好，只要开锁人有耐心逐一试探，锁就会被打开。这种密码锁相当于"一维密码锁"，只要密码输入正确，就可以开锁；如果在此基础上加入时间控制，则变成"二维密码锁"。例如，在指定时间内密码输入正确才能开锁，保密性就会提高。进一步，如果继续加入按键次数控制，就会变成"三维密码锁"，即在指定时间内、有限按键次数内且密码输入正确才能开锁，保密性进一步提高。

10.4　研讨探究

问： 串/并行转换器有什么用处？能以容易理解的方式加以说明吗？

答： 串/并行转换器和并/串行转换器可以配对使用。例如，系统 A 和系统 B 之间采用串行方式进行数据传输。并行输入信号首先在系统 A 处经过并行/串行转换后，将数据串行传输至系统 B。系统 B 将接收到的串行输入信号再经过串行/并行转换后，存储到寄存器中以供后续使用。

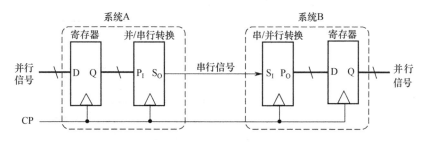

10.5　深入思考

思考：设计一个指定序列信号发生器，例如设计一个 00010111 序列信号发生器，你能想到哪些实现方法？

10.6　小故事大情怀

大话 G 家族

1G 时代，人类首次实现移动通信，以身价近两万元的"大哥大"为标志物，附加高达几千元的"入网费"。2G 时代，短信大行其道，可以实现实时文字沟通，比 E-mail 更方便，比打电话更实惠，成为当时年轻人的最爱。彼时移动通信首次接入互联网，但是速度很慢，上网看小说已是普通用户的极限，还要时时小心用"超"流量。3G 开启了互联网释放资讯力量的时代，新浪、搜狐、网易、土豆、优酷、携程、淘宝、百度、腾讯……，国内互联网企业百花齐放、百家争鸣。社交软件"火"透了 3G，视频赛道又"火"透了 4G。4G 时代，视频网站掀"翻"了传统媒体，App 颠覆了传统商业，电视广告从此落败于网络口碑。5G 时代，万物互联，用 1 秒能下载一部影片。6G 时代，万物智联，全球实现无缝连接，人类将置身于一个泛在的、精细的、实时的、融合的数字世界。

习 题 10

10.1 分析如题图 10-1 所示时序逻辑电路的功能。

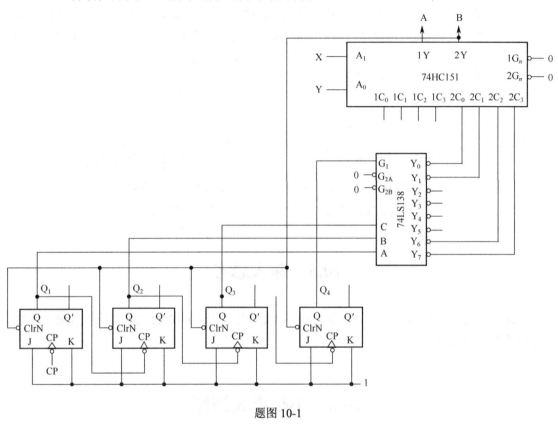

题图 10-1

10.2 某移位寄存器的功能如题表 10-1 所示,寄存器采用下降沿触发,电路连接如题图 10-2 所示,根据给出的输入波形,画出输出波形。

题表 10-1 功能表

CP	M	N	Q_A^{n+1}	Q_B^{n+1}	Q_C^{n+1}	Q_D^{n+1}	功 能 说 明
↓	1	1	Q_A^n	Q_B^n	Q_C^n	Q_D^n	保持
↓	0	1	A	B	C	D	并入
↓	1	0	Q_B^n	Q_C^n	Q_D^n	SI	左移
↓	0	0	Q_D^n	Q_C^n	Q_B^n	Q_A^n	逆序

10.3 由移位寄存器及四选一数据选择器构成的电路如题图 10-3 所示,$Q_D Q_C Q_B Q_A$ 是寄存器的数据并行输出端,初始值为 $Q_D Q_C Q_B Q_A = 0000$。ABCD 是数据并行输入端,SI 是串行输入端,M 和 N 是方式控制端,功能表如题表 10-2 所示,画出状态图。

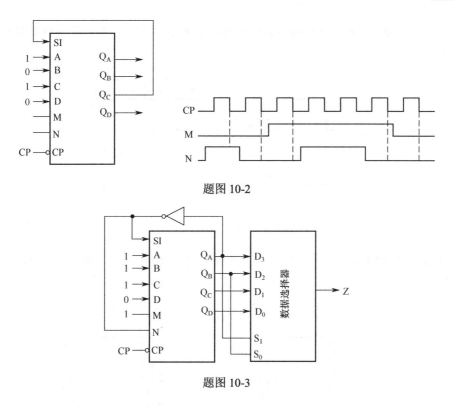

题图 10-2

题图 10-3

题表 10-2　功能表

CP	M　N	Q_A^{n+1}	Q_B^{n+1}	Q_C^{n+1}	Q_D^{n+1}	功 能 说 明
↓	0　0	Q_A^n	Q_B^n	Q_C^n	Q_D^n	保持
↓	1　1	A	B	C	D	并入
↓	1　0	Q_B^n	Q_C^n	Q_D^n	SI	左移
↓	0　1	SI	Q_A^n	Q_B^n	Q_C^n	右移

10.4　如题图 10-4 所示的时序逻辑电路，分析此电路的功能。

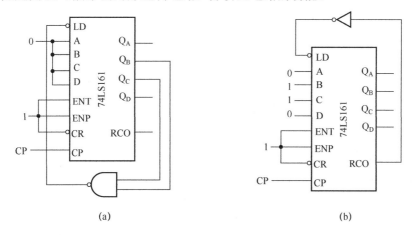

(a)　　　　　　　　　　　　　(b)

题图 10-4

10.5 由74LS90芯片构成的时序逻辑电路如题图10-5所示，分析此电路是多少进制的计数器？

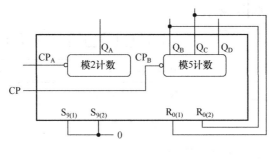

题图 10-5

10.6 由74LS161芯片构成的时序逻辑电路如题图10-6所示，分析此电路是多少进制的计数器？

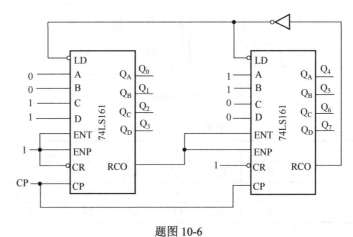

题图 10-6

第11章 我的芯片我做主——可编程逻辑器件

📖 内容导读

可编程逻辑器件允许用户使用开发工具对芯片功能进行编程，与传统芯片相比具有很好的灵活性。利用可编程逻辑器件进行硬件设计是目前硬件开发的主流。本章围绕以下问题展开：

- ✍ 可编程逻辑器件的基本原理
- ✍ 可编程逻辑器件的典型应用

📖 本章案例

- ❀ 简易十字路口交通控制器

11.1 可编程逻辑器件概述

数字逻辑器件的发展经历了几个阶段，早期是以电子管、晶体管为代表的分立器件，之后出现了集成电路，从小规模集成电路（SSI）到中规模集成电路（MSI），逐步发展为大规模集成电路（LSI）和超大规模集成电路（VLSI）。

中小规模集成电路是常用的标准产品，内部通常集成一些典型的逻辑部件，如逻辑门、触发器、译码器、计数器、寄存器等。本章要介绍的可编程逻辑器件（Programmable Logic Device，PLD）是一种具有专用或特定用途的大规模或超大规模集成电路，如FPGA、CPLD等，可以在单芯片上实现存储器、微处理器或更加复杂的数字系统。这种器件允许用户使用开发工具对芯片功能进行编程，与传统芯片相比不仅开发周期短、产品功耗低，而且具有很好的灵活性，如图11-1所示。

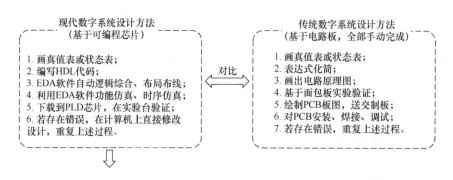

图11-1 现代数字系统设计方法与传统数字系统设计方法对比

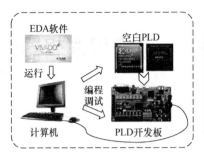

图 11-1 现代数字系统设计方法与传统数字系统设计方法对比（续）

特点	传统方法	现代方法
采用器件	通用型器件	PLD
设计对象	电路板	可编程芯片
仿真验证时期	硬件设计后期	硬件设计早期
设计文件	电路原理图	HDL代码

按集成度，PLD 可分为低密度 PLD 和高密度 PLD 两类。其中，只读存储器（ROM）系列、可编程逻辑阵列（PLA）、可编程阵列逻辑（PAL）及通用阵列逻辑（GAL）等器件都属于低密度 PLD，而复杂可编程逻辑器件（CPLD）和现场可编程逻辑门阵列（FPGA）属于高密度 PLD。

11.2 ROM 的基本原理及应用

半导体存储器是采用半导体集成电路工艺制成的存储数据信息的固态电子器件，它由大量相同的存储单元和输入/输出电路等构成。半导体存储器能存储大量的二进制数字信息，是现代数字系统特别是计算机的重要组成部分。

按功能及应用，半导体存储器可分为随机存取存储器（RAM）和只读存储器（ROM）两类。

RAM 是可读、可写的存储器，主要用于组成计算机主存储器等要求快速存储的系统。CPU 可以随机地读写、访问 RAM 的内容，RAM 中的信息断电后即丢失，它属易失性存储器，主要用来存储临时的程序和数据。按工作方式不同，RAM 又可分为静态 RAM 和动态 RAM 两类。静态 RAM 的单元电路是触发器，是目前读写最快的存储设备，但是价格非常昂贵，一般只用在要求苛刻的地方，如 CPU 的一级缓冲、二级缓冲。动态 RAM 在工作中需要定时对单元电路存储的信息重写一次，称为刷新。计算机内存就是动态 RAM。这种存储器的特点是单元器件数量少，集成度高，应用广泛。

ROM 存储的信息是在特殊条件下生成的，在正常情况下只能读取，不能随意改变，即使断电信息也不会丢失。ROM 一般用来存储长期固定的数据或信息，如各种函数表、字符、某些系统程序等不需要改变的信息。

11.2.1 ROM 系列概述

目前常见的 ROM 系列包括以下几种。

（1）掩膜式 ROM（Mask ROM）。用户不可对其编程，其内容已由厂家设定好，不能更改，它是平常意义上的只读存储器。

（2）可编程 ROM（Programmable ROM，PROM）。由于其采用熔丝工艺，用户只能对其编程一次，写入后不能再更改。PROM 与 Mask ROM 的差别在于，前者可在集成电路制造完成后才依需要写入数据，而后者的数据需在制造集成电路时一并制作在里面。

（3）可擦除的 PROM（Erasable PROM，EPROM）。
内部采用浮栅 MOS，芯片封装上有"石英玻璃窗"，
如图 11-2 所示，用户可对其进行多次编程。它需要专
用的写入器，用紫外线照射一定时间可以擦除内部整
体信息，因此编程后的 EPROM 芯片的"石英玻璃窗"
需要用黑色胶带密封，防止其被光照后信息丢失。

图 11-2　带有"石英玻璃窗"的 EPROM

（4）电可擦除的 PROM（Electrically Erasable PROM，EEPROM 或 E^2PROM），能以 Byte 为单位被擦除和改写。

（5）闪存（Flash Memory），属于新一代的 E^2PROM 改进产品，其特点是按块擦除，广泛用于计算机的主板上，用来存储 BIOS 程序。

11.2.2　ROM 的基本原理

1. ROM 的基本原理

从外部看，ROM 是一个具有 n 个输入、m 个输出的组合逻辑电路。ROM 的内部由一个有 n 个输入的完全地址译码器（与阵）和一个有 m 个输出的存储矩阵（或阵）组成。

（1）地址译码器。

地址译码器是一个与逻辑阵列。地址译码器有 n 条地址输入线 $A_0 \sim A_{n-1}$，译码后可以寻址 2^n 个存储单元，每个存储单元也称一个"字"。因此，译码器的每根译码输出线也称"字线"，用 n 个地址输入变量的最小项表示。每根字线对应存储矩阵中的一个存储单元，每个存储单元由 m 个二进制位组成，能存储 m 位二进制信息，即 ROM 的 m 个输出。

（2）存储矩阵。

存储矩阵是一个或逻辑阵列。二进制译码器具有 2^n 中选一的特点，所以给定一组输入地址，译码器只有唯一的一根输出字线被选中，该字线可以在存储矩阵中找到一个相应的"字"（即存储单元），读出字中的 m 位信息。读出信息的每根数据输出线 $F_{m-1}, \cdots, F_1, F_0$ 也称"位线"。

总结

对一个具有 n 个输入、m 个输出的 ROM 而言，n 位地址能寻址 2^n 个存储单元（字），每个存储单元存储 m 位二进制信息（即每个字是 m 位长），整个 ROM 的存储容量为 $2^n \times m$ 位信息。

例如，有 2 个地址输入 A_1A_0、5 个输出 $F_4F_3F_2F_1F_0$ 的 ROM 示意图如图 11-3 所示。2 个地址输入 A_1A_0 共可以寻址 4 个存储单元，即共有 4 根字线，分别用最小项 m_0、m_1、

m_2、m_3表示。每个存储单元能存储 5 位二进制信息。如果地址输入的是 $A_1A_0 = 10$，则译码器译中的是 m_2 号存储单元，即选中了 m_2 字线，在 ROM 输出端 $F_4F_3F_2F_1F_0$ 上读出的就是 m_2 号存储单元中的内容 10011。该 ROM 的存储容量为 $2^2 \times 5 = 20$。

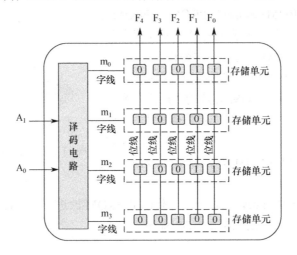

图 11-3　具有 2 个输入、5 个输出的 ROM 示意图

2．PLD 阵列中的常用符号

（1）输入缓冲器。

每个 PLD 的输入变量需要利用输入缓冲器同时向其内部电路提供原、反两种形式的变量，如图 11-4 所示。输入缓冲器不仅能产生输入信号的原变量和反变量，还可以减少驱动该输入引脚的电流量，增强输入信号的驱动能力。

（2）PLD 阵列连接方式。

PLD 阵列有 3 种连接方式：固定连接、可编程连接和无连接，如图 11-5 所示。固定连接是在交叉点上用实心点“ • ”表示的，可编程连接是在交叉点上用“×”表示的，在交叉点上什么都没有表示无连接。如图 11-6 所示的阵列连接中，$F_1 = ACD$，$F_2 = A + B + C$。

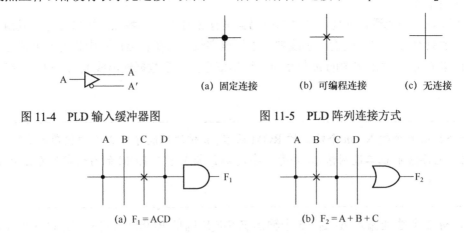

图 11-4　PLD 输入缓冲器图

(a) 固定连接　(b) 可编程连接　(c) 无连接

图 11-5　PLD 阵列连接方式

(a) $F_1 = ACD$　(b) $F_2 = A + B + C$

图 11-6　PLD 阵列连接表达式

【例 11-1】　如图 11-7 所示，分析给定 ROM 逻辑电路的逻辑表达式及真值表。

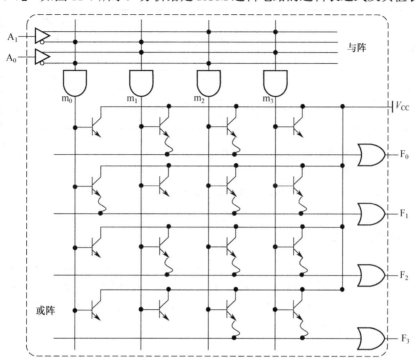

图 11-7　给定的 ROM 逻辑电路

分析：该 ROM 的与阵有两个地址输入端 A_1A_0，能寻址 4 个存储单元。存储矩阵是以三极管为存储器件的或阵，有 4 位输出。每个存储单元中能存储 4 位二进制数，用 $F_3F_2F_1F_0$ 表示。

当地址输入端 $A_1A_0 = 00$，则 $m_3m_2m_1m_0 = 0001$，即只有字线 m_0 是高电平 1，其余字线都是低电平 0，表示存储单元 m_0 被译中。字线 m_0 上连接的 4 个三极管中只有 1 个三极管发射级上的熔丝是完好的，其余 3 个三极管发射级上的熔丝均被烧断。字线 m_0 上的高电平使熔丝完好的三极管导通，其集电极连接正电源 V_{CC}，经或门传递使输出 $F_1 = 1$。其余 3 个输出端 F_3、F_2、F_0 都是 0。因此，当 $A_1A_0 = 00$ 时，选中了 ROM 的存储单元 m_0，在 ROM 的输出端上读出的就是存储在 m_0 存储单元中的信息。

同理，可以分析出当地址输入端 A_1A_0 分别取值 01、10 和 11 时 ROM 的输出值，如表 11-1 所示。

根据真值表，逻辑函数表达式如下：

$$F_3 = m_2 + m_3 = A_1A_0' + A_1A_0$$
$$F_2 = m_1 + m_2 + m_3 = A_1'A_0 + A_1A_0' + A_1A_0$$
$$F_1 = m_0 + m_2 + m_3 = A_1'A_0' + A_1A_0' + A_1A_0$$
$$F_0 = m_1 + m_2 = A_1'A_0 + A_1A_0'$$

表 11-1　ROM 真值表

输　入		字　线	输出（位线）
A_1	A_0	$m_3\ m_2\ m_1\ m_0$	$F_3\ F_2\ F_1\ F_0$
0	0	0　0　0　1	0　0　1　0
0	1	0　0　1　0	0　1　0　1
1	0	0　1　0　0	1　1　1　1
1	1	1　0　0　0	1　1　1　0

从以上分析可以看出，该 ROM 中实际存储的就是一个 2 输入、4 输出的组合逻辑函数的真值表。真值表中输入变量 A_1A_0 的取值，就是 ROM 中存储单元的编号。真值表中每组输出变量 $F_3F_2F_1F_0$ 的取值，就是存储在 ROM 的存储单元中的数据。因此，按照真值表 A_1A_0 的输入取值从 00 到 11，就可以逐一访问到 ROM 中的每个存储单元，里面存储的数据就会逐一呈现在 ROM 的输出端上。

※ 总结 ---

　　一个容量为 $2^n \times m$ 的 ROM 能实现一个 n 个输入、m 个输出的组合逻辑函数。因此，从本质上讲，一个 n 个输入、m 个输出的 ROM 中存储的就是一个 n 个输入、m 个输出的组合逻辑函数的真值表。

3. 简化的 PLD 阵列表示

为方便起见，将图 11-7 简化表示为如图 11-8 所示的 ROM 阵列图，在存储矩阵中有熔丝完好连接的三极管的地方用"·"或"×"来代替。

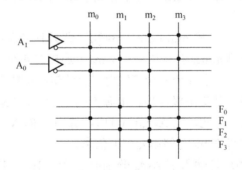

图 11-8　简化的 ROM 阵列图

11.2.3　ROM 的典型应用

1. 利用 ROM 设计组合逻辑函数

利用 ROM 设计组合逻辑函数的通用方法如下。

（1）将待设计的组合逻辑函数表达式描述成最小项之和 $\sum m_i$ 的形式。

（2）用待设计的组合逻辑函数的输入变量作为 ROM 的地址输入信号，画出全译码与阵图；用待设计的组合逻辑函数的输出变量作为 ROM 的输出信号，画出或阵图。

（3）若待设计的组合逻辑函数最小项之表达式中包含某个最小项 m_i，则在或阵中的输出线与第 m_i 根字线的交点处画一个"•"。

【例 11-2】 利用 ROM 设计组合逻辑函数：$F_1 = A'BC + AB'C' + ABC' + ABC$，$F_2 = A'B'C' + A'BC' + A'BC + AB'C' + ABC$。

解：（1）将待设计的组合逻辑函数表达式描述成最小项之和 $\sum m_i$ 的形式。

$$F_1 = \sum m(3, 4, 6, 7)$$
$$F_2 = \sum m(0, 2, 3, 4, 7)$$

（2）画阵列图。

用待设计的组合逻辑函数的输入变量 ABC 作为 ROM 的地址输入信号，组合逻辑函数的输出变量 $F_2 F_1$ 作为 ROM 的或阵输出信号，在位线 F_1 与字线 m_3、m_4、m_6、m_7 的交叉点处分别画一个"•"，在位线 F_2 与字线 m_0、m_2、m_3、m_4、m_7 的交叉点处分别画一个"•"，如图 11-9 所示。

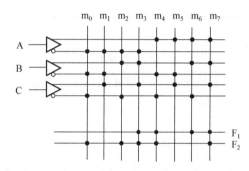

图 11-9　利用 ROM 设计组合逻辑函数的阵列图

2. 利用 ROM 设计函数运算

【例 11-3】 利用 ROM 设计实现函数运算 $y = x^2$，其中 x 是 4 位二进制数。

解：（1）确定待设计逻辑函数输入变量和输出变量的位数。

设 4 位二进制数 $x = B_3 B_2 B_1 B_0$，$15 \geqslant x \geqslant 0$；$y = x^2$，$225 \geqslant y \geqslant 0$。由 y 的取值可知，y 至少需要 8 位二进制数，因此令 $y = Y_7 Y_6 Y_5 Y_4 Y_3 Y_2 Y_1 Y_0$。

（2）运算函数真值表。

以 $B_3 B_2 B_1 B_0$ 为输入，以 $Y_7 Y_6 Y_5 Y_4 Y_3 Y_2 Y_1 Y_0$ 为输出，计算并画出运算函数 $y = x^2$ 的真值表，如表 11-2 所示。

表 11-2　函数运算 $y = x^2$ 的真值表

| 输　　入 | | | | 输　　　出 | | | | | | | | 十进制数 |
B_3	B_2	B_1	B_0	Y_7	Y_6	Y_5	Y_4	Y_3	Y_2	Y_1	Y_0	
0	0	0	0	0	0	0	0	0	0	0	0	0
0	0	0	1	0	0	0	0	0	0	0	1	1
0	0	1	0	0	0	0	0	0	1	0	0	4
0	0	1	1	0	0	0	0	1	0	0	1	9

（续）

输　　入	输　　　　出								十进制数
$B_3\ B_2\ B_1\ B_0$	Y_7	Y_6	Y_5	Y_4	Y_3	Y_2	Y_1	Y_0	
0　1　0　0	0	0	0	1	0	0	0	0	16
0　1　0　1	0	0	0	1	1	0	0	1	25
0　1　1　0	0	0	1	0	0	1	0	0	36
0　1　1　1	0	0	1	1	0	0	0	1	49
1　0　0　0	0	1	0	0	0	0	0	0	64
1　0　0　1	0	1	0	1	0	0	0	1	81
1　0　1　0	0	1	1	0	0	1	0	0	100
1　0　1　1	0	1	1	1	1	0	0	1	121
1　1　0　0	1	0	0	1	0	0	0	0	144
1　1　0　1	1	0	1	0	1	0	0	1	169
1　1　1　0	1	1	0	0	0	1	0	0	196
1　1　1　1	1	1	1	0	0	0	0	1	225

（3）画阵列图。

用待设计的组合逻辑函数的输入变量 $B_3B_2B_1B_0$ 作为 ROM 的地址输入信号，组合逻辑函数的输出变量 $Y_7Y_6Y_5Y_4Y_3Y_2Y_1Y_0$ 作为 ROM 的或阵输出信号，按照表 11-2 所示的真值表画出 ROM 阵列图，如图 11-10 所示。

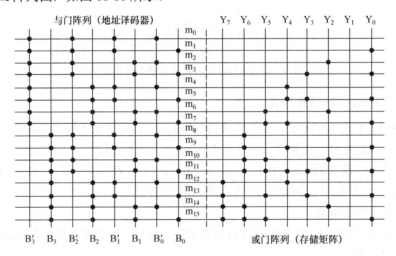

图 11-10　利用 ROM 设计函数运算 $y = x^2$ 的阵列图

3. 利用 ROM 设计同步时序码制转换器

例 9-17 中曾经利用 D 触发器设计实现了一个同步时序的码制转换器，将串行输入的 8421BCD 码转换为余 3 码，下面利用 ROM 设计实现。

【例 11-4】 利用 ROM 设计一个同步时序的码制转换器，将串行输入的 8421BCD 码转换为串行输出的余 3 码。

解： 以下步骤（1）～（5）的具体分析及实现过程详见例 9-17，此处不再赘述，仅将结果列出。

（1）确定输入/输出，绘制系统框图（如图 11-11 所示）及转换真值表（如表 11-3 所示）。

图 11-11　串行输入的 8421BCD 码到余 3 码转换器系统框图

（2）利用直接构图法获得原始状态图（如图 11-12 所示）和原始状态表（如表 11-4 所示）。

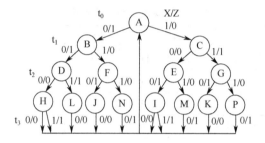

图 11-12　串行输入的 8421BCD 码到余 3 码转换器原始状态图

（3）状态化简，得到最简状态表，如表 11-5 所示。

表 11-3　转换真值表

输入及现态				输出及次态			
t_3	t_2	t_1	t_0	t_3	t_2	t_1	t_0
0	0	0	0	0	0	1	1
0	0	0	1	0	1	0	0
0	0	1	0	0	1	0	1
0	0	1	1	0	1	1	0
0	1	0	0	0	1	1	1
0	1	0	1	1	0	0	0
0	1	1	0	1	0	0	1
0	1	1	1	1	0	1	0
1	0	0	0	1	0	1	1
1	0	0	1	1	1	0	0
1	0	1	0	Φ	Φ	Φ	Φ
1	0	1	1	Φ	Φ	Φ	Φ
1	1	0	0	Φ	Φ	Φ	Φ
1	1	0	1	Φ	Φ	Φ	Φ
1	1	1	0	Φ	Φ	Φ	Φ
1	1	1	1	Φ	Φ	Φ	Φ

表 11-4　转换器原始状态表

现态 Q^n	Q^{n+1}/Z	
	X = 0	X = 1
A	B / 1	C / 0
B	D / 1	F / 0
C	E / 0	G / 1
D	H / 0	L / 1
E	I / 1	M / 0
F	J / 1	N / 0
G	K / 1	P / 0
H	A / 0	A / 1
I	A / 0	A / 1
J	A / 0	Φ / Φ
K	A / 0	Φ / Φ
L	A / 0	Φ / Φ
M	A / 1	Φ / Φ
N	A / 1	Φ / Φ
P	A / 1	Φ / Φ

表 11-5　转换器最简状态表

现态 Q^n	Q^{n+1}/Z	
	X = 0	X = 1
A	B / 1	C / 0
B	D / 1	E / 0
C	E / 0	E / 1
D	H / 0	H / 1
E	H / 1	M / 0
H	A / 0	A / 1
M	A / 1	Φ / Φ

（4）状态分配。

初始状态 A——000；B——001；C——101；D——111；E——011；H——110；M——010，如图 11-13 所示。

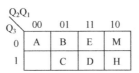

图 11-13　分配相邻编码

（5）获得状态转移表及触发器激励。

结合状态分配、最简状态表获得状态转移表，如表 11-6 所示。其中，Φ 代表任意项。

表 11-6　8421BCD 码到余 3 码转换器状态转移表及触发器激励

输入及现态				次态			触发器			输出
X	Q_3^n	Q_2^n	Q_1^n	Q_3^{n+1}	Q_2^{n+1}	Q_1^{n+1}	D_3	D_2	D_1	Z
0	0	0	0	0	0	1	0	0	1	1
0	0	0	1	1	1	1	1	1	1	1
0	0	1	0	0	0	0	0	0	0	1
0	0	1	1	1	1	0	1	1	0	1
0	1	0	0	Φ	Φ	Φ	Φ	Φ	Φ	Φ
0	1	0	1	0	1	1	0	1	1	0
0	1	1	0	0	0	0	0	0	0	0
0	1	1	1	1	1	0	1	1	0	0
1	0	0	0	1	0	1	1	0	1	0
1	0	0	1	0	1	1	0	1	1	0
1	0	1	0	Φ	Φ	Φ	Φ	Φ	Φ	Φ
1	0	1	1	0	1	0	0	1	0	0
1	1	0	0	Φ	Φ	Φ	Φ	Φ	Φ	Φ
1	1	0	1	0	1	1	0	1	1	1
1	1	1	0	0	0	0	0	0	0	1
1	1	1	1	1	1	0	1	1	0	1

（6）利用 ROM 存储状态转移表及触发器激励。

将表 11-6 所示的状态转移表及触发器激励存储在 ROM 中，以 $XQ_3^nQ_2^nQ_1^n$ 作为 ROM 的地址输入，$XQ_3^nQ_2^nQ_1^n$ 的每组输入组合就是 ROM 中一个存储单元的地址编号，在该存储单元中存储的就是每组 $D_3D_2D_1Z$ 的值，即触发器次态和 Z 输出的值，具体实现如图 11-14 所示。

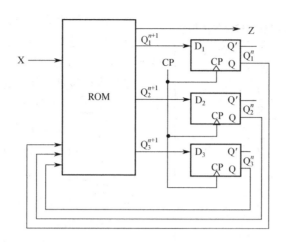

图 11-14　利用 ROM 设计实现同步时序码制转换器

11.3　PROM 的基本原理及应用

11.3.1　PROM 的基本原理

PROM 也称"一次可编程只读存储器"。PROM 的总体结构、工作原理和使用方法都与掩膜式 ROM 相同，不同之处在于 PROM 采用熔丝工艺，如图 11-15 所示。出厂时，产品的熔丝都是接通完好的，即存储单元为全"1"。若使某些存储单元改写为"0"，需要用大电流将熔丝烧断，这一过程是不可逆的，所以只能改写一次。PROM 用来存储数学函数表、字符发生器等。

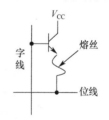

11.3.2　PROM 的典型应用

图 11-15　PROM 熔丝示意图

PROM 的与阵是固定连接的，或阵是可编程的。利用 PROM 设计组合逻辑函数的通用方法与 ROM 相同，如下所述。

（1）将待设计的组合逻辑函数表达式描述成最小项之和 $\sum m_i$ 的形式。

（2）用待设计的组合逻辑函数的输入变量作为 PROM 的地址输入信号，画出全译码与阵图；用待设计的组合逻辑函数的输出变量作为 PROM 的输出信号，画出或阵图。

（3）若待设计的组合逻辑函数最小项表达式中包含某个最小项 m_i，则在或阵中的输出线与第 m_i 根字线的交点处画一个"×"。

1. 利用 PROM 设计码制转换器

【例 11-5】　利用 PROM 设计一个码制转换器，将输入的 4 位二进制数转换为格雷码。

表 11-7　4 位二进制数到格雷码转换的真值表

二进制数				格雷码			
B_3	B_2	B_1	B_0	G_3	G_2	G_1	G_0
0	0	0	0	0	0	0	0
0	0	0	1	0	0	0	1
0	0	1	0	0	0	1	1
0	0	1	1	0	0	1	0
0	1	0	0	0	1	1	0
0	1	0	1	0	1	1	1
0	1	1	0	0	1	0	1
0	1	1	1	0	1	0	0
1	0	0	0	1	1	0	0
1	0	0	1	1	1	0	1
1	0	1	0	1	1	1	1
1	0	1	1	1	1	1	0
1	1	0	0	1	0	1	0
1	1	0	1	1	0	1	1
1	1	1	0	1	0	0	1
1	1	1	1	1	0	0	0

解：（1）确定真值表。

设 4 位二进制数用 $B_3B_2B_1B_0$ 表示，转换后的格雷码用 $G_3G_2G_1G_0$ 表示，真值表如表 11-7 所示。

（2）将待设计的组合逻辑函数表达式描述成最小项之和 $\sum m_i$ 的形式。

$G_3 = \sum m(8,9,10,11,12,13,14,15)$；

$G_2 = \sum m(4,5,6,7,8,9,10,11)$；

$G_1 = \sum m(2,3,4,5,10,11,12,13)$；

$G_0 = \sum m(1,2,5,6,9,10,13,14)$。

（3）画阵列图。

用 4 位二进制数 $B_3B_2B_1B_0$ 作为 PROM 的地址输入信号，转换后的格雷码 $G_3G_2G_1G_0$ 作为 PROM 的或阵输出信号，选中的字线与位线的交点处画"×"，如图 11-16 所示。

因此，利用 PROM 实现码制转换的原理是，将转换前的 n 位代码传输到 PROM 的地址输入端，转换后的 m 位代码存储在 PROM 中；按照 PROM 地址读出存储单元的内容，就完成了一次转换。

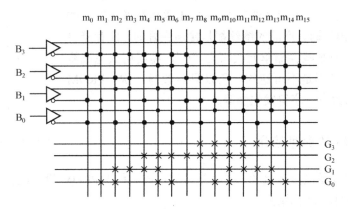

图 11-16　利用 PROM 实现 4 位二进制数转换为格雷码的阵列图

2. 利用 PROM 设计节拍发生器

【例 11-6】 利用 PROM 设计如图 11-17 所示的给定波形的节拍发生器。

解：分析给定波形，此节拍发生器在一个循环周期内的波形存储在一片 PROM 中，PROM 中的每个存储单元存储一个 4 位二进制数 $F_4F_3F_2F_1$，即

$$F_4 = \sum m(0,2,4,6)$$

$$F_3 = \sum m(0,1,4,5)$$

$$F_2 = \sum m\,(1,2,5,6)$$
$$F_1 = \sum m\,(4,5,6,7)$$

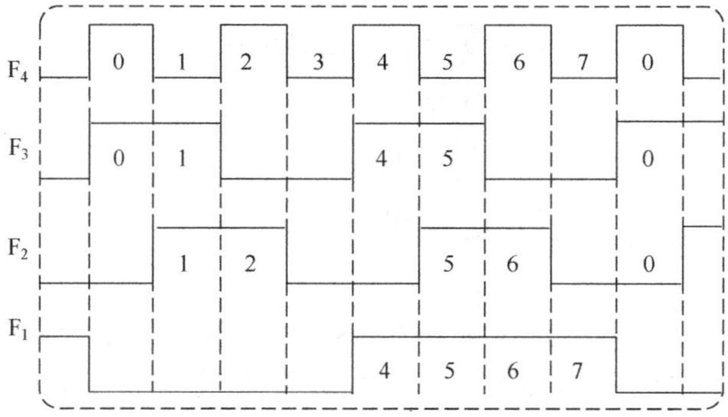

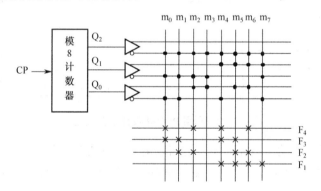

图 11-17　给定波形的节拍发生器

此节拍发生器在一个循环周期内共 8 段波形,因此 PROM 需要有 8 个存储单元,PROM 的地址输入端是 3 个。

要把一个循环周期内的波形循环实现,还需设计一个模 8 计数器。计数器的输出为 PROM 的地址端依次提供 000~111 的输入,实现给定波形的节拍发生器的功能,如图 11-18 所示。模 8 计数器的设计读者可自行实现。

图 11-18　利用 PROM 设计给定波形的节拍发生器

3. 利用 PROM 设计字符发生器

字符发生器主要应用于需要使用光栅显示的场合。首先将字符点阵(即需要显示的字形)存储在 PROM 中,然后依次给出 PROM 的地址码,从 PROM 的存储矩阵中逐行读取字符点阵并送往显示器件加以显示。常用的字符发生器有 9×7、7×7、7×5、8×5 等几种规格。

【例 11-7】　利用 PROM 设计一个能存储英文大写字符"E"的 7×5 字符发生器。

解:(1)确定存储器容量。

7×5 字符发生器需要使用 7 行 5 列的字符点阵,所以 PROM 需要存储 7 行信息,每行信息有 5 位二进制,因此 PROM 需要 7 个存储单元、5 位输出。7 个存储单元需要 3 根地址线,用 $A_2 A_1 A_0$ 表示,5 位输出用 $F_4 F_3 F_2 F_1 F_0$ 表示。

（2）根据存储的字形确定真值表画阵列图。

以 $A_2A_1A_0$ 为输入，以 $F_4F_3F_2F_1F_0$ 为输出，计算并画出存储英文字符"E"的真值表，根据真值表，可以确定最小项输出表达式如下：

$$F_4 = \sum m\,(0,1,2,3,4,5,6)$$
$$F_3 = \sum m\,(0,3,6)$$
$$F_2 = \sum m\,(0,3,6)$$
$$F_1 = \sum m\,(0,3,6)$$
$$F_0 = \sum m\,(0,6)$$

根据最小项表达式画出阵列图，如图 11-19 所示。在使用时，根据地址 $A_2A_1A_0$ 的值逐行读出 $F_4F_3F_2F_1F_0$ 的信息。扫描光栅由 7 行组成，每扫过一行，PROM 中存储的"1"代表亮，"0"代表灭，由视频输出的"点"对应地显示在屏幕的相应位置。光栅扫描 7 次，在屏幕上显示出一个完整的字符。

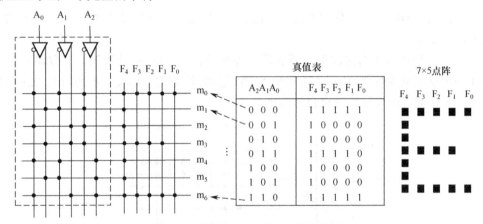

图 11-19　利用 PROM 设计字符发生器

如果需要存储更多的字符如字库，就需要更大容量的存储器。

【例 11-8】利用 PROM 设计一个能存储 64 个字符的字库，每个字符用 8×5 点阵存储。

解：（1）确定存储器容量。

首先，需要实现在 64 个字符中选 1 的译码，因此字符译码器需要 6 根地址线，这里用 $A_8 \sim A_3$ 表示。

其次，每个字符用 8×5 点阵存储，每个字符需要存储 8 行信息，每行信息有 5 位输出。8 个存储单元需要 3 根地址线，用 $A_2A_1A_0$ 表示，5 位输出用 $F_4F_3F_2F_1F_0$ 表示。因此，PROM 共需要 9 根地址线、5 根输出线，存储容量为 $2^9 \times 8$。其中，

地址输入 $A_8 \sim A_3$：字符选择（64 个字符中选 1）。

地址输入 $A_2 \sim A_0$：字符中每行的选择（8 行选 1）。

（2）设计实现。

以 $A_8A_7A_6A_5A_4A_3A_2A_1A_0$ 为输入，以 $F_4F_3F_2F_1F_0$ 为输出，系统框图如图 11-20 所示。

组成字符的点阵规模越大，字形细节越丰富，显示的字形也越美观。汉字需要更多的存储空间，如图 11-21 所示。

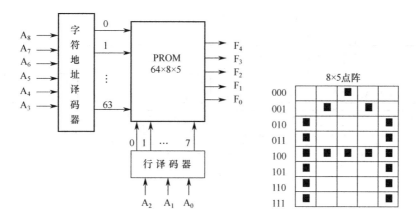

图 11-20　利用 PROM 设计存储 64 个字符的字库

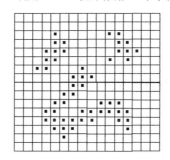

图 11-21　16×16 点阵显示汉字

11.3.3　PROM 的扩展

在实际应用中，当一片 PROM 的存储容量不够用或者单片 PROM 的存储单元数量与输出数量不符合要求时，可以对 PROM 进行扩展，以获得更多的存储空间或者更灵活多样的输出形式。

1．位扩展

位扩展指对 PROM 扩展后存储单元的数量不变，但每个存储单元中存储信息的位数增加了。

【例 11-9】　利用多片容量为 32×8 位的 PROM，扩展成 32×32 位的 PROM。

解：（1）确定扩展所需的 PROM 数量。

扩展前的存储容量是 32×8 位，扩展后的存储容量是 32×32 位，32×32/(32×8) = 4，因此需要 4 片 32×8 位的 PROM。

（2）4 片 PROM 级联。

扩展后存储单元的数量不变，因此，每片 PROM 共用相同的地址线。扩展后的每个存储单元都需要输出 32 位，用 $F_{31}F_{30}\cdots F_1F_0$ 表示。而单片 PROM 的输出是 8 位，因此需要 4 片 PROM 同时工作，具体实现如图 11-22 所示，其中，CS 为片选端，低电平有效。在使用时，4 片 PROM 被同时选中相同的存储单元，每片 PROM 都贡献出自己的全部输出位数。

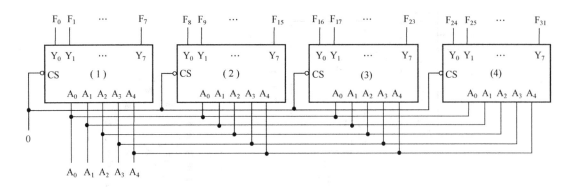

图 11-22　PROM 位扩展

2．字扩展

字扩展指对 PROM 扩展后存储单元的数量增加了，但每个存储单元中存储信息的位数不变。

【例 11-10】利用适当逻辑部件及多片容量为 32×8 位的 PROM，扩展成 256×8 位的 PROM。

解：（1）确定扩展所需的 PROM 数量。

扩展前的存储容量是 32×8 位，扩展后的存储容量是 256×8 位，256×8/(32×8) = 8，因此需要 8 片 32×8 位的 PROM。

（2）8 片 PROM 级联。

扩展后存储单元的数量增加了，但每个存储单元中存储信息的位数不变，都是 8 位，用 $F_7F_6 \cdots F_1F_0$ 表示。因此，需要每片 PROM 逐一贡献出自己所有存储单元，8 片 PROM 需要分时工作，但它们共用相同的输出线。8 片 32×8 位的 PROM（分时工作）片选端可以用一个 3 线-8 线译码器进行 8 中选 1，译码器的地址输入端需要使用 3 根地址线，用 $A_7A_6A_5$ 表示。每片 32×8 位 PROM 的片内寻址需要 5 根地址线，用 $A_4A_3A_2A_1A_0$ 表示，具体实现如图 11-23 所示，其中，CS 为片选端，低电平有效。

在使用时，先用高位地址 $A_7A_6A_5$ 经 3 线-8 线译码器选中一片 PROM，再用低位地址 $A_4A_3A_2A_1A_0$ 选择片内具体的存储单元，来读出存储的 8 位数据。

3．扩字减位

扩字减位指对 PROM 扩展后存储单元的数量增加了，而每个存储单元中存储信息的位数减少了。

【例 11-11】 利用适当的逻辑部件及多片容量为 32×8 位的 PROM，扩展成 128×4 位的 PROM。

解：（1）确定扩展所需的 PROM 数量。

扩展前的存储容量是 32×8 位，扩展后的存储容量是 128×4 位，128×4/(32×8) = 2，因此需要 2 片 32×8 位的 PROM。

（2）2 片 PROM 级联。

扩展后每个存储单元中存储信息的位数从 8 位减少到 4 位，所以扩展前的一个存储单元相当于扩展后的两个存储单元。因此，每片 PROM 扩展后存储单元的数量相当于 64 个。

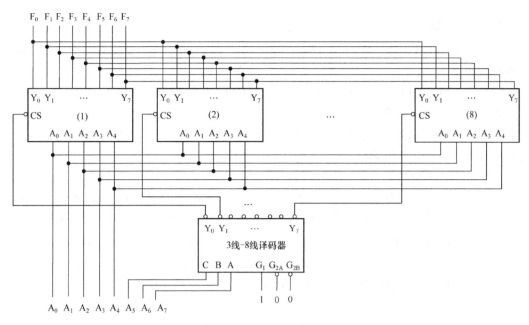

图 11-23　PROM 字扩展

将每片 32×8 位 PROM 的 8 位输出线分成 4 组，分别连接 4 个二选一数据选择器的输入端，经 4 个二选一数据选择器输出共有 4 位，用 $F_3F_2F_1F_0$ 表示。所有数据选择器的选择控制端 S 共用一根地址线 A_5。

2 片 PROM 需要分时工作，用一根地址线 A_6 及一个反相器通过控制片选端 CS 实现。每片 32×8 位 PROM 的片内寻址需要 5 根地址线，用 $A_4A_3A_2A_1A_0$ 表示。具体实现如图 11-24 所示，其中，CS 为 PROM 片选端，低电平有效。

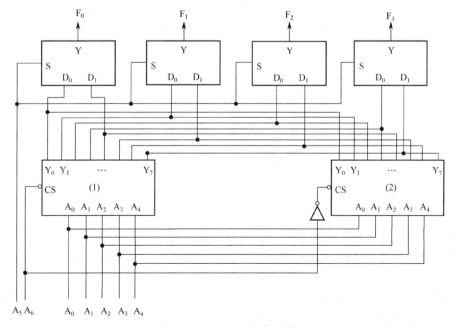

图 11-24　PROM 扩字减位

4．扩字扩位

扩字扩位指对 PROM 扩展后不仅存储单元的数量增加了，而且每个存储单元中存储信息的位数也增加了。

【例 11-12】 利用多片容量为 1K×8 位的 PROM，扩展为 2K×16 位的 PROM。

解：（1）确定扩展所需的 PROM 数量。

扩展前的存储容量是 1K×8 位，扩展后的存储容量是 2K×16 位，2K×16/(1K×8)= 4，因此需要 4 片 1K×8 位的 PROM。

（2）4 片 PROM 级联。

扩展后存储单元的数量从 1K 增加到 2K，每个存储单元中存储的信息从 8 位增加到 16 位。因此，需要将 4 片 1K×8 位的 PROM 分成两组，每组有两片 PROM。两组之间是分时工作的，组内的两片 PROM 需要同时被选中并共同输出 16 位，用 $F_{15}F_{14}\cdots F_1F_0$ 表示。两组的片选端用一根地址线 A_{10} 及一个反相器通过控制片选端 CS 实现分时。具体实现如图 11-25 所示，其中，CS 为 PROM 片选端，低电平有效。

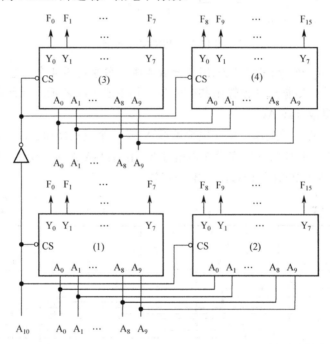

图 11-25　PROM 扩字扩位

✳ **总结** --

PROM 扩展的几种情况如下。

位扩展：所有 PROM 的地址端并联（共用相同的地址），所有 PROM 的输出端并行输出。

字扩展：所有 PROM 分时工作，每片 PROM 的片选端用一个二进制译码器的输出选定，译码器的地址端需占用额外的地址线。

扩字减位：PROM 需分时工作（如用反相器或二进制译码器的输出作为每个 PROM 的片选），将 PROM 的输出分成若干组，经数据选择器分组输出。

　　扩字扩位：字扩展+位扩展，将 PROM 分组，各组之间分时工作（如用反相器或二进制译码器的输出作为每组 PROM 的片选），组内同时工作，组内所有 PROM 的输出端并行输出。

11.4　其他低密度 PLD

11.4.1　PLA 的基本原理及应用

ROM、PROM 的缺点是没有充分利用半导体材料的面积，限制了使用的灵活性，主要体现在：

（1）没有使用的最小项也占有存储单元；

（2）相同的内容占用多个存储单元。

如图 11-26 所示，在 m_1、m_2、m_4 三个存储单元中 ROM 存储的内容都是 0111。

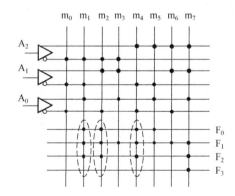

图 11-26　ROM 存储

如果能将内容相同的存储单元用一个存储单元来代替（让几个地址码读出同一存储单元的内容），就可以节省存储空间，可编程逻辑阵列（Programmable Logic Array，PLA）的产生正是基于这个思想的。

1. PLA 的特点

PLA 具有如下特点。

（1）与阵、或阵都可编程，每根字线不一定是完全最小项，且字数少于 2^n。

（2）地址和字之间没有一一对应的关系，因此一个地址可同时访问两个或两个以上的存储单元。例如，存储单元 $AB'CD$ 和 AD 都可以用地址 1011 读出。

（3）必须对待设计的逻辑函数表达式进行化简，即存储矩阵中是化简压缩的内容，与真值表不再有一一对应关系。

（4）FPLA（现场可编程逻辑阵列）包含记忆器件（触发器网络），所以 FPLA 既能实现组合逻辑，又能实现时序逻辑。

如图 11-27 所示，输入地址 000 和 001，从 PLA 中读出的内容都是 0101。

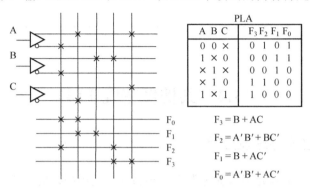

A B C	$F_3 F_2 F_1 F_0$
0 0 ×	0 1 0 1
1 × 0	0 0 1 1
× 1 ×	0 0 1 0
× 1 0	1 1 0 0
1 × 1	1 0 0 0

$$F_3 = B + AC$$
$$F_2 = A'B' + BC'$$
$$F_1 = B + AC'$$
$$F_0 = A'B' + AC'$$

图 11-27　PLA 存储

对 ROM 和 PROM，一个地址只能选中一个存储单元；而对 PLA，一个地址能同时选中多个存储单元或没有存储单元被选中。如图 11-28 所示，当输入地址 ABCD = 0111 时，能同时选中 3 个存储单元；当输入地址 ABCD = 0001 时，没有存储单元被选中；当输入地址 ABCD = 1001 时，只有一个存储单元被选中。

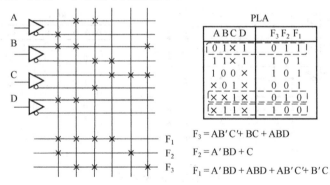

A B C D	$F_3 F_2 F_1$
0 1 × 1	0 1 1
1 1 × 1	1 0 1
1 0 0 ×	1 0 1
× 0 1 ×	0 0 1
× × 1 ×	0 1 0
× 1 1 ×	1 0 0

$$F_3 = AB'C' + BC + ABD$$
$$F_2 = A'BD + C$$
$$F_1 = A'BD + ABD + AB'C' + B'C$$

图 11-28　一个地址能选中 PLA 多个存储单元

2. PLA 的典型应用

（1）利用 PLA 设计组合逻辑函数。

利用 PLA 设计组合逻辑函数的通用方法如下：

① 化简待设计组合逻辑函数为最简与或式；

② 若最简表达式中包含某与项，则画出该与项对应的字线，并在或阵列输出线（位线）与该字线交点处画一个"×"。

【例 11-13】　利用 PLA 设计组合逻辑函数 $F(ABCD) = \sum(0,2,3,4,5,11,13,14,15)$。

解：（1）卡诺图化简。

对待设计组合逻辑函数进行卡诺图化简，如图 11-29 所示，得到最简与或式

$$F = A'C'D' + BC'D + A'B'C + ABC + ACD$$

（2）PLA 阵列实现。

根据最简与或式，画出 PLA 阵列图，如图 11-30 所示。

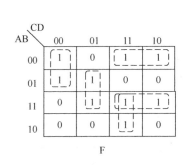
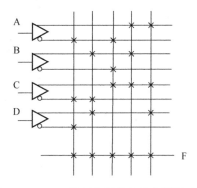

图 11-29　卡诺图化简　　　　图 11-30　PLA 阵列实现给定组合逻辑函数

【例 11-14】　利用 PLA 设计一位全加器。

解：（1）卡诺图化简。

根据全加器真值表进行卡诺图化简，如图 11-31 所示，得到最简与或式

$$S_i = a_i b_i' c_{i-1}' + a_i' b_i' c_{i-1} + a_i b_i c_{i-1} + a_i' b_i c_{i-1}'$$

$$C_i = a_i b_i + a_i c_{i-1} + b_i c_{i-1}$$

（2）PLA 阵列实现。

根据最简与或式，画出 PLA 阵列图，如图 11-32 所示。

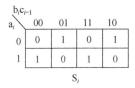
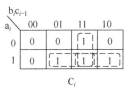
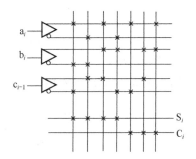

图 11-31　卡诺图化简　　　　图 11-32　PLA 阵列实现一位全加器

 总结

一位全加器的设计方法有很多种。

方法 1：利用两个半加器；　　　方法 2：利用单一逻辑门（如与非门）；

方法 3：利用译码器芯片 74138；　方法 4：利用数据选择器芯片 74153；

方法 5：利用 PROM；　　　　　方法 6：利用基本逻辑门（与、或、非）；

方法 7：利用 PLA；　　　　　方法 8：利用异或门、与门、非门、或门等。

【例 11-15】 利用 PLA 设计 4 位二进制数到格雷码转换器，输入的 4 位二进制数用 $B_3B_2B_1B_0$ 表示，输出的格雷码用 $G_3G_2G_1G_0$ 表示。

解：（1）卡诺图化简。

根据 4 位二进制数到格雷码转换的真值表进行卡诺图化简，如图 11-33 所示，得到最简与或式如下：

$$G_3 = B_3$$
$$G_2 = B_3'B_2 + B_3B_2'$$
$$G_1 = B_3'B_1 + B_3B_1'$$
$$G_0 = B_1'B_0 + B_1B_0'$$

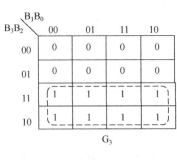

图 11-33　卡诺图化简

（2）PLA 阵列实现。

根据最简与或式，画出 PLA 阵列图，如图 11-34 所示。

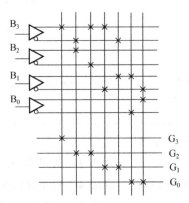

图 11-34　PLA 阵列实现 4 位二进制数到格雷码转换器

【例 11-16】 利用 PLA 设计 2 位二进制同步可逆计数器，已知 PLA 中有 JK 触发器。

解：（1）确定输入/输出，绘制系统框图。

根据题意该电路需要一个选择控制端，用 X 表示。X 取不同的值，计数器可以做加计数或减计数。假设当 X = 0 时做加计数，当 X = 1 时做减计数。此外，计数器还需要给出一个已加满或减到 0 的标志输出，用 Z 表示。同步时钟信号为 CP，绘制系统框图如图 11-35 所示。

（2）获得原始状态图。

模 4 计数器需要 2 个 JK 触发器，根据直接构图法，直接得到如图 11-36 所示的原始状态图。

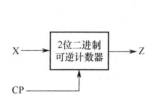

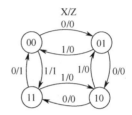

图 11-35　2 位二进制可逆计数器系统框图　　图 11-36　2 位二进制可逆计数器原始状态图

（3）获得状态转移表及触发器激励。

状态转移表及触发器激励如表 11-8 所示，卡诺图化简后得到触发器控制函数及输出函数的最简与或式如下：

$$J_1 = K_1 = 1$$
$$J_2 = K_2 = X(Q_1^n)' + X'Q_1^n$$
$$Z = X'Q_2^nQ_1^n + X(Q_2^n)'(Q_1^n)'$$

表 11-8　2 位二进制可逆计数器状态转移表

输入及现态			次态		触发器				输出
X	Q_2^n	Q_1^n	Q_2^{n+1}	Q_1^{n+1}	J_2	K_2	J_1	K_1	Z
0	0	0	0	1	0	×	1	×	0
0	0	1	1	0	1	×	×	1	0
0	1	0	1	1	×	0	1	×	0
0	1	1	0	0	×	1	×	1	1
1	0	0	1	1	1	×	1	×	1
1	0	1	0	0	0	×	×	1	0
1	1	0	0	1	×	1	1	×	0
1	1	1	1	0	×	0	×	1	0

（4）PLA 阵列实现。

根据最简与或式，画出 PLA 阵列图。其中，JK 触发器的状态输出反馈到 PLA 的地址输入端，如图 11-37 所示。

与用触发器及逻辑门设计计数器不同的是，用 PLA 是采用单芯片实现的。

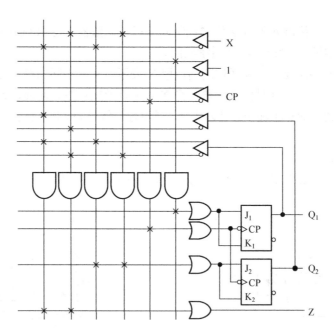

图 11-37 PLA 阵列实现 2 位二进制可逆计数器

【例 11-17】 利用 PLA 设计同步模 12 计数器，并在七段数码管上显示计数值，已知 PLA 中有 JK 触发器，数码管是共阴极连接。

解：（1）确定输入/输出，绘制系统框图。

根据题意，同步模 12 计数器的输出 $Y_4Y_3Y_2Y_1$ 需要先经显示译码器进行译码，然后驱动个位和十位两个七段数码管进行显示。显示译码器驱动个位数码的输出用 $a_1b_1c_1d_1e_1f_1g_1$ 表示，驱动十位数码的输出用 $a_2b_2c_2d_2e_2f_2g_2$ 表示，同步时钟信号为 CP，绘制系统框图如图 11-38 所示。

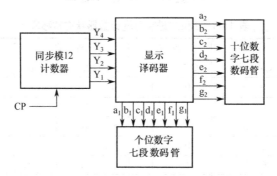

图 11-38 七段数码管显示的模 12 计数器系统框图

（2）设计同步模 12 计数器。

同步模 12 计数器需要 4 个 JK 触发器，状态转移表及触发器激励如表 11-9 所示。卡诺图化简后得到触发器控制函数的最简与或式如下：

$$J_1 = K_1 = 1$$
$$J_2 = K_2 = Y_1^n$$
$$J_3 = (Y_4^n)'Y_2^nY_1^n$$

$$K_3 = Y_2^n Y_1^n$$

$$J_4 = Y_3^n Y_2^n Y_1^n$$

$$K_4 = Y_2^n Y_1^n$$

表 11-9　模 12 计数器状态转移表及触发器激励

输入及现态 $Y_4^n\ Y_3^n\ Y_2^n\ Y_1^n$				次态 $Y_4^{n+1}\ Y_3^{n+1}\ Y_2^{n+1}\ Y_1^{n+1}$				触发器 $J_4\ K_4\ J_3\ K_3\ J_2\ K_2\ J_1\ K_1$							
0	0	0	0	0	0	0	1	0	×	0	×	0	×	1	×
0	0	0	1	0	0	1	0	0	×	0	×	1	×	×	1
0	0	1	0	0	0	1	1	0	×	0	×	×	0	1	×
0	0	1	1	0	1	0	0	0	×	1	×	×	1	×	1
0	1	0	0	0	1	0	1	0	×	×	0	0	×	1	×
0	1	0	1	0	1	1	0	0	×	×	0	1	×	×	1
0	1	1	0	0	1	1	1	0	×	×	0	×	0	1	×
0	1	1	1	1	0	0	0	1	×	×	1	×	1	×	1
1	0	0	0	1	0	0	1	×	0	0	×	0	×	1	×
1	0	0	1	1	0	1	0	×	0	0	×	1	×	×	1
1	0	1	0	1	0	1	1	×	0	0	×	×	0	1	×
1	0	1	1	0	0	0	0	×	1	0	×	×	1	×	1
1	1	0	0	×	×	×	×	×	×	×	×	×	×	×	×
1	1	0	1	×	×	×	×	×	×	×	×	×	×	×	×
1	1	1	0	×	×	×	×	×	×	×	×	×	×	×	×
1	1	1	1	×	×	×	×	×	×	×	×	×	×	×	×

（3）确定同步模 12 计数器驱动数码管的真值表。

同步模 12 计数器需要驱动两个共阴极数码管（高电平点亮），真值表如表 11-10 所示。

表 11-10　同步模 12 计数器显示译码器真值表

计数器输出 $Y_4^n\ Y_3^n\ Y_2^n\ Y_1^n$				十位数码管输出 $a_2\ b_2\ c_2\ d_2\ e_2\ f_2\ g_2$							个位数码管输出 $a_1\ b_1\ c_1\ d_1\ e_1\ f_1\ g_1$							十进制数
0	0	0	0	1	1	1	1	1	1	0	1	1	1	1	1	1	0	00
0	0	0	1	1	1	1	1	1	1	0	0	1	1	0	0	0	0	01
0	0	1	0	1	1	1	1	1	1	0	1	1	0	1	1	0	1	02
0	0	1	1	1	1	1	1	1	1	0	1	1	1	1	0	0	1	03
0	1	0	0	1	1	1	1	1	1	0	0	1	1	0	0	1	1	04
0	1	0	1	1	1	1	1	1	1	0	1	0	1	1	0	1	1	05
0	1	1	0	1	1	1	1	1	1	0	0	0	1	1	1	1	1	06
0	1	1	1	1	1	1	1	1	1	0	1	1	1	0	0	0	0	07
1	0	0	0	1	1	1	1	1	1	0	1	1	1	1	1	1	1	08
1	0	0	1	1	1	1	1	1	1	0	1	1	1	0	0	1	1	09
1	0	1	0	0	1	1	0	0	0	0	1	1	1	1	1	1	0	10
1	0	1	1	0	1	1	0	0	0	0	0	1	1	0	0	0	0	11

（4）PLA 阵列实现。

根据最简与或式，画出 PLA 阵列图。其中，JK 触发器的状态输出反馈到 PLA 的地址输入端，如图 11-39 所示。

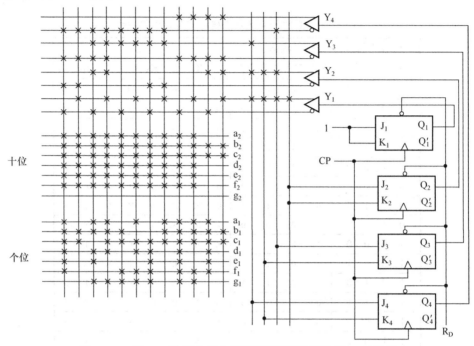

图 11-39　用 PLA 阵列实现七段数码管显示的同步模 12 计数器

例 9-13 中曾用 JK 触发器和逻辑门设计了一个时序锁，下面用 PLA 设计实现。

【例 11-18】　利用 PLA 设计时序锁，已知 PLA 中有 JK 触发器。设计要求如下：

（1）时序锁有两个输入端 X_1 和 X_2，有一个输出端 Z；

（2）该锁内部有四个状态 R、B、C、E；

（3）依次输入 00、01、11，时序锁状态变化为 R→B→C，并开锁（Z = 1）；

（4）不是上述序列，进入错误状态 E（Error）；

（5）任何时候只要输入 00，都将返回初始状态 R。

解：以下步骤（1）～（5）的具体分析及实现过程详见例 9-13，此处不再赘述，仅将结果列出。

（1）确定输入/输出，绘制系统框图，如图 11-40 所示。

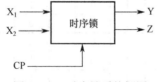

图 11-40　时序锁系统框图

（2）利用直接构图法获得原始状态图和原始状态表。

原始状态图（摩尔型）如图 11-41 所示。将其进一步整理为原始状态表，如表 11-11 所示。

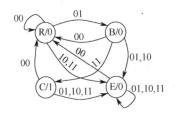

图 11-41　时序锁原始状态图
（摩尔型）

表 11-11　时序锁原始状态表（摩尔型）

现态	Q^{n+1}				输出
Q^n	$X_1X_2 = 00$	$X_1X_2 = 01$	$X_1X_2 = 11$	$X_1X_2 = 10$	Z
R	R	B	E	E	0
B	R	E	C	E	0
C	R	E	E	E	1
E	R	E	E	E	0

（3）状态化简。

表 11-11 已经是最简状态表，不需要再化简。

（4）状态分配。

如图 11-42 所示，初始状态 R——00；B——01；E——10；C——11。

（5）获得状态转移表及触发器激励。

结合状态分配、最简状态表获得状态转移表及触发器激励，如表 11-12 所示。其中，各个 JK 触发器的激励是直接根据其现态到次态的转换情况确定的，其中"×"代表任意项。

图 11-42　分配相邻编码

表 11-12　时序锁状态转移表及触发器激励（摩尔型）

输入及现态				次态		触发器				输出
X_1	X_2	Q_2^n	Q_1^n	Q_2^{n+1}	Q_1^{n+1}	J_2	K_2	J_1	K_1	Z
0	0	0	0	0	0	0	×	0	×	0
0	0	0	1	0	0	0	×	×	1	0
0	0	1	0	0	0	×	1	0	×	0
0	0	1	1	0	0	×	1	×	1	1
0	1	0	0	0	1	0	×	1	×	0
0	1	0	1	1	0	1	×	×	1	0
0	1	1	0	1	0	×	0	0	×	0
0	1	1	1	1	0	×	0	×	1	1
1	0	0	0	1	0	1	×	0	×	0
1	0	0	1	1	0	1	×	×	1	0
1	0	1	0	1	0	×	0	0	×	0
1	0	1	1	1	0	×	0	×	1	1
1	1	0	0	1	0	1	×	0	×	0
1	1	0	1	1	1	1	×	×	0	0
1	1	1	0	1	0	×	0	0	×	0
1	1	1	1	1	0	×	0	×	1	1

（6）卡诺图化简。

根据表 11-12 进行卡诺图化简。卡诺图化简时，也可以选择以 Q_1^{n+1} 和 Q_2^{n+1} 为卡诺图输出，这样得到的就是两个 JK 触发器的最简次态函数，如图 11-43 所示。通过代数法使其与 JK 触发器的标准次态函数对比，得到激励（输入）函数表达式。这样就可以通过一张卡诺图同时确定 J 和 K 的值，而不需要单独画两张分别以 J 和 K 为输出的卡诺图了。得到次态表达式如下：

$$Q_2^{n+1} = X_2Q_1^n + X_2Q_2^n + X_1$$
$$= (X_2Q_1^n + X_1)[Q_2^n + (Q_2^n)'] + X_2Q_2^n$$
$$= \underbrace{(X_2 + X_1Q_1^n)}_{J_2}(Q_2^n)' + \underbrace{(X_2 + X_1)}_{K_2'}Q_2^n$$

$$Q_1^{n+1} = \underbrace{X_1'X_2(Q_2^n)'}_{J_1}(Q_1^n)' + \underbrace{X_1X_2(Q_2^n)'}_{K_1'}Q_1^n$$

进一步得出控制函数及输出函数如下：

$$J_2 = X_2Q_1^n + X_1$$
$$K_2 = X_2'X_1'$$
$$J_1 = X_1'X_2(Q_2^n)'$$
$$K_1 = Q_2^n + X_1' + X_2'$$
$$Z = Q_2^nQ_1^n$$

X_1X_2 \ $Q_2^nQ_1^n$	00	01	11	10
00	0	0	0	0
01	0	1	1	1
11	1	1	1	1
10	1	1	1	1

Q_2^{n+1}

X_1X_2 \ $Q_2^nQ_1^n$	00	01	11	10
00	0	0	0	0
01	1	0	0	0
11	0	1	0	0
10	0	0	0	0

Q_1^{n+1}

X_1X_2 \ $Q_2^nQ_1^n$	00	01	11	10
00	0	0	1	0
01	0	0	1	0
11	0	0	1	0
10	0	0	1	0

Z

图 11-43　卡诺图化简

（7）PLA 阵列实现。

根据最简与或式，画出 PLA 阵列图。其中，JK 触发器的状态输出反馈到 PLA 的地址输入端，如图 11-44 所示。与第 9 章用触发器和逻辑门设计实现方法相比，用 PLA 是采用单芯片实现的。

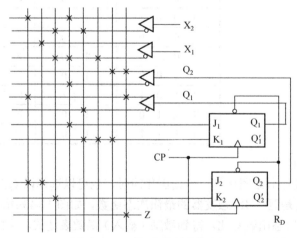

图 11-44　PLA 阵列实现时序锁

11.4.2　PAL 的基本原理及应用

1. PAL 的基本原理

可编程阵列逻辑（Programmable Array Logic，PAL）是 20 世纪 70 年代末推出的一种低密度、一次性可编程逻辑器件，是第一个具有典型实际意义的 PAL。其基本结构由可编程的与阵、固定的或阵和输出反馈单元组成，如图 11-45 所示。与同样位数的 PLA 相比，PAL 只需对与阵编程，编程点数较少，编程工作得到简化。由于 PAL 采用熔丝工艺，其缺点是一旦编程以后就不能修改，因此不适于研制工作中经常修改电路的情况。

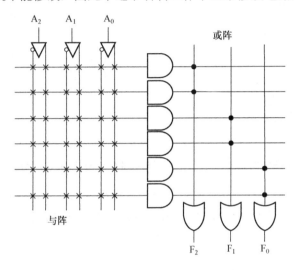

图 11-45　PAL 内部阵列基本结构示意图

PAL 分成组合型 PAL 和时序型 PAL 两类。组合型 PAL 器件中没有触发器，而时序型 PAL 器件中设有触发器和从触发器输出到与逻辑阵列的反馈线，利用后者可以方便地设计各种时序逻辑电路。

不同型号的 PAL 器件有不同的输出和反馈结构，按其输出和反馈结构可分为 5 种基本类型：专用输出的基本门阵列结构、带反馈的可编程 I/O 结构、带反馈的寄存输出结构、加异或带反馈的寄存输出结构、算术选通反馈结构。

2. 利用 PAL 设计组合逻辑函数

利用 PAL 设计组合逻辑函数也需要化简待设计组合逻辑函数为最简与或式，并在可编程与阵中的相应位置处画一个"×"。

【例 11-19】　利用 PAL 设计给定的组合逻辑函数：

$$Y_1(A,B,C) = \sum m(2,3,4,6)$$
$$Y_2(A,B,C) = \sum m(1,2,3,4,5,6)$$

解：（1）卡诺图化简。

对待设计组合逻辑函数进行卡诺图化简，如图 11-46 所示，得到最简与或式：

$$Y_2 = AB' + A'C + BC'$$
$$Y_1 = AC' + A'B$$

（2）PAL 阵列实现。

根据最简与或式，画出 PAL 阵列图，如图 11-47 所示。

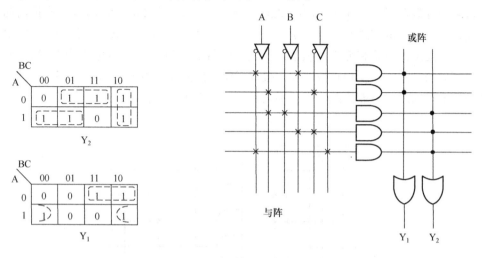

图 11-46　PAL 卡诺图化简　　　　图 11-47　PAL 阵列实现给定的组合逻辑函数

　　PROM、PLA 和 PAL 三种 PLD 的内部阵列主要都是由与阵及或阵构成的，要注意它们的区别。与阵可编程的是 PLA 和 PAL，或阵可编程的是 PROM 和 PLA，如图 11-48 所示。

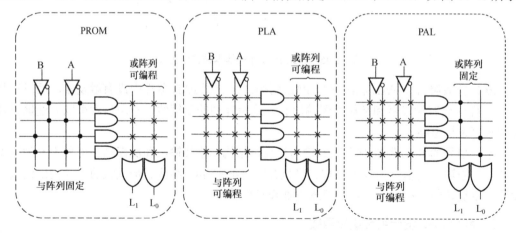

图 11-48　比较三种 PLD 内部阵列特点

11.4.3　GAL 的基本原理及应用

1．GAL 器件概述

　　通用阵列逻辑（Generic Array Logic，GAL）是在 PAL 的基础上综合了 E^2PROM 和 CMOS 技术开发出来的一种新型 PLD 器件。GAL 是一种电擦除、可重复编程的 PLD，具有灵活的可编程输出结构。尽管 GAL 只有为数不多的几种，但是几乎能够代替所有 PAL 和数百种中小规模标准器件。GAL 可以在几秒内完成对芯片的擦除和写入，并允许反复改写，因此得到了广泛的应用。

GAL 基本结构由可编程的与阵、固定的或阵、可编程的输出逻辑宏单元（Output Logic Macro Unit，OLMC）组成，如图 11-49 所示。

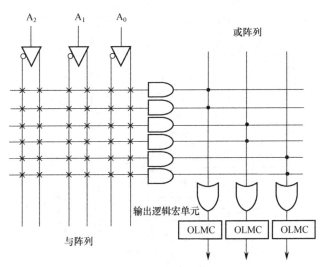

图 11-49　GAL 内部阵列基本结构示意图

GAL 分为通用型 GAL 和新一代 GAL 两类。通用型 GAL 与 PAL 有相同的阵列结构，均采用与阵列可编程、或阵列固定的结构。

通用型 GAL 的典型芯片包括 GAL16V8 和 GAL20V8 两种。新一代 GAL 的与阵列及或阵列都可编程，如 LATTICE 公司的 GAL39V18 芯片等。下面以 GAL16V8 芯片为例介绍 GAL 的基本组成结构。

2．GAL 的基本组成结构

GAL16V8 是 20 引脚芯片，器件型号中的数字 16 表示最多有 16 个引脚作为输入端，数字 8 表示器件内有 8 个 OLMC，最多有 8 个引脚作为输出端。

GAL16V8 的逻辑图如图 11-50 所示，它由 10 个输入缓冲器、8 个反馈/输入缓冲器、8 个 OLMC、8 个输出三态缓冲器、一个 32×64 位可编程的与阵列和系统时钟、输出选通信号等组成。组成或逻辑阵列的 8 个或门分别包含于 8 个 OLMC 中，它们和与阵列的连接是固定的。在 8×8 个与门构成的与阵列中，每个与门的输入端既可以接收 8 个固定的输入信号（2～9 引脚），也可以接收将输出端（12～19 引脚）配置成输入模式的 8 个信号。因此，GAL16V8 最多有 16 个输入信号、8 个输出信号。GAL 与 PAL 的主要区别在于它的每个输出端都集成了一个输出逻辑宏单元。

在 GAL16V8 中除与阵列外还有一些编程单元，称之为行地址图，如图 11-51 所示。行地址图中各项含义如下。

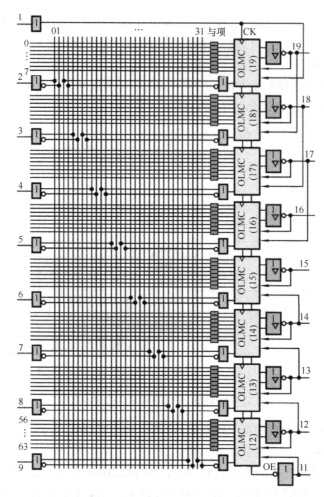

图 11-50　GAL16V8 的逻辑图

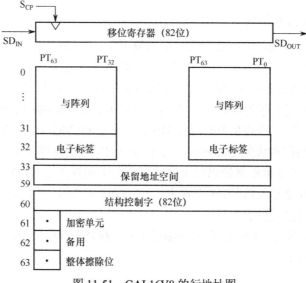

图 11-51　GAL16V8 的行地址图

第 0～31 行对应与阵列的编程单元，编程后可产生 64 个乘积项。

第 32 行是电子标签，供用户存储各种备查的信息，如器件的编号、电路的名称、编程日期、编程次数等。

第 33～59 行是制造厂家保留的地址空间，用户不能使用。

第 60 行是结构控制字，共有 82 位，用于设定 8 个 OLMC 的工作模式和 64 个乘积项的禁止。控制字构成如图 11-52 所示。对 GAL 的编程是在开发系统的控制下完成的。在编程状态下，编程数据由第 9 引脚串行送入 GAL 器件内部的 82 位移位寄存器中。编程是逐行进行的，每装满一次就向编程单元地址中写入一行。

PT_{63}	PT_{32}				PT_{31}	PT_0
与项禁止位 32位	XOR(n) 4位	SYN 1位	$AC_1(n)$ 8位	AC_0 1位	XOR(n) 4位	与项禁止位 32位

图 11-52　GAL 控制字构成

第 61 行是一位加密单元。此行被编程后，将无法对与阵列再进行编程或读出验证，可以实现对电路设计结构的加密。只有在与阵列被整体擦除时，才能将加密单元同时擦除。电子标签的内容不受加密单元的影响，芯片加密后电子标签的内容仍可读出。

第 63 行是一位整体擦除位。执行整体擦除后所有编程单元全部被擦除，器件返回到编程前的状态。

3. GAL 的 OLMC

OLMC 主要由一个 8 输入或门、一个极性选择异或门、一个 D 触发器和 4 个多路选择器等组成，如图 11-53 所示。

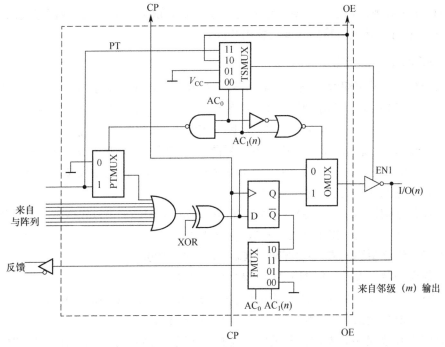

图 11-53　GAL 的 OLMC

（1）乘积项数据选择器（PTMUX）

PTMUX 是二选一数据选择器，用于控制来自与阵列的第一个乘积项是否作为或门的一个输入。若信号 $AC_0 \cdot AC_1(n) = 1$，则第一乘积项作为 8 输入或门的一个输入项；若 $AC_0 \cdot AC_1(n) = 0$，则第一乘积项不作为或门的一个输入项，多路选择器 PTMUX 选择地电平送到或门输入端，此时或门只能接收 7 个来自与阵列的乘积项。

（2）输出控制数据选择器（OMUX）

OMUX 是一个二选一数据选择器，用于选择送往输出三态门的信号是来自异或门的输出端还是来自 D 触发器的 Q 输出端。若 $AC_0 + AC_1(n) = 0$，则异或门的输出被送到输出缓冲器，此时实现的是组合逻辑电路；若 $AC_0 + AC_1(n) = 1$，则 D 触发器的输出 Q 值被送到输出缓冲器，实现的是时序逻辑电路。

（3）输出三态控制多路选择器（TSMUX）

TSMUX 是控制输出三态门的一个四选一数据选择器，用于控制输出端三态缓冲器的工作状态。若 $AC_0 AC_1(n) = 00$，则取电源 V_{CC} 作三态门的控制信号，输出缓冲器被选通；若 $AC_0 AC_1(n) = 01$，则取地电平为三态控制信号，输出缓冲器呈高阻态；若 $AC_0 AC_1(n) = 10$，则 OE 为三态控制信号；若 $AC_0 AC_1(n) = 11$，则取第一乘积项为三态控制信号，使输出三态门受第一乘积项控制。

（4）反馈控制数据选择器（FMUX）

FMUX 是一个四选一数据选择器，用于选择将不同信号反馈给与阵列作为输入信号。反馈信号可为地电平，也可为本级 D 触发器的 Q 或本级输出三态门的输出。

当 $AC_0 \cdot AC_1(n) \cdot AC_1(m) = 01$ 时，反馈信号来自邻级三态门的输出，故此时是把邻级（m）的输出端作为输入端使用，本级（n）为其提供通向与阵列的通路。

图 11-53 中异或门用于控制输出信号的极性。当 $XOR(n) = 1$ 时，异或门起反向器作用；当 $XOR(n) = 0$ 时，异或门输出与或门输出相同。

4．OLMC 的输出组态

结构控制字中的可编程位 AC_0、$AC_1(n)$、$XOR(n)$、$AC_1(m)$ 及 SYN 都是 OLMC 的控制信号。其中，$XOR(n)$ 和 $AC_1(n)$ 每个 OLMC 各有一位，n 为对应的 OLMC 的输出引脚号，m 代表邻级。AC_0 只有一个，8 个 OLMC 共用。SYN 也只有一个，决定 GAL 是组合型输出还是寄存型输出的。若 SYN =1，代表组合逻辑输出方式，1 引脚（CK）和 11 引脚（OE）都可作为普通输入使用；若 SYN = 0，代表寄存器输出方式，1 引脚（CK）和 11 引脚（OE）分别作为时钟输入端和输出三态门的使能端。

通过编程结构控制字中的 SYN、AC_0 和 $AC_1(n)$，OLMC(n)可以组成以下 5 种组态。

（1）专用输入方式：$SYN \cdot AC_0 \cdot AC_1(n) = 101$。

（2）专用组合型输出方式：$SYN \cdot AC_0 \cdot AC_1(n) = 100$。

（3）组合型输出方式：$SYN \cdot AC_0 \cdot AC_1(n) = 111$。

（4）寄存器型器件中的组合逻辑输出方式：$SYN \cdot AC_0 \cdot AC_1(n) = 011$。

（5）寄存器型输出方式：$SYN \cdot AC_0 \cdot AC_1(n) = 010$。

OLMC 的组态是由开发软件和硬件完成的。开发软件将选择及配制控制字的所有位，并自动检查各引线的连接使用。

GAL 器件具有较高的通用性和灵活性，每个逻辑宏单元可任意组态，既可用于实现组合逻辑电路，又可用于实现时序逻辑电路。芯片利用率高，可反复使用，编程数据能长期保存。其缺点是时钟必须共用，器件规模小，无法在单片内集成一个数字系统。

本章介绍的几种典型的低密度 PLD 如 PROM、PLA、PAL 及 GAL 等器件在与或阵列、输出方式及可编程次数等方面各有不同，如表 11-13 所示，在使用中可根据设计需要选择。

表 11-13　几种低密度 PLD 特点对比

类　型	阵　列		输 出 方 式	编 程 次 数
	与　阵	或　阵		
RROM	固定	可编程	固定	1 次
PLA	可编程	可编程	固定	1 次
PAL	可编程	固定	固定	1 次
GAL	可编程	固定	可编程	多次

11.5　高密度 PLD

随着微电子技术的发展和应用需求的提高，简单的低密度 PLD 在集成度和性能方面难以满足要求，因此集成度更高、功能更强的高密度 PLD 迅速发展起来。高密度 PLD 主要包括复杂可编程逻辑器件（Complex Programming Logic Device，CPLD）、现场可编程门阵列（Field Programmable Gate Array，FPGA）等。CPLD 的工作原理与 FPGA 类似，二者都使用硬件描述语言 VHDL/Verilog 描述逻辑电路功能，将代码进行综合、布局和布线，生成比特流文件后加载入芯片，下面分别介绍这两种 PLD。

11.5.1　CPLD 的基本原理

CPLD 采用 CMOS EPROM、E^2PROM、快闪存储器和 SRAM 等编程技术，具有高密度、高速度和低功耗的特点。CPLD 具有更多的输入信号、更多的乘积项和更多的宏单元。

CPLD 主要由可编程的逻辑阵列模块、可编程的 I/O 和可编程的内部连线等三部分组成。CPLD 一般包含多个内部逻辑块，这些逻辑块之间可使用可编程内部连线实现相互连接。以 Xilinx 的 CPLD 器件 CR3064XL 为例，内部构成如图 11-54 所示。此 CPLD 内部有 4 个可编程逻辑阵列模块，每个模块包含 16 个宏单元（MC），共 64 个宏单元。每个宏单元又包含一个触发器和多个数据选择器。可编程的内部连线可以实现逻辑阵列模块之间、I/O 信号与逻辑阵列模块之间的相互连接。

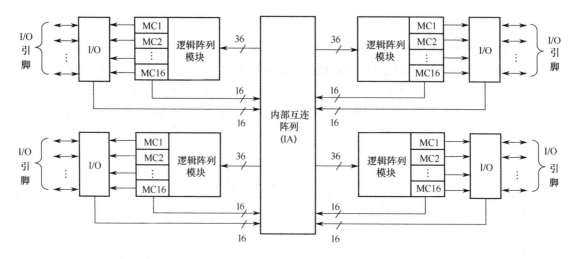

图 11-54　Xilinx CPLDX 器件 CR3064XL 内部构成

11.5.2　FPGA 的基本原理

　　FPGA 是 20 世纪 80 年代中期发展起来的可编程器件，采用一种硬件可重构的体系结构。目前主流的 FPGA 主要基于查找表（Look Up Table，LUT）技术。芯片内有大量的查找表和触发器资源，允许无限次编程，能够实现更大规模、更复杂的逻辑电路。

　　FPGA 内部主要包括可编程逻辑模块（Configurable Logic Block，CLB）、输出输入模块（Input Output Block，IOB）和可编程的内部资源三个部分，如图 11-55 所示。IOB 主要位于 FPGA 与外界电路接口的位置，与外部进行信号交换。除此之外，不同芯片内还可能会有其他片上资源，如数字时钟管理模块（CMT）、乘法器、全局缓冲、块 RAM 等。如图 11-56 所示，下面以 Xilinx 的 Artix-7 FPGA 为例，介绍 FPGA 的主要构成。

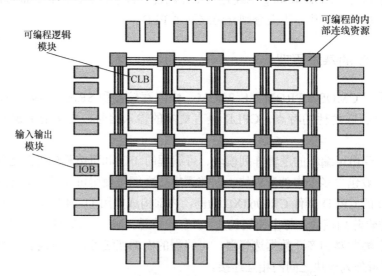

图 11-55　Xilinx Artix-7 FPGA 内部构成示意图

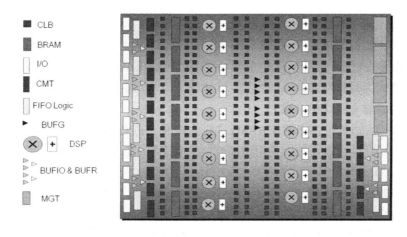

图 11-56 Xilinx Artix-7 FPGA 内部构成示意图

1．FPGA 的基本构成

（1）CLB。

CLB 是 FPGA 内的基本逻辑单元，也是 FPGA 的主要资源指标，CLB 的实际数量和特性会依器件的不同而不同。Xilinx FPGA 的每个 CLB 都由两个 Slice 组成，这两个 Slice 之间没有互连线，如图 11-57 所示。每个 Slice 里面都有 4 个 6 输入的 LUT、8 位寄存器、进位链和多路选择器。每个 CLB 模块不仅都可以用于实现组合逻辑、时序逻辑，还都可以配置为分布式 RAM 和分布式 ROM。

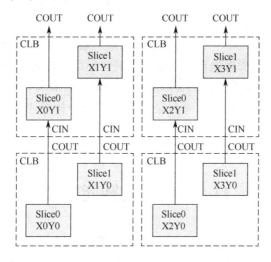

图 11-57 CLB 中的 Slice

（2）IOB。

可编程的 IOB 是芯片与外界电路的接口部分，完成不同电气特性下对输入/输出信号的驱动与匹配要求。FPGA 内的 I/O 按组分类，每组都能独立地支持不同的 I/O 标准。通过软件的灵活配置，可适配不同的电气标准与 I/O 物理特性，可以在物理级和逻辑级上满足不同的要求，包括高速存储器、网络、视频平板和传感器接口、高速的 ADC/DAC 连接，以及传统接口。

（3）内部连线资源。

内部连线是 FPGA 内用于为功能器件（如 IOB、CLB、DSP、BRAM）的输入和输出信号提供通路的可编程网络。

（4）块存储器资源（BRAM）。

大多数 FPGA 都具有内嵌的块 RAM，这极大拓展了 FPGA 的应用范围和灵活性。BRAM 具有高效的数据存储或者缓冲，可用于高性能的状态机、FIFO 缓冲区、大的移位寄存器、大的 LUT 或 ROM 块。

（5）时钟管理模块（CMT）。

7 系列 FPGA 内的每个时钟管理模块（Clock Management Tile，CMT）包含一个混合模式的时钟管理器（Mixed-mode Clock Manager，MMCM）和一个相位锁相环（Phase Locked Loop，PLL）。

（6）专用的 DSP 模块。

专用的 DSP 模块提供流水线及扩展功能，适用于需要使用大量二进制乘法器和累加器的数字信号处理算法，能显著提高数字信号处理算法的处理速度和处理效率。

2. FPGA 的应用前景

利用 FPGA 进行硬件设计，首先需要使用硬件描述语言 Verilog 或者 VHDL 编写代码对 FPGA 进行"编程"，然后经过厂家提供的 FPGA 开发工具（如 Ise、Vivado 等）的综合、布局、布线，产生 bit 文件或 bin 文件，再将 bit 文件或 bin 文件下载到 FPGA 中运行。在此期间可以对设计进行反复修改，直到满意为止。

FPGA 有低成本、周期短、可重写、使用灵活、适用性强的优势，目前已在众多领域获得广泛应用，如通信、图像处理、雷达、声呐、导航定位等。随着 5G、自动驾驶、人工智能等新兴技术的发展，FPGA 的需求还在逐步增大。未来 FPGA 将在人工智能、大数据处理、云计算加速、机器学习、高性能计算、数据分析等更加多样化的应用领域绽放光彩。

11.6　新一代智能芯片

人工智能芯片（AI 芯片）通常也称"人工智能加速器"，是专门用于处理人工智能应用中大量计算任务的模块。AI 芯片以专用集成电路（ASIC）为基础，能基于软件灵活定义和高度定制。在硬件计算架构创新的基础上，其不仅能运算深度学习神经网络，还能有效提升深度学习的运算效率。

近年来，国内外先后推出了很多不同功能和架构的 AI 芯片，如英伟达 A100、亚马逊 Inferentia、华为昇腾 910 及英特尔 Loihi 等，如图 11-58 所示。值得一提的是，华为研发的 AI 芯片昇腾 910 是目前单芯片计算密度最大的芯片，计算力远超谷歌和英伟达的产品。

(a) 英伟达 A100

(b) 亚马逊 Inferentia

(c) 华为昇腾 910

(d) 英特尔 Loihi

图 11-58　AI 芯片

1．AI 芯片的分类

AI 芯片的发展经历了 CPU→GPU→FPGA→AI 芯片几个阶段。目前，从应用角度，AI 芯片可分成云端 AI 芯片和边缘端 AI 芯片两类。云端应用主要包括推理应用和训练应用。训练应用是所有人工智能系统开发的基础；搜索引擎中的自然语言翻译、电商网站的用户推荐系统都属于典型的推理应用。云端 AI 芯片部署位置包括公有云、私有云或者混合云等基础设施，主要用于处理海量数据和大规模计算，能够支持音频、图像、视频等非结构化应用的计算和传输。而布置在如摄像头、智能手机、安防监控、智能驾驶等一些终端设备上的，则属于边缘端的应用。边缘端 AI 芯片一般体积小、耗电低，通常只需具备一两种 AI 能力。

从技术实现的角度，AI 芯片主要分为两类，一类是以机器学习和深度学习的深度神经网络处理器为目标的加速芯片，这类 AI 芯片架构以冯·诺依曼传统计算架构为基础，采取局部优化来加速硬件计算能力，以 GPU、FPGA、ASIC 三种类型为代表；另一类是受生物脑启发设计的类脑仿生芯片，其核心是神经形态处理器，通过复制或模仿人脑机理实现智能处理，此类 AI 芯片在架构设计上颠覆了冯·诺依曼架构，采用类脑神经结构独立设计，以英特尔的 Loihi 及 IBM 的 TrueNorth 芯片为代表。

2．AI 芯片典型架构

（1）基于通用图像处理单元（GPU）。

通用图像处理单元（GPU）是专门用于绘制图像和处理图元数据的特定芯片，后来逐渐加入了其他功能，如数学计算、物理模拟、AI 运算等，典型芯片如图 11-59 所示。GPU 采用单指令、多数据流的处理方式，即一条指令操作多个数据。与 CPU 相比，GPU 内有数量众多的计算单元、超长的图形图像处理流水线和强大的浮点运算能力，最早用于 AI 计算，在深度学习算法训练上非常高效，并在云端获得大量应用。但是，GPU 的设计初衷是应对图像处理中的大规模并行计算，其硬件结构固定，不具备可编程性，在运行深度学习算法时能效远低于 FPGA。此外，GPU 缺乏复杂的运算逻辑单元，需要同 CPU 异构，通过 CPU 进行调度。

（2）基于现场可编程逻辑阵列（FPGA）。

FPGA 具有可重构特性，使用硬件描述语言可以执行不同的硬件设计和功能。FPGA 同时拥有硬件流水线并行和数据并行处

图 11-59　英伟达 GPU 芯片

理能力，与 CPU 和 GPU 相比，FPGA 中没有取指和译码操作，具有速度快、功耗低的优点，常应用在深度学习算法中的推断阶段。基于 FPGA 可以用硬件电路实现 AI 的计算架构，设计半定制化的 AI 芯片。例如，新一代百度大脑就是基于 FPGA 平台研发的嵌入式 AI 产品，如图 11-60 所示。国内深鉴科技的深度学习处理单元（Deep Processing Unit，DPU）也是这方面的杰出代表。与 GPU 类似，FPGA 也专门为了适用深度学习算法而研发，但在实现复杂算法方面仍有一定难度。尽管 FPGA 内部有大量的基本单元（LUT），但是每个基本单元的计算能力都远低于 CPU 和 GPU 中的 ALU 模块。因此，FPGA 在使用中还存在不少局限性。

(a) EdgeBoard 边缘AI计算盒（FZ9）　　　　　　(b) EdgeBoard 嵌入式AI计算卡（FZ9）

图 11-60　百度基于 FPGA 的嵌入式 AI 产品

（3）基于专用集成电路（ASIC）。

根据产品需求进行特定设计和制造的专用集成电路（Application Specific Integrated Circuits，ASIC），可以专门针对特定 AI 算法定制设计。因其在特定功能上进行强化，故面向深度学习算法可以具有更高的处理速度和更低的功耗，性能、体积、可靠性等方面的指标都能做到最优化。谷歌的 TPU 芯片、寒武纪的深度学习处理芯片及华为的昇腾 910 芯片都是这类芯片的典型代表，如图 11-61 所示。

(a) 谷歌TPU芯片　　　　　　　　　　(b) 寒武纪深度学习处理芯片

图 11-61　基于 ASIC 的 AI 芯片

全定制化的 ASIC 没有重构能力，一旦算法发生迭代修改，其优化的效果就会失效。因此，基于 ASIC 的人工智能芯片的开发周期较长，成本比 FPGA 高。但基于 ASIC 的 AI 芯片发展前景看好，因为算法复杂度越高，越需要一套专用的芯片架构与其对应。

3. 类脑芯片

在类脑计算阶段，芯片的设计目的不再仅仅局限于加速深度学习算法，而是希望能在芯片基本结构甚至器件层面开发出新的类脑计算机体系结构。类脑芯片直接基于神经形态架构设计，能以极低功耗实时处理大量数据，可以模拟人脑功能进行感知方式、行为方式和思维方式的计算，形成自主认知的新形式。类脑芯片突破传统计算机体系结构的限制，典型代表是 IBM 的 TrueNorth 芯片，如图 11-62 所示。该芯片功耗仅为 70mW，包括 4096 个处理核和 540 万个晶体管，模拟了 100 万个神经元和 2.56 亿个突触。芯片的工作方式类似于人脑的神经元和突触之间的协同。

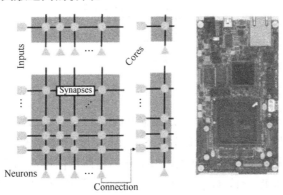

图 11-62　类脑芯片 IBM TrueNorth

类脑芯片是人工智能的最终发展模式，目前处于实验室验证阶段，距离产业化还很遥远。

11.7　应用案例——简易十字路口交通控制器

十字路口交通控制器能自动控制十字路口（甲乙两道路）的两组红、黄、绿三色交通灯，指挥车辆和行人安全通过。

1. 电路功能

自动控制路口两组红、黄、绿三色交通灯，使两条交叉道路上的车辆及行人可以按设定时间和实际情况有序通行（还能响应残障人士特殊过路请求）。

2. 通行规则

①甲道路通行则乙道路禁止；②乙道路通行则甲道路禁止；③每条道路通车时间（亦可看成禁止时间）60 秒，每条道路黄灯时间为 10 秒；④残障人士特殊请求信号响应必须在一次"通行-禁止"情况执行完毕后，才能阻止相应道路上的车辆通行。

3. 工作原理

S_1 和 S_2 分别是残障人士横穿甲、乙两道路的手控开关，R_1、Y_1、G_1 代表甲道路的红、黄、绿三色交通灯，R_2、Y_2、G_2 代表乙道路的红、黄、绿三色交通灯，CP 为秒脉冲时钟输入，系统框图如图 11-63 所示。

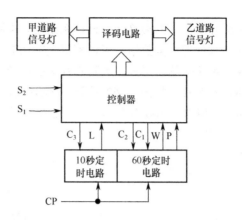

图 11-63　简易十字路口交通控制器系统框图

（1）交通状态处于甲道路通行、乙道路禁止时（即 $G_1 = 1$，$R_2 = 1$，用 $W = 0$ 表示；否则 $W = 1$），控制器仅响应 S_1 信号。因为当 $S_2 = 1$ 时，只需本状态结束，经过 10 秒即可转入甲道路通行、乙道路禁止状态，行人可以穿越乙道路；同理，当交通状态处于甲道路禁止、乙道路通行时（即 $R_1 = 1$，$G_2 = 1$，用 $P = 0$ 表示；否则 $P = 1$），控制器仅响应 S_2 信号。因为当 $S_1 = 1$ 时，只需本状态结束，经过 10 秒即可转入甲道路禁止、乙道路通行状态，行人可以穿越甲道路。10 秒黄灯等待期间用 $L = 0$ 表示；否则 $L = 1$。

（2）控制器输出信号为 C_1（甲道路禁止、乙道路通行）、C_2（甲道路通行、乙道路禁止）和 C_3（停车）。其中，C_1 和 C_2 驱动 60 秒定时电路，C_3 驱动 10 秒定时电路。

（3）60 秒定时电路输出信号为 W 和 P，10 秒定时电路输出信号为 L。

（4）控制器的状态经译码器译码后输出交通灯的控制信号，驱动甲、乙道路相应交通灯点亮。

（5）控制逻辑流程图如图 11-64 所示。

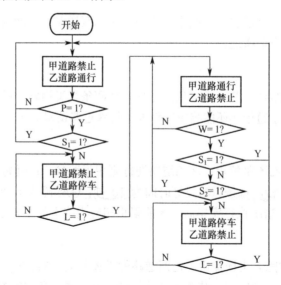

图 11-64　简易十字路口交通控制器控制逻辑流程图

（6）流程状态转换图如图 11-65 所示。其中，状态 A 表示甲道路禁止、乙道路通行（$R_1 = 1$，$G_2 = 1$）；状态 B 表示甲道路禁止、乙道路停车（$R_1 = 1$，$Y_2 = 1$）；状态 C 表示甲道路通行、乙道路禁止（$G_1 = 1$，$R_2 = 1$）；状态 D 表示甲道路停车、乙道路禁止（$Y_1 = 1$，$R_2 = 1$）。

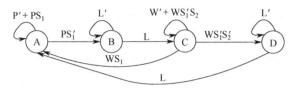

图 11-65　简易十字路口交通控制器流程状态转换图

（7）状态分配（Q_2Q_1）：A——00；B——01；C——11；D——10。

（8）用 D 触发器设计实现。

激励函数：

$$D_1 = Q_2'PS_1' + Q_2'Q_1 + W'Q_1 + Q_1S_1'S_2$$
$$D_2 = Q_2'Q_1L + Q_2Q_1'L' + Q_2Q_1\,W' + Q_2Q_1S_1'$$

输出函数：

$C_1 = Q_2'Q_1'$，此时 $P = 0$，即乙道路通行、甲道路禁止；

$C_2 = Q_2Q_1$，此时 $W = 0$，即甲道路通行、乙道路禁止；

$C_3 = Q_2'Q_1 + Q_2Q_1'$，此时 $L = 0$，即停车时间定时电路选通信号。

驱动甲道路三色灯的信号：

$$R_1 = Q_2'$$
$$Y_1 = Q_2Q_1'$$
$$G_1 = Q_2Q_1$$

驱动乙道路三色灯的信号：

$$R_2 = Q_2$$
$$Y_2 = Q_2'Q_1$$
$$G_2 = Q_2'Q_1'$$

（9）60 秒和 10 秒定时电路需要设计模 60 和模 10 计数器（略）。

以上电路的具体实现既可以选用中规模芯片，也可以使用 PLD（如 FPGA 等）。

4．功能扩展

不难发现，上面设计的交通灯控制器三色灯亮灯时间是固定的（60 秒和 10 秒），并且甲、乙两条道路的亮灯时间相同，因此该控制器的功能有限。在此基础上可以对控制器功能进行扩展，例如，甲、乙两条道路各自的通车时间、停车时间都完全不同（可调）；残障人员请求过马路时，10 秒后允许穿越；交管人员有优先权，可以随时终止道路的交通情况，使某条道路可以连续通行以解决交通拥堵或紧急状况通行等。

11.8　研讨探究

问：设计逻辑电路时既可以使用电路原理图法，也可以使用硬件描述语言 HDL，这两种方法分别适合哪种情形？

答：如果电路规模比较小且简单，那么用电路原理图法是可以的；但如果电路规模比较大或比较复杂，使用硬件描述语言更好。HDL 与工艺无关，和硬件相关的一些约束和要求都交给 EDA 工具完成，可以减少设计者的工作量、加快设计速度，明显缩短设计周期。

11.9　深入思考

思考：如何利用 PROM 设计序列信号发生器？例如，利用 PROM 设计一个 00010111 序列信号发生器。

11.10　小故事大情怀

智慧冬奥

2022 年北京冬奥不仅向全世界展示了中国办好一届盛会的决心与能力，更创造了一个又一个的历史首次。视觉惊艳的开幕式盛典，是人工智能动态捕捉技术、边缘计算、裸眼 3D 等数十种创新数字科技手段的综合运用，展现了全球最大的互动屏幕、技术顶流的激光雕刻。百年奥运史上首次云上奥运，奥运转播不再仅依赖卫星传输，通过阿里云首次全程以 4K/8K 超高清格式向全球转播超过 6000 小时内容，将超慢动作、全景观看的电影特效式画面，带进冬奥赛事转播。奥运史上首个能自由切换运行的"双奥"智慧场馆：夏季"水立方"和冬季"冰立方"。在世界范围内首次采用自主创新的"二氧化碳跨临界直冷制冰技术"，打造最快的冰，实现碳排放接近于 0。基于北斗微基站，国际上首次在大型体育场馆实现大规模室内外亚米级连续定位服务，使测量精度精确到分米、厘米甚至毫米，解决了大规模大范围室内外高精度无缝定位技术国际难题。三维运动员追踪技术平台 3DAT、360° VR 技术平台、数字孪生场馆模拟仿真系统、基于数字化和 3D 技术的 AI 裁判使赛事呈现手段科技感十足。24 小时不间断运行的智能餐厅，厨房和用餐区域没有一个真人的服务人员，却可以同时为数千人服务，点餐、下单、炒菜、上菜全部由自动化设备和机器人完成。2008 年北京奥运会，让世界认识中国；2022 年北京冬奥会，让中国引领世界。

习　题　11

11.1 单选题。

（1）题图 11-1 所示为 16×4 位 ROM，$A_3A_2A_1A_0$ 为地址输入，$F_3F_2F_1F_0$ 为数据输出，下面给出的输出表达式完全正确的是（　　）。

（A）$F_0 = A_0$，$F_1 = \sum m(3,6,9,12,15)$，$F_2 = A_1'A_0'$，$F_3 = \sum m(0,5,9,13)$

（B）$F_0 = A_0'$，$F_1 = \sum m(3,6,9,12,15)$，$F_2 = A_1'A_0'$，$F_3 = \sum m(0,5,9,13)$

（C）$F_0 = A_0'$，$F_1 = \sum m(3,6,9,12)$，$F_2 = A_1'A_0$，$F_3 = \sum m(0,5,9,13,15)$

（D）$F_0 = A_0'$，$F_1 = \sum m(3,6,9,12,15)$，$F_2 = A_1A_0$，$F_3 = \sum m(0,5,9)$

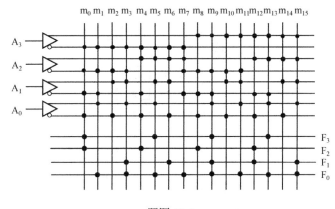

题图 11-1

（2）实现 4 个五变量的逻辑函数需要多大容量的 ROM？（　　）

（A）4 字 ×5 位；　　（B）4 字 ×32 位；　　（C）32 字 ×4 位；　　（D）5 字 ×4 位；

（3）关于存储器扩展，下列说法错误的是（　　）。

（A）对存储器进行"位扩展"：扩展前后存储器的字数不变，只改变存储器的字长，可以对所有存储器芯片使用共同的片选信号

（B）对存储器进行"字扩展"：扩展前后存储器每个存储单元中存储数据的位数不变，只改变存储器存储单元的数量（字数），需要使用片选信号区分各个存储器芯片

（C）对存储器进行"字位同时扩展"：利用 $I \times K$ 位的存储器芯片，扩展为 $M \times N$ 位容量的存储器（$I < M$，$K < N$），共需要 $(M \times N)/(I \times K)$ 个存储器芯片

（D）对存储器进行"字扩展"：扩展前后存储器每个存储单元中存储数据的位数不变，只改变存储器存储单元的数量（字数），各个存储器芯片可以共用片选信号，不需要加以区分

（4）若某存储器芯片的容量为 128K×8 位，则访问该芯片，需要（　　）位地址。

（A）7　　　　　　（B）17　　　　　　（C）10　　　　　　（D）8 位

（5）有三种逻辑部件 PROM、PLA 及 PAL，其中利用（　　）设计组合逻辑电路时，必须将待设计的逻辑函数表达式转换为最小项之和的形式。

（A）PLA　　　　　（B）PAL　　　　　（C）PROM　　　　　（D）PROM 及 PAL

（6）在 PAL、GAL、PROM 及基于查找表技术的 FPGA 这 4 种器件中，输出可编程的器件是（　　）。

（A）GAL 和 FPGA　　　　　　　　（B）GAL 和 PAL

（C）GAL 和 PROM　　　　　　　　（D）FPGA 和 PAL

（7）下列关于 EPROM 的叙述正确的是（　　）。

（A）编程后可用电信号擦除　　　　（B）编程后可用紫外线擦除

（C）断电后里面存储的信息立即消失　（D）里面存储的信息只能改写一次

11.2 对 PLA、PAL、PROM 这三种可编程逻辑器件而言，题图 11-2 所示的阵列最有可能是以上三者中的哪一个？写出该阵列的输出 Y 的表达式。

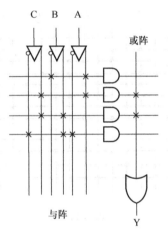

题图 11-2

11.3 分别利用 PROM 及 PLA 实现以下函数：

$$X = AB'D + A'C' + BC + C'D'$$
$$Y = A'C' + AC + C'D'$$
$$Z = CD + A'C' + BC + AB'D$$